U0249543

"十四五"国家重点出版物出版规划项目

城市安全出版工程·城市基础设施生命线安全工程丛书

名誉总主编　范维澄
总　主　编　袁宏永

城市生命线安全工程

袁宏永　主　编
付　明　陈建国　执行主编
韩心星　汪正兴　侯龙飞　孙光辉　赵小龙　副主编

URBAN LIFELINE
SAFETY ENGINEERING

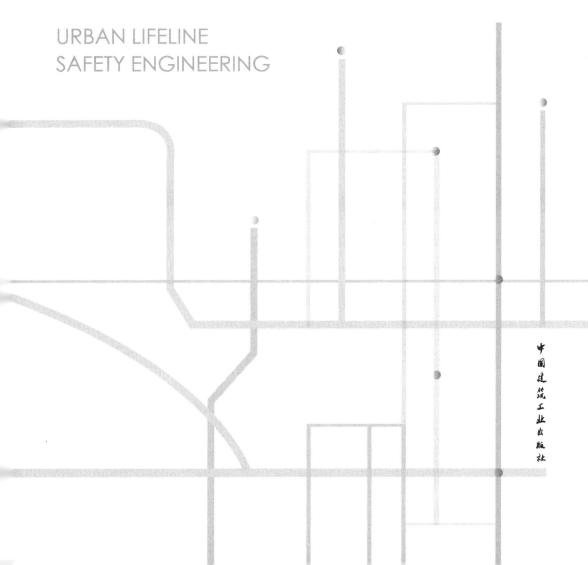

中国建筑工业出版社

图书在版编目（CIP）数据

城市生命线安全工程 = URBAN LIFELINE SAFETY
ENGINEERING / 袁宏永主编；付明等执行主编. --北京：
中国建筑工业出版社，2024.11. --（城市基础设施生命
线安全工程丛书 / 范维澄，袁宏永主编）. -- ISBN 978-
7-112-30510-0

Ⅰ. TU984.11
中国国家版本馆CIP数据核字第2024B5V226号

丛书总策划：范业庶
责 任 编 辑：李玲洁　杜　洁　于　莉
责 任 校 对：王　烨

城市生命线安全工程
编 写 组

主　　编：袁宏永

执 行 主 编：付　明　陈建国

副 主 编：韩心星　汪正兴　侯龙飞　孙光辉　赵小龙

编　　委：李　舒　李　梅　杨　阳　霍守东　苏德慧

　　　　　董毓良　王丽娟　李　旋　曾乐乐　桂丽娟

　　　　　张壮壮　孙　路　张颖勇　周海涛　马文辉

　　　　　钱门亮　凡伟伟　韩　运　陈登国　余　娜

　　　　　汤　凯　郑晓浩　刘　波　罗开亮　程之宽

　　　　　芮　顺　程　鹏　刘亚丽　李帅豪　周　洋

　　　　　秦文龙　司家济

主 编 单 位：清华大学合肥公共安全研究院

副主编单位：合肥市城市生命线工程安全运行监测中心

参 编 单 位：城市生命线产业发展集团（安徽）有限公司

　　　　　　合肥泽众城市智能科技有限公司

我们特别欣喜地看到由袁宏永教授领衔，清华大学安全科学学院和中国建筑工业出版社共同组织，国内住建行业和公共安全领域的相关专家学者共同编写的"城市安全出版工程·城市基础设施生命线安全工程丛书"正式出版。丛书全面梳理和阐述了城市生命线安全工程的理论框架和技术体系，系统总结了我国城市基础设施生命线安全工程的实践应用。这是一件非常有意义的工作，可谓恰逢其时。

城市发展要把安全放在第一位，城市生命线安全是国家公共安全的重要基石。城市生命线安全工程是保障城市供水、排水、燃气、热力、桥梁、综合管廊、轨道交通、电力等城市基础设施安全运行的重大民生工程。我国城市生命线规模世界第一，城市生命线设施长期高密度建设、高负荷运行，各类地下管网长度超过 550 万 km。城市生命线设施在地上地下互相重叠交错，形成了复杂巨系统并在加速老化，已经进入事故集中爆发期。近 10 年来，城市生命线发生事故两万多起，伤亡超万人，每年造成 450 多万居民用户停电，造成重大人员伤亡和财产损失。全面提升城市生命线的保供、保畅、保安全能力，是实现高质量发展的必由之路，是顺应新时代发展的必然要求。

国内有一批长期致力于城市生命线安全工程科学研究和应用实践的学者和行业专家，他们面向我国城市生命线安全工程建设的重大需求，深入推进相关研究和实践探索，取得了一系列基础理论和技术装备创新成果，并成功应用于全国 70 多个城市的生命线安全工程建设中，创造了显著的社会效益和经济效益。例如，清华大学合肥公共安全研究院在国家部委和地方政府大力支持下，开展产学研用联合攻关，探索出一条以场景应用为依托、以智慧防控为导向、以创新驱动为内核、以市场运作为抓手的城市生命线工程安全发展新模式，大幅提升了城市安全综合保障能力。

丛书坚持问题导向,结合新一代信息技术,构建了城市生命线风险"识别—评估—监测—预警—联动"的全链条防控技术体系,对各个领域的典型应用实践案例进行了系统总结和分析,充分展现了我国城市生命线安全工程在风险评估、工程设计、项目建设、运营维护等方面的系统性研究和规模化应用情况。

丛书坚持理论与实践相结合,结构比较完整,内容比较翔实,应用覆盖面广。丛书编者中既有从事基础研究的学者,也有从事技术攻关的专家,从而保证了内容的前沿性和实用性,对于城市管理者、研究人员、行业专家、高校师生和相关领域从业人员系统了解学习城市生命线安全工程相关知识有重要参考价值。

目前,城市生命线安全工程的相关研究和工程建设正在加快推进。期待丛书的出版能带动更多的研究和应用成果的涌现,助力城市生命线安全工程在更多的城市安全运行中发挥"保护伞""护城河"的作用,有力推动住建行业与公共安全学科的进一步融合,为我国城市安全发展提供理论指导和技术支撑作用。

中国工程院院士、清华大学公共安全研究院院长 范维澄

2024 年 7 月

　　党和国家高度重视城市安全,强调要统筹发展和安全,把人民生命安全和身体健康作为城市发展的基础目标,把安全工作落实到城市工作和城市发展各个环节各个领域。城市供水、排水、燃气、热力、桥梁、综合管廊、轨道交通、电力等是维系城市正常运行、满足群众生产生活需要的重要基础设施,是城市的生命线,而城市生命线是城市运行和发展的命脉。近年来,我国城市化水平不断提升,城市规模持续扩大,导致城市功能结构日趋复杂,安全风险不断增大,燃气爆炸、桥梁垮塌、路面塌陷、城市内涝、大面积停水停电停气等城市生命线事故频发,造成严重的人员伤亡、经济损失及恶劣的社会影响。

　　城市生命线工程是人民群众生活的生命线,是各级领导干部的政治生命线,迫切要求采取有力措施,加快城市基础设施生命线安全工程建设,以公共安全科技为核心,以现代信息、传感等技术为手段,搭建城市生命线安全监测网,建立监测运营体系,形成常态化监测、动态化预警、精准化溯源、协同化处置等核心能力,支撑宜居、安全、韧性城市建设,推动公共安全治理模式向事前预防转型。

　　2015年以来,清华大学合肥公共安全研究院联合相关单位,针对影响城市生命线安全的系统性风险,开展基础理论研究、关键技术突破、智能装备研发、工程系统建设以及管理模式创新,攻克了一系列城市风险防控预警技术难关,形成了城市生命线安全工程运行监测系统和标准规范体系,在守护城市安全方面蹚出了一条新路,得到了国务院的充分肯定。2023年5月,住房和城乡建设部在安徽合肥召开推进城市基础设施生命线安全工程现场会,部署在全国全面启动城市生命线安全工程建设,提升城市安全综合保障能力、维护人民生命财产安全。

　　为认真贯彻国家关于推进城市安全发展的精神,落实住房和城乡建设部关于城市基础设施生命线安全工程建设的工作部署,中国建筑工业出版社相关编辑对住房和城乡建设部的相关司局、城市建设领域的相关协会以及公共安全领域的重点科研院校进行了多次走访和调研，经过深入地沟通和交流，确定与清华大学安全科学学院共同组织编写"城市安全出版工程·城市基础设施生命线安全工程丛书"。通过全面总结全国城市生命线安全领域的现状和挑战，坚持目标驱动、需求导向，系统梳理和提炼最新研究成果和实践经验，充分展现我国在城市生命线安全工程建设、运行和保障的最新科技创新和应用实践成果，力求为城市生命线安全工程建设和运行保障提供理论支撑和技术保障。

"城市安全出版工程·城市基础设施生命线安全工程丛书"共9册。其中，《城市生命线安全工程》在整套丛书中起到提纲挈领的作用，介绍城市生命线安全工程概述、安全运行现状、风险评估、安全风险综合监测理论、监测预警技术与方法、平台概述与应用系统研发、安全监测运营体系、安全工程应用实践和标准规范。其他8个分册分别围绕供水安全、排水安全、燃气安全、供热安全、桥梁安全、综合管廊安全、轨道交通安全、电力设施安全，介绍该领域的行业发展现状、风险识别评估、风险防范控制、安全监测监控、安全预测预警、应急处置保障、工程典型案例和现行标准规范等。各分册相互呼应，配套应用。

"城市安全出版工程·城市基础设施生命线安全工程丛书"的作者有来自清华大学、清华大学合肥公共安全研究院、北京交通大学、中国矿业大学（北京）等高校和科研院所的知名教授，也有来自中国市政工程华北设计研究总院有限公司、国网智能电网研究院有限公司等工程单位的知名专家，也有来自中国城镇供水排水协会、中国城镇供热协会等的行业专家。通过多轮的研讨碰撞和互相交流，经过诸位作者的辛勤耕耘，丛书得以顺利出版。本套丛书可供地方政府尤其是住房和城乡建设、安全领域的主管部门、行业企业、科研机构和高等院校相关人员在工程设计与项目建设、科学研究与技术攻关、风险防控与应对处置、人才培养与教育培训时参考使用。

衷心感谢住房和城乡建设部的大力指导和支持，衷心感谢各位编委和各位编辑的辛勤付出，衷心感谢来自全国各地城市基础设施生命线安全工程的科研工作者，共同为全国城市生命线安全发展贡献力量。

随着全球气候变化、工业化与城镇化持续加速，城市面临的极端灾害发生频度、破坏强度、影响范围和级联效应等超预期、超认知、超承载。城市生命线安全工程的科技发展和实践应用任重道远，需要不断深化加强系统性、连锁性、复杂性风险研究。希望"城市安全出版工程·城市基础设施生命线安全工程丛书"能够抛砖引玉，欢迎大家批评指正。

　　城市生命线安全工程是从城市整体安全运行出发，以预防燃气爆炸、桥梁坍塌、路面塌陷、城市内涝等重大安全事故为目标，以公共安全科技为核心，以物联网、云计算、大数据等信息技术为支撑，透彻感知城市运行状况，分析生命线风险及耦合关系，实现城市安全运行的整体监测、动态体检、早期预警和高效应对。

　　国家高度重视城市运行安全，对城市生命线安全工程建设早有部署。2015 年 12 月，中央城市工作会议指出要把安全放在第一位，把住安全关、质量关，并把安全工作落实到城市工作和城市发展各个环节各个领域；国民经济和社会发展第十三个五年规划，明确指出要加强应急基础能力建设，健全完善重大危险源、重要基础设施的风险管控体系，增强突发事件预警发布和应急响应能力；2018 年，中共中央办公厅、国务院印发了《关于推进城市安全发展的意见》，提出要深入推进城市生命线工程建设，积极研发和推广应用先进的风险防控、灾害防治、预测预警、监测监控、个体防护、应急处置、工程抗震等安全技术和产品；2021 年 9 月，《国务院安委会办公室关于推广城市生命线安全工程经验做法切实加强城市安全风险防范工作的通知》要求加快提升城市安全风险监测预警和应急处置能力，选择合肥、沈阳、南京等 18 个城市（区）作为国家城市安全风险综合监测预警工作体系建设试点。同月，国务院安全生产委员会办公室在安徽合肥召开城市安全风险监测预警工作现场推进会，总结交流推广城市安全工作经验做法；2022 年 7 月，《住房和城乡建设部办公厅关于开展城市基础设施安全运行监测试点的通知》印发，决定在浙江省、安徽省及北京市海淀区、上海市黄浦区、沈阳等 22 个市（区）开展城市基础设施安全运行监测试点；2023 年 5 月，住房和城乡建设部在安徽合肥召开推进城市基础设施生命线安全工程现场会，提出 2023 年的工作目标，是在深入推进试点和总结推广可复制经验基础上，全面启动城市基础设施生命线安全工程。

　　本书《城市生命线安全工程》作为"城市安全出版工程·城市基础设施生命线安全工程丛书"的第一分册，是编者基于安徽省并参考其他省市的城市生命线安全工程建设经验完成的，在整套丛书中起到提纲挈领的作用，与丛书其他分册环环相扣，相互嵌套。

　　本书共分为 16 章：第 1~4 章介绍城市生命线安全工程的概述、安全运行现状、风险评估及安全风险综合监测理论；第 5~11 章介绍燃气、桥梁、供水、排水、水环境、供热等生命线的安全风险监测预警技术与方法以及城市地下空间安全透视技术与方法；第 12、13 章介绍城市生命线安全运行监测平台的概述与应用系统研发；第 14、15 章介绍城市生命线安全运行监测运营体系与安全工程应用实践；第 16 章介绍城市生命线标准规范。

　　本书编制过程中得到中国建筑工业出版社的大力支持，在此表示衷心感谢！本书有不妥或错误之处，恳请广大读者批评、指正。本书编者愿和读者一起为我国城市基础设施生命线安全工程的发展作出贡献！

第6章　桥梁安全风险监测预警技术与方法

第7章　供水安全风险监测预警技术与方法

第 8 章 排水安全风险监测预警技术与方法

第 9 章 水环境安全风险监测预警技术与方法

第 10 章　供热安全风险监测预警技术与方法

第 11 章　城市地下空间安全透视技术与方法

第12章 城市生命线安全运行监测平台概述

第13章 城市生命线安全运行监测平台应用系统研发

第 14 章　城市生命线安全运行监测运营体系

第 15 章　城市生命线安全工程应用实践

第16章　城市生命线标准规范

参考文献

第 1 章　城市生命线安全工程概述

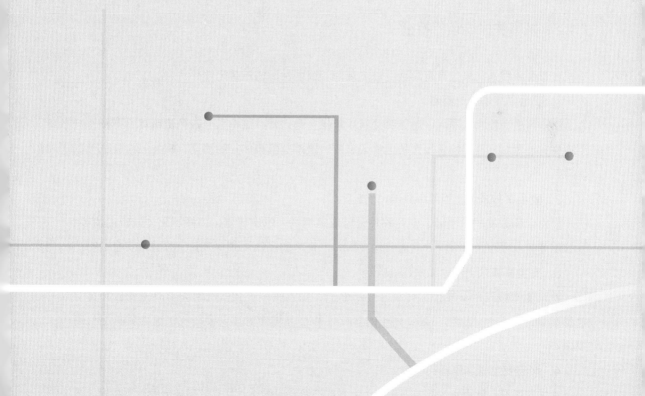

1.1 城市生命线概述

1.1.1 城市生命线概念

城市燃气、桥梁、供水、排水、热力、电力、电梯、通信、轨道交通、综合管廊、输油管线等，担负着城市的信息传递、能源输送、排涝减灾等重要任务，是维系城市正常运行、满足群众生产生活需要的重要基础设施，是城市的生命线。城市生命线就像人体的"神经"和"血管"，是城市安全运行的保障。

1.1.2 城市生命线运行特征

城市生命线运行风险具有隐蔽性、复杂性、脆弱性、信息封闭性等特点。

1. 安全事故隐患排查难

由于历史和技术的原因，地下管线建设年代久远，管线结构和分布等资料更新不及时甚至缺失；针对城市桥梁的常规巡检工作很难实时跟踪其健康体征的演变，相关风险隐蔽难以发现。

2. 安全事故发展趋势难以预料

面对当前频发的各类城市安全事件，如燃气泄漏、供水爆管、路面塌陷、城市内涝等，事故现场情况很难及时掌握，只能被动应对，严重威胁民众生命财产安全和城市安全运行。

3. 安全事故预测预警和快速处置难

城市生命线安全事故公共性高、涉及面广、相互关联性强，任何环节故障或破坏都可能影响城市系统整体运行，致灾因子的多样性和相互耦合对预测预警及快速处置提出更高要求。

4. 城市安全管理信息共享难

在城市建设、管理和运行中，积累了大量静态和动态数据。目前"条块分割"现象较为严重，既有行业间的"横向分工"，又有体系内部的"纵向壁垒"。部门间的"信息壁垒"衍生出数据前后矛盾、相互难以印证等难题，使得数据资源无法有效整合，形成一个个信息孤岛。

1.2　城市生命线安全工程概述

1.2.1　城市生命线安全工程概念

城市生命线安全工程是从城市整体安全运行出发，以预防燃气爆炸、桥梁坍塌、路面塌陷、城市内涝等重大安全事故为目标，以公共安全科技为核心，以物联网、云计算、大数据等信息技术为支撑，透彻感知城市运行状况，分析生命线风险及耦合关系，实现城市安全运行的整体监测、动态体检、早期预警和高效应对，使城市生命线管理"从看不见向看得见、从事后调查处置向事前事中预警、从被动应对向主动防控"转变。

1.2.2　城市生命线安全工程建设目标与范畴

1. 城市生命线安全工程建设目标

（1）提升城市减灾防灾能力

以保障城市整体安全、提升城市韧性为目标，基于城市生命线风险评估结果，选择较大及以上风险区域的生命线进行重点在线监测，依据监测数据并结合专业模型算法进行报警分析和风险的预测预警，及时发现生命线运行风险及可能进一步造成的次生、衍生灾害，在此基础上为应急救援和抢修提供辅助决策支持，从而提升城市减灾防灾能力，提高民众生活安全指数。

（2）建立城市生命线健康运行指标体系

基于公共安全科技理论及模型，通过数据分析，实现城市生命线风险要素、风险区域整体辨识与分析，深度挖掘各风险要素相互作用及耦合关系、发生与演化机理，提取城市生命线健康运行关键性评价指标，为城市生命线安全健康运行提供有效管理工具和评价依据，促进政府及相关行业部门采取针对性改进措施，落实安全责任，不断提高城市生命线安全监管能力。

（3）健全公共安全体系、创新城市安全运行机制

城市生命线安全工程是聚焦安全发展、健全公共安全体系、全面深化推进安全生产防控体系建设、提升城市智能化水平的重要举措。利用现代信息化技术提升城市安全管理水平，建立完善的城市安全运行机制，可以提升城市的应急管理水平，加强安全风险防范和控制，保障城市的安全稳定和正常运行。

（4）建立城市安全健康发展新模式

城市生命线安全工程是一个系统工程，跨部门、跨行业，打破了行业安全生产管理壁垒，实现燃气、桥梁、供水、排水、热力等城市生命线全业务、全流程、全寿命周期一体化、可视化管理，提高城市生命线精细化管理水平，形成了城市安全健康发展新模式。

2. 城市生命线安全工程建设范畴

（1）建设数据库

在自然灾害综合风险普查和城市市政基础设施普查的基础上，全面掌握城市基础设施建成年代、位置关系、运行现状等信息，建立覆盖地上地下的城市基础设施数据库，实施数据动态更新，做到数据信息全面、客观、准确。

（2）编制风险清单

运用城市体检工作方法，开展风险评估，找准城市基础设施的风险源，摸清风险点，特别是新型风险、复杂风险、耦合风险，分析风险成因，评估潜在后果，形成风险评估报告。同时，编制风险清单，明确重点监测区域和环节、监测对象、责任单位，将风险清单作为城市生命线工程建设的重要依据。

（3）搭建监测系统

促进现代信息技术与城市生命线工程深度融合，推动地下管网、桥梁隧道、窨井等配套建设物联智能感知设备，实现对城市生命线工程运行数据的全面感知、自动采集、监测分析、预警上报。新建城市生命线工程的物联设备要与主体设备同步设计、同步施工、同步验收、同步使用。老旧设施的智能化改造，要结合城市更新、老旧小区改造、城市燃气管道等老化更新改造工作同步推进。

（4）构建平台体系

推进城市基础设施各行业监管信息系统整合，在城市运行管理服务平台上搭建城市生命线工程监测系统，并与城市安全风险综合监测预警等平台做好共享衔接，避免重复建设。对接城市信息模型（CIM）基础平台，汇聚共享数据资源，对城市基础设施运行状况进行实时监测、模拟仿真和大数据分析，加强对城市运行状况的监测分析、统筹协调、指挥监督和综合评价。市级监管平台具备监督管理、技术服务、决策支持、考核评价等功能；省级监管平台汇集全省数据，与市级监管平台联网运行。

（5）健全处置机制

落实政府、行业监管部门和企业三方责任，完善城市生命线工程风险隐患应急处置流程和办法，建立健全行业主管部门、运营企业之间信息互通、协调联动、快速响应、协同处置的工作机制，建立多部门联动的风险协调处置体系。加强省市联动、市区联动，建立城市生命线安全运行考评机制，实现从监测、分析、预警、派单到处置的闭环管理。注重监测成果运用，梳理分析城市基础设施体系建设的问题和短板，统筹城市基础设施规划布局、建设、运行维护和更新改造，从源头防范化解各类风险隐患。

1.2.3　城市生命线安全工程发展历程

2013 年，党的十八届三中全会《中共中央关于全面深化改革若干重大问题的决定》中明确指出要健全公共安全体系，提出"深化安全生产管理体制改革，建立隐患排查治理体系和安全预防控制体系，遏制重特大安全事故"的要求。

2015 年 12 月 20 日，中央城市工作会议指出：要把安全放在第一位，把住安全关、质量关，并把安全工作落实到城市工作和城市发展各个环节各个领域。

《中华人民共和国国民经济和社会发展第十三个五年规划纲要》，明确指出要加强应急基础能力建设，健全完善重大危险源、重要基础设施的风险管控体系，增强突发事件预警发布和应急响应能力。

2018 年，中共中央办公厅、国务院办公厅印发了《关于推进城市安全发展的意见》，提出"深入推进城市生命线工程建设，积极研发和推广应用先进的风险防控、灾害防治、预测预警、监测监控、个体防护、应急处置、工程抗震等安全技术和产品"。

2020 年 3 月 29 日，国务院安全生产委员会办公室印发《国家安全发展示范城市评分标准（2019 版）》，提出"要聚焦重大风险防控，尤其是近年来发生的爆炸、火灾、路面塌陷等各类城市重特大事故，加强风险评估管控和隐患排查治理，强化各项安全治理措施落实。"

其中，安徽省合肥市于 2015 年启动城市生命线安全工程建设，以物联网、云计算、大数据等手段，监测预防燃气爆炸、桥梁坍塌、城市内涝、管网泄漏及其导致的路面塌陷等重大安全事故，探索出以场景应用为依托、以智慧防控为导向、以创新驱动为内核、以市场运作为抓手的城市安全发展新模式，即"合肥模式"。

2021 年 9 月 22 日，《国务院安委会办公室关于推广城市生命线安全工程经验做法切实加强城市安全风险防范工作的通知》，要求加快提升城市安全风险监测预警和应急处置能力，选择合肥、沈阳、南京、青岛、深圳、成都、西安、东营、洛阳、宜昌、常德、佛山、南宁、遵义、北京通州、上海浦东新区、上海黄浦、上海松江 18 个城市（区）作为国家城市安全风险综合监测预警工作体系建设试点。2021 年 9 月 24 日，国务院安全生产委员会办公室在安徽省合肥市召开城市安全风险监测预警工作现场推进会，总结交流推广城市安全工作经验做法。

2022 年 7 月 1 日，《住房和城乡建设部办公厅关于开展城市基础设施安全运行监测试点的通知》，决定在浙江省、安徽省及北京市海淀区、上海市黄浦区、沈阳、长春、成都、太原、呼和浩特、包头、鄂尔多斯、济宁、烟台、宿迁、徐州、常州、漳州、开封、十堰、黄石、玉溪、遵义、天水、临夏 22 个市（区）开展城市基础设施安全运行监测试点。

2023 年 5 月 11 日，住房和城乡建设部在安徽省合肥市召开推进城市基础设施生命线安全工程现场会。会议深入学习贯彻习近平总书记关于城市安全的重要论述精神，认真落实党中央、国务院决策部署，总结推广地方经验做法，部署推进城市基础设施生命线安全工程建设工作。会议提出 2023 年的工作目标，是在深入推进试点和总结推广可复制经验基础上，全面启动城市基础设施生命线安全工程。

第 2 章　城市生命线安全运行现状

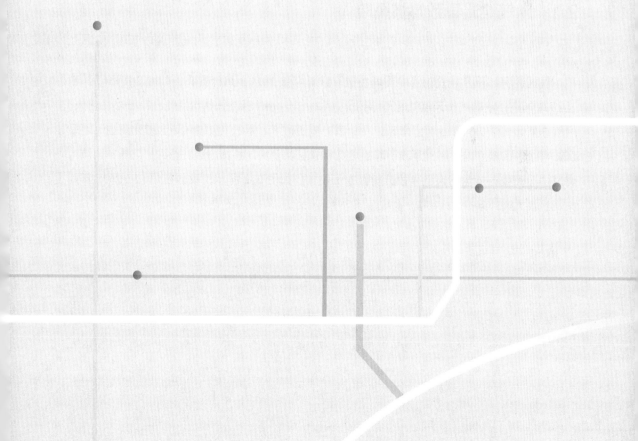

截至 2022 年，我国城镇化率已超过 65%，进入从"增量扩张"转向"高质量发展"的新阶段。城市生命线是城市运行和发展的命脉，随着规模迅速扩张，城市生命线风险日益增长，主要包括燃气泄漏导致燃爆风险、供水泄漏导致路面塌陷和大面积停水风险、排水不当导致内涝和水质污染风险、热力管线泄漏爆管风险、综合管廊安全风险、城市桥梁垮塌风险、轨道交通安全风险、电力安全风险等，整体呈现出灾害种类多、分布地域广、发生频率高、灾害损失重等特征。

2.1 燃气泄漏导致燃爆风险

根据住房和城乡建设部《中国城乡建设统计年鉴 2021》统计数据，如图 2–1 所示，截至 2021 年底，我国城市天然气管道总长度为 92.91 万 km，城市天然气用气人口为 4.42 亿人，供气总量达 1721.06 亿 m^3。近年来，受第三方施工破坏、事故 / 灾害破坏、老化腐蚀、地质沉降等诸多因素影响，燃气泄漏引起的燃爆事故呈现多发、易发、频发态势，依据中国城市燃气协会安委办《全国燃气事故分析报告》统计，如图 2–2 所示，我国在 2017—2021 年间共发生燃气爆炸事故 4214 起，事故造成 3996 人受伤、436 人死亡。

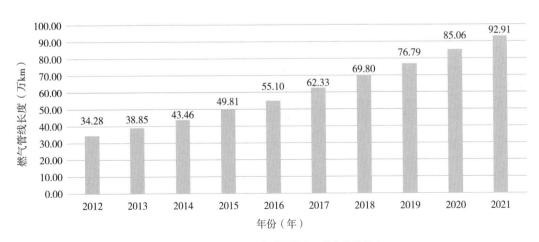

图 2–1 2012—2021 年我国城市天然气管道长度

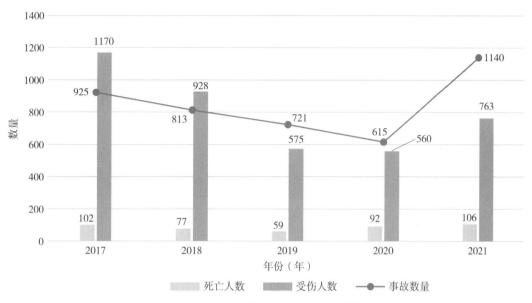

图 2-2　2017—2021 年我国城市燃气燃爆事故统计

　　燃气泄漏风险主要包括城市燃气管网泄漏燃爆风险、相邻地下空间燃爆新型风险、应急处置不当风险、终端用户用气风险等。如图 2-3 所示，2017 年 7 月 4 日，吉林松原发生燃气爆炸事故，事故是由第三方施工导致燃气管道大量泄漏，并扩散到医院发生燃爆，事故共造成 7 人死亡、85 人受伤，直接经济损失 4419 万元。

　　如图 2-4 所示，2021 年 1 月 25 日，大连金普新区发生燃气爆炸事故，由于土壤空洞导致燃气管道局部悬空，后腐蚀导致管道环焊缝起裂，泄漏气体经由地下电缆线套管扩散至临近地下车库等空间发生爆炸，事故造成 3 人死亡、6 人受伤，直接经济损失 905.38 万元。

　　如图 2-5 所示，2021 年 6 月 13 日，湖北十堰燃爆事故，抢险人员不熟悉所要关闭阀门位置，未采用有效防护等应急措施，并向公安、消防救援人员提出结束处置、撤离现场的错误建议，最终导致 26 人死亡、138 人受伤，直接经济损失达 5395.41 万元。

图 2-3　吉林松原燃气管网泄漏燃爆事故

图2-4　大连金普新区"1·25"燃气泄漏爆炸事故

图2-5　湖北十堰"6·13"燃气泄漏燃爆事故

图2-6　宁夏银川"6·21"烧烤店爆炸事故

　　如图2-6所示，2023年6月21日，宁夏回族自治区银川市兴庆区富洋烧烤民族街店操作间液化石油气（液化气罐）泄漏引发爆炸事故，事故造成31人死亡、7人受伤。

2.2　供水泄漏导致路面塌陷和大面积停水风险

　　根据住房和城乡建设部公布的《中国城乡建设统计年鉴 2021》数据显示，如图 2-7 所示，2021 年全国城市已铺设供水管道达到 106 万 km，对比 2010 年供水管道的 54 万 km，10 年翻了近一番。2021 年城市供水总量约 673 亿 m^3，相对于 2010 年的 508 亿 m^3 增长了 30% 左右。我国供水管线漏损率居高不下，如图 2-8 所示，据不完全统计，目前我国单位管道的平均漏损率约 16%，是德国平均漏损率的 3～4 倍。供水系统安全存在的主要风险包括泄漏导致路面塌陷和大面积停水。

　　如图 2-9 所示，2020 年 1 月 13 日，青海省西宁市南大街发生路面坍塌，一辆行驶的公交车陷入其中，导致 17 人受伤、10 人遇难，路段基本完全封锁，严重影响城市正常运行，此次事故主要是由于供水主管道长期受压损伤，破裂涌水造成地下空洞导致路面坍塌。

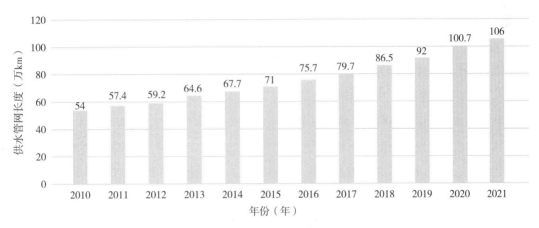

图 2-7　2010—2021 年我国城市供水管网现状

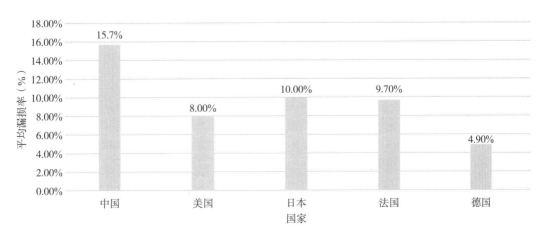

图 2-8　供水管网漏损率各国对比

图 2-9　青海西宁因供水管道泄漏引发地面坍塌事故

2.3　排水管网老化导致内涝和水质污染风险

根据住房和城乡建设部发布的《中国城乡建设统计年鉴 2021》，如图 2-10 所示，截至 2021 年，全国排水管网总长度达 87.2 万 km。按照当前国内排水运行体制现状，排水管网主要分为分流制雨水管网、分流制污水管网和雨污合流制管网。将生活污水、工业废水和雨水混合在同一管道（渠）系统内排放的排水系统称为合流制排水系统，将生活污水、工业废水和雨水分别在两套或两套以上管道（渠）系统内排放的排水系统称为分流制排水系统，排放城市污水或工业废水的管网系统称为污水管网系统，排放雨水的管网系统称为雨水管网系统。目前，随着国内城镇化快速发展，新建排水管网以分流制为主，并对早期合流制管网进行了逐步改造，但在老城区仍存在较多合流制管网，结合截流方式完成污水、雨水的同时排放。

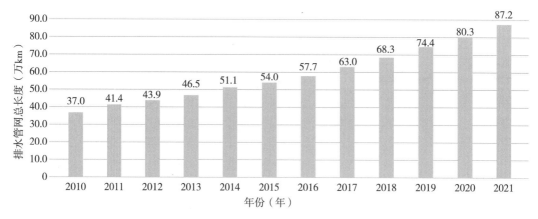

图 2-10　2010—2021 年我国排水管网总长度

　　由于城市排水管网是埋于路面以下的隐蔽工程，且数量长度巨大，遍布城市每条道路、小区，拓扑结构复杂，运行工况多样，伴随着城市开发建设过程，建设时间长短不一，加上当时的规划、设计和施工建设水平层次不一等因素，城市排水管网还存在不少问题，产生了隐患及事故，如图 2-11 所示。比较常见的有以下几种：

　　（1）管网排水能力低，先前的设计能力已无法满足当前的排水能力需求，或受制于地势平坦，坡度较小，重力排水条件差，以及河道常水位较高，城市雨水管道的出水口在河道常水位下河水顶托，甚至倒灌，达不到设计排水能力，尤其在一些旧城区、低洼区及南方很多城市较为突出和严重，每逢不同强度降雨，就会造成路面长时间积水和内涝，严重影响市民出行及车辆通行。

　　（2）管网的淤积、破损、老化、年久失修，导致管网渗流、雨水溢流、污水冒溢、路面塌陷等事故频发。

　　（3）很多城市老旧城区还存在不少雨污混接，是造成排水问题和水质恶化的主要原因之一。

　　排水管线不畅叠加极端降雨天气是导致城市内涝的主要原因。据统计，目前使用超 20 年

（a）　　　　　　　　　　　（b）　　　　　　　　　　　（c）

（d）　　　　　　　　　　　　　　　　　　（e）

图 2-11　城市排水管网隐患及事故
（a）淤积；（b）破损；（c）雨污混接；（d）内涝积水；（e）污水冒溢

图 2-12　郑州"7·20"特大暴雨灾害

的排水管线长度 40 多万公里，这些管线目前存在设计不合理、淤积等问题，导致排水能力达不到要求。此外，由于全球气候变暖，局部极端天气频发，根据《全球气候状况报告（2022）》，2022 年全球气象灾害多发频发，主要表现为北半球夏季高温干旱以及全球区域性暴雨洪涝灾害。目前我国针对城市内涝治理取得了一些进展，但面对极端恶劣天气时仍然缺乏预警和应对能力。如图 2-12 所示，2021 年 7 月 20 日，郑州发生特大暴雨，导致城市大规模内涝，380 人死亡失踪。

2.4　热力管线泄漏爆管风险

根据住房和城乡建设部发布的《中国城乡建设统计年鉴 2021》显示，如图 2-13 所示，截至 2021 年，我国城市的集中供热管道长度增加到 46.1 万 km，集中供热面积增加到

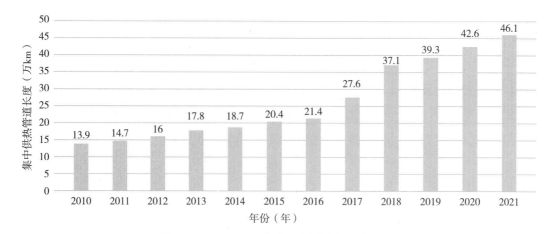

图 2-13　2010—2021 年我国城市集中供热管道长度

106.0 亿 m²，蒸汽供热总量达 68164 万 GJ，热水供热总量达 357715 万 GJ。由于管网运行年限长、设备腐蚀老化严重、设计缺陷等自身结构问题，且地面及地下环境复杂导致相关风险隐患难以发现，以及第三方施工外力导致管线失效破坏等原因，易造成热力管网失效、泄漏及爆管事故，影响供热安全。根据中国城市规划协会地下管线委员会《2021 年全国地下管线事故统计分析报告》统计，2021 年热力管道共发生破坏事故 142 起，共造成 1 人死亡、2 人受伤。

如图 2-14 所示，2010 年 12 月 14 日，黑龙江省哈尔滨市热力管道接连爆裂导致交通中断，而室外最低气温接近 –30℃，道里区、道外区约 12 万户居民供暖中断；2022 年 11 月 20 日，北京市朝阳区一小区发生热力管道爆裂事故，造成 3 名人员被困，2 人死亡。

如图 2-15 所示，2021 年 1 月 5 日晚，郑州市建设路大学北路河医立交桥附近一处热力管道爆裂致使路面出现塌陷，市民骑电动车不幸掉入坍塌坑中死亡。

图 2-14 哈尔滨热力管道接连爆裂导致交通中断

图 2-15 郑州热力管道爆裂导致路面塌陷

2.5   综合管廊安全风险

自 1833 年首条市政管线综合管廊在巴黎地下建成至今，经过百年来的探索、研究、改良和实践，法国、英国、德国、俄罗斯、日本、美国等发达国家的管廊规划建设与安全运维体系已经日臻完善。与国外发达国家相比，我国管廊建设和灾害管理处于起步阶段，主要表现在运营里程和时间短，适用于管道服役环境的检测监测技术体系尚未建立，安全防控技术相对落后。根据智研咨询发布的《2023—2029 年中国地下综合管廊建设市场深度调查与投资前景分析报告》数据显示，如图 2-16 所示，截至 2021 年，全国地下综合管廊长度已达6706.95km，新建地下综合管廊长度 1799.59km，城市综合管廊投资规模 539.9 亿元。2020 年7 月，渭南综合管廊项目工地发生坍塌事故，造成 2 死 3 伤。2020 年 12 月，深圳市在建综合管廊发生事故，造成 1 人死亡。2021 年 6 月，包头市黄河大街管廊安装工程"6·22"事故，造成 1 人死亡。

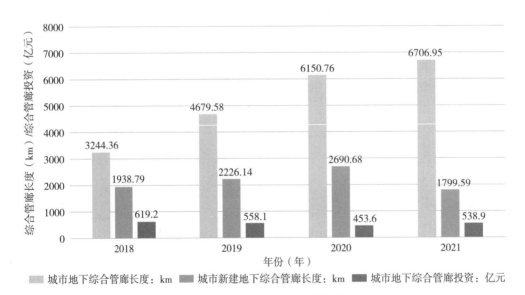

图 2-16   2018—2021 年我国地下综合管廊现状
（图片来源：智研咨询）

2.6   城市桥梁垮塌风险

我国桥梁的建设规模和建造技术水平已处于全球领先地位，城市桥梁数量已超 100 万座，如图 2-17 所示。然而"重建轻养"，运营期桥梁管养的技术水平仍远落后于西方发达国家，加之超年限和超负荷服役，导致近年来桥梁垮塌事故层出不穷。据统计，目前全国在役桥梁约 40% 服役超过 20 年，超 10 万座桥梁被认定为危桥，平均不到两个月就会发生一起桥梁垮塌事件。

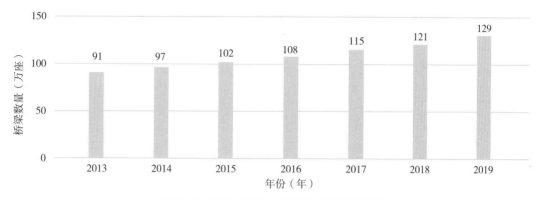

图 2-17　2013—2019 年我国城市桥梁发展规模

如图 2-18 所示，2019 年 10 月 10 日，江苏省无锡市桥梁出现桥面侧翻事故，事故共造成 3 人死亡，2 人受伤。

如图 2-19 所示，2007 年 6 月 15 日，广东省九江大桥发生船撞桥断事故，全长 1675.2m 的九江大桥坍塌约 200m，桥上 4 辆汽车与 2 名施工人员坠入河中，共造成 8 人死亡。

图 2-18　无锡"10·10"高架桥侧翻事故

图 2-19　九江大桥"6·15"坍塌事故

2.7　轨道交通安全风险

城市轨道交通以其运量大、速度快、无污染、节约能源和用地等优势，已成为各大城市解决交通拥堵问题首选的交通方式。如图 2-20 所示，截至 2021 年，我国城市轨道交通运营里程 9206.8km，到 2025 年我国城市轨道交通运营里程将达到 15000km 以上，年均复合增长 13.5% 左右。城市轨道交通具有空间狭长、相对封闭、人员密集、电器设备数量多、技术复杂等特点，一旦发生塌陷、火灾、地震、洪涝等突发事件，极易造成群死群伤等重大安全事故，这使得城市轨道交通安全和应急管理方面面临着严峻的挑战。

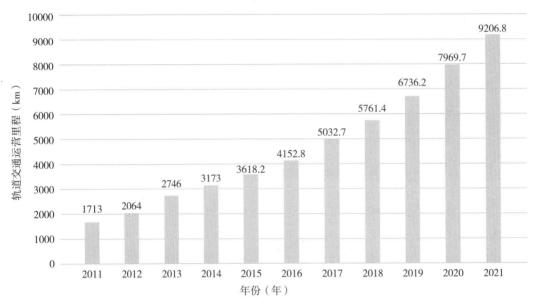

图 2-20　2011—2021 年我国城市轨道交通运营里程发展规模

如图 2-21 所示，2008 年 11 月 15 日，杭州地铁工地发生塌方事故，造成 21 人死亡、24 人受伤。

2015 年 4 月 20 日，深圳地铁 5 号线发生乘客踩踏事件，10 余人受伤。2021 年郑州发生连续极端暴雨天气，郑州地铁 5 号线发生淹水倒灌事件，有 14 名乘客不幸遇难（图 2-22）。2022 年上海、重庆、青岛三地城市轨道交通相继发生运营事故，导致人员伤亡、运营中断等严重后果。

图 2-21　杭州地铁塌方事故

图 2-22　郑州地铁 5 号线"7·20"事件

2.8　电力系统安全风险

城市电力设施包括城市变电站、输配电网以及配套设施等，其为城市的交通、建筑、工厂、市政基础设施的运行提供能源保障，是保障城市安全运行的基础，确保电力安全、有序运行，是保障城市安全的基础与关键。随着我国经济的发展，近 10 年用电总量不断增长，2021 年，全国用电总量达到 83128 亿 kWh 时，我国 220kV 及以上输电线路回路长度达到 85.43km，如图 2-23、图 2-24 所示。

图 2-23　2012—2021 年全国用电总量

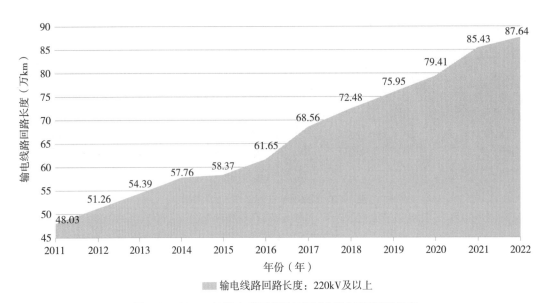

图 2-24　2011—2022 年我国 220kV 及以上输电线路回路长度

由于大部分电力设施长期暴露在自然环境中，容易受到自然灾害的威胁，导致输电线路停运，严重时造成输电线路大面积群发故障，引起大停电事故。如图 2-25 所示，2021 年美国得克萨斯州遭遇极端寒潮低温天气，导致电网设施大面积损坏，出现大规模停电，数百万户居民持续停电几十个小时，

图 2-25　2021 年美国得克萨斯州极寒天气导致的大面积断电

数十人丧生。如图 2-26 所示，2008 年我国南方部分电网遭受罕见的冰雪灾害，导致电网破坏严重，直接经济损失超过 104.5 亿元。

如图 2-27 所示，2016 年，西安变电站附近电缆沟发生燃气耦合燃爆事故，最终导致变电站发生火灾，西安部分区域停电。

图 2-26　2008 年南方电网雪灾事故

图 2-27　西安"6·18"变电站爆炸事故

2.9　水环境安全风险

现阶段我国各城市发展速度加快，人口和工业规模迅速增长，污染物急剧增多，导致大量工业废水和生活污水直排入湖、江，造成河流、江体、湖体等水质超标严重。资料表明，我国城市水体污染严重，大部分城市的水体有黑臭现象或富营养化，严重影响我国城市的可持续发展和对周边城市圈的辐射。水被污染后，通过饮水或食物链，污染物进入人体，会导致人急性或慢性中毒。砷、铬、铵类等重金属污染物还可诱发癌症等疾病，污染物摄入量过大还会造成死亡。此外，我国每年水污染对工业、农业、市政工业和人体健康等方面造成的经济损失高达上千亿元，因此水环境风险也越来越被政府和社会公众关注。总体看来，我国城市水环境存在的风险如图 2-28 所示。

图 2-28　城市水环境存在的风险
（a）源：偷排、漏排、超排；（b）管网：混接、错接、漏损；（c）厂：进水不达标、排放不达标、溢流污染；
（d）排口：晴天出水、初期雨水污染、大雨污染排放；（e）河湖：水体黑臭不达标、治理后反弹

面源污染严重，防控力度不足：工业污染、城市生活垃圾、农业面源污染，使得我国大部分城市水体受流域内面源污染影响较重，城市地表径流污染又较为突出，一般由城市地表径流所带来的污染物占流域城市面源的 90%。由于部分排水户偷排、漏排、标准滞后等原因造成的水污染情况严重，甚至已经对生态造成了不可逆转的危害。此外，我国城市人口密度大，菜地种植、零星畜禽养殖、小区住户的裸露地面等产生的污染物直接入水，导致水体受到了较大的人为影响。我国对于城市面源污染的防控治理虽然开展已久，但防控技术应用

和力度不足，防治效果难以达到预期，流域面源污染有进一步加重的趋势。

基础设施建设不足：地下排水管道系统的完善是防治水污染的有效途径，城市污水管网系统错综复杂，众多主管和支管形成了大量的拐点和连接点，而污水在管网中通常是多点汇集，造成污染物在管网中的淤积和堵塞，最终破坏管网导致管道漏损并污染地下水。城中村、工业区、农贸市场等普遍存在雨污混流、错接乱排现象，大量污水及点、面源污染等混接入雨水管网，导致城市水污染问题进一步加重。近年来，城市化建设进程加快，人口及产业大量聚集，市政基础设施建设却相对不足，相关资金投入一直处于较低水平，污水截污干管缺失严重，部分工业企业将废水就近排入附近水体，部分生活污水也没有得到有效处理，导致工业废水和生活污水直排问题普遍存在。

污水治理不彻底：城市化发展背景下，各城市高度重视发展经济，忽略了水环境治理。新污水处理厂的建设以及旧污水处理厂的改造需达到Ⅳ类地表水标准，这意味着更高的治理成本。大部分排水户依旧沿用传统的污水处理方式，国内外先进的 CAST、UNITANK 等污水处理技术得不到广泛使用，导致我国整体污水处理落后于发达国家。此外，我国的城市污水处理厂往往没有严格按照标准的处理工序执行处理工作，导致污水处理效果欠佳，会对城市水环境造成相应的污染。

第 3 章

城市生命线
风险评估

3.1 城市生命线风险评估概述

3.1.1 城市生命线风险评估基本概念

前面章节描述了城市生命线面临的各类风险问题，随着城镇化快速推进，城市生命线工程因腐蚀老化、疲劳蜕化和操作使用不当、管理维护不及时等带来的安全风险愈加突出。城市生命线风险评估是通过专业的风险评估技术方法，对城市生命线工程燃气泄漏导致的燃爆风险、供水泄漏导致的路面塌陷和大面积停水风险、排水管网老化导致的内涝风险、热力管线泄漏爆管风险、综合管廊安全风险、轨道交通安全风险、电力系统安全风险、水环境风险以及耦合风险开展全方位的风险辨识、风险分析与评价工作，实现对城市生命线工程的固有脆弱性、面临的威胁、现有防控措施及各因素综合作用而导致风险事件发生的可能性评估。城市生命线风险评估主要包括风险辨识、风险分析和风险评价三个阶段。

3.1.2 城市生命线风险评估指标体系及评估流程

1. 城市生命线风险评估指标体系构建

结合城市生命线运行特点，从脆弱性因素、危险性因素、风险防控能力等维度出发，建立城市生命线专项风险评估指标体系。

（1）危险性因素

包括城市生命线领域可能发生的各类事故的风险要素，根据各类突发事件的原因分析，梳理出具体的风险评估指标，一般包括城市生命线周边的危险源、自然灾害、外部施工、腐蚀、撞击、占压等。

（2）脆弱性因素

脆弱性因素是指影响生命线事故造成损失的各类因素，一般包括人员伤亡、经济损失和社会影响三个方面，具体因素如附近人员密集程度、附近有无敏感人群、附近重要防护目标等。

（3）风险防控能力因素

包括针对城市生命线的安全管控措施、安全管理制度、巡检排查频率、养护状况、定期检验检测、应急物资装备、事故应急预案、信息化监测手段等。

　　基于城市生命线专项风险评估指标体系的构建，同时结合行业综合风险评估指标、区域综合风险评估指标、综合应急能力指标及城市安全体征指标，如图3-1所示，建立城市综合安全风险评估指标体系。

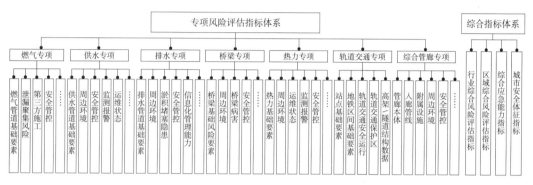

图 3-1　城市综合安全风险评估指标体系

2. 城市生命线风险评估流程

第一阶段：计划与准备

（1）基本情况调研

　　结合当地生命线行业现状，项目组对燃气、供排水和桥梁等生命线重点领域的风险构成进行系统梳理，确定具体的评估范围以及涉及行业的主管部门。

（2）调研函编制

　　按照项目评估目标，根据各行业特点，结合各行业主管部门现有信息化平台数据，逐个行业编制调研函。

（3）确定调研行程

　　结合调研内容，编制市直部门调研行程表及各区县（市）调研行程表，确定各行业主管部门调研联系人和走访时间等。

第二阶段：动员部署

　　组织制定城市生命线风险评估整体实施方案、相关工作专项方案，召开动员部署会议，举办专题业务培训，统一思想认识，明确目标任务、工作内容、工作程序、责任分工、时限要求，做好各项前期准备工作。

第三阶段：调研走访

　　成立调研工作小组，采取"分级分类、逐级深入、稳步推进"的方式，深入有关部门开展专题调研，并组织、协调、指导、督促各级各有关部门配合做好基础信息采集、基础资料收集和核实等工作。

（1）相关单位走访调研

对评估范围内重点生命线工程设施进行走访调研。调研内容主要包括：重点部门走访、座谈，典型设施实地考察，收集资料、核实情况，安全风险底数核查等。

（2）补充调研与后续沟通

在评估报告编制期间各阶段需要不间断地对重点企业、行业主管部门进行沟通交流，并根据项目进展适时安排集中的补充调研。

第四阶段：评估报告初稿编制

项目组对调研走访收集的资料进行汇总、梳理、统计、分析，对城市生命线相关行业领域安全风险因素进行识别、分类、评估、分级，重点辨识、评估存在的重大风险点，全面评估城市主要生命线设施安全风险构成、分布以及整体风险水平，针对重点设施提出建议措施，分别编制初稿版《城市基础设施生命线风险评估报告》《城市基础设施生命线风险清单》，初步绘制城市生命线安全风险四色图。

第五阶段：成果初审

组织对各项成果文本初稿征求意见，对各项成果完整性、数据可靠性、初步建议措施的可行性等进行审核，形成修改意见和资料补充调研意见。项目组结合初审意见，修订完善形成项目成果送审稿。

第六阶段：成果评审

组织第三方专家团队，对提交的各项成果文本送审稿进行评审，进一步对各项成果完整性、数据可靠性、建议措施的可行性等进行审核，形成专家组评审意见和修改建议。项目组结合专家组评审意见，对各项成果进一步认真修改完善，并经专家组确认，形成最终版《城市基础设施生命线风险评估报告》《城市基础设施生命线风险清单》和生命线安全风险四色图，正式提交成果。

3.1.3　城市生命线风险评估方法选用

因大部分城市生命线设施风险分级尚无国家和行业标准或政府规范性文件进行直接规定，首先可根据现行国家标准《公共安全 城市安全风险评估》GB/T 42768 中的风险评估流程进行风险辨识和风险指标体系设计，根据城市生命线各行业特点及生命线涉及的行业标准情况，并结合评估城市的实际情况选择合适的风险评估方法。另外，基于充分采用已有专业评估成果的原则，若评估过程中，城市生命线设施已由第三方专业机构进行过风险评估或安全评价，则可综合引用其风险评估结果。

常用的风险辨识方法有案例分析法、专家经验法、系统分析法、德尔菲（Delphi）方法、头脑风暴法、情景分析法等。

风险分级评价方法可根据评价对象的复杂程度、行业特点及其他因素等，采用定性、定量或半定量的评价方法。常见的评价方法如风险矩阵法、层次分析法、模糊综合评价法、专家打分法、HAZUS-MH 模型、模糊 DEMATEL 模型等，各类方法不在此处赘述。各种风险评价方法都有它的特点和适用范围，但各种方法存在一定的主观因素，难免出现偏差和遗漏，因此需选择合适的方法开展风险分析与评价工作。

3.1.4　城市生命线风险评估意义

可有效地预防城市生命线风险事故。预测、预防事故的发生是城市生命线风险评估的重要意义。对系统进行评价，可以识别城市生命线工程存在的薄弱环节和可能导致生命线事故发生的条件；通过定量分析，预测生命线事故发生的可能性及后果的严重性，可以采取相应的对策措施，预防、控制事故的发生。

能够有效支撑城市生命线安全工程建设。通过城市生命线风险评估，可有效识别城市生命线存在的基础风险和运行过程中存在的问题，识别出城市生命线安全风险点位清单，为城市生命线安全工程监测点位布设及优化提供科学依据。根据分析可以选择出最佳方案，使城市生命线安全工程建设过程中各资源达到最佳配合，从而用最少投资得到最佳应急效果，大幅度地减少城市生命线运行过程中的人员伤亡和财产损失事故。

可系统性地支撑城市运行管理。现代城市问题的来源越来越复杂，其过程具有跨区域性、不确定性、转化性、动态性等特征，城市生命线作为城市运行的"大动脉"，一旦发生问题将严重威胁城市公共安全。城市生命线风险评估能够全面、系统、科学、预防性地找出城市生命线管理问题，提出可行的建议措施，而不是孤立、就事论事地去针对某一类生命线自身的问题，从而实现城市的系统管理。

3.2　风险辨识

风险辨识是发现并描述风险的过程，包括城市生命线安全风险事件的辨识、风险原因及潜在后果的辨识，涉及生命线工程的历史数据、技术分析、知情人、专家和利益相关者的意见，风险识别的目的是找到可能对确定了的时间、空间、对象产生破坏、影响、伤害、疾病、损失的事物，同时还要找到可能预报、预警、阻止、隔离、救援、恢复上述破坏、影响、伤害、疾病、损失的措施。

基于事故致因理论中对事故原因的辨识，结合城市生命线事故的特点和客观实际情况，从人、物、管理和环境四个角度出发，对生命线风险开展辨识。

（1）人的不安全行为

人的不安全行为指生命线系统内的工作人员违反法律、法规、条例、标准、规定、制度等可能给城市生命线系统安全带来威胁的行为，如操作错误、忽视安全、忽视警报，造成安全装置失效，使用不安全设备，物品存放不当，冒险进入危险场所，不安全装束，对易燃易爆等危险物品处理错误等。

（2）物的不安全状态

物的不安全状态指管线设施、设备及附件等有缺陷或失效，工作人员工具防护措施、安全装置有缺陷或损坏等。

（3）管理原因

管理原因主要是指作业组织不合理，责任不明确或责任制未建立，技术措施、设计方案、操作规程、管理制度不健全，违章指挥或纵容违章作业等。

（4）环境类危险因素

这里的环境指的是相对生命线系统来说的外部环境，包括自然环境和人为环境两方面。其中自然环境方面的危险因素指土壤、大气、冻害等；人为环境方面的危险因素指第三方施工、外界人员偷盗、破坏管线等。

根据系统分析理论，用安全系统分析中的事故树分析法，将系统失效事件作为顶上事件，按照演绎法，从顶上事件开始，运用逻辑推理，分析事故起因的中间事件与基本事件的关系，进而辨识城市生命线系统运行风险。

以城市燃气、桥梁、供水、排水的风险辨识为例。

1. 燃气管线风险辨识

燃气管线由于其介质燃气的易燃易爆特性，发生事故造成的危害更大。根据国内外事故统计数据表明，管线泄漏事故约占82%，燃气管线的泄漏事故主要是由施工破坏和腐蚀穿孔引起的。施工破坏主要是施工方层层转包造成的盲目施工，而腐蚀穿孔主要是管线自管理用户的水平有限致使管线老化，年久失修，所以要从施工破坏和腐蚀穿孔的角度来防止管线的泄漏。上述两类原因要占到整个泄漏事故的85%。

从大量事故分析报告的统计结果可知，管线泄漏的主要原因有管线内、外腐蚀，施工违章，焊接缺陷，材料缺陷和第三方破坏等；导致管线破裂的因素主要有第三方破坏、超压、焊接缺陷和腐蚀等。有时单一因素即可引起管线事故，但更多的管线事故是由多种因素联合作用引起的。

2. 桥梁风险辨识

桥梁一般处于运营道路的节点或咽喉部位，桥梁的安全对整个交通运营影响巨大。近年来国内发生了多起桥梁坍塌事故，这些桥梁的坍塌事故不仅造成了严重的桥梁损坏与经济损失，且由于某些事故发生在桥梁的运营期间，导致了人员伤亡及恶劣的社会影响。因此，加强桥梁运营期间的工作，防止桥梁坍塌等恶性事故的发生，或当事故不可避免时做出适当的预警工作，都具有十分重要的意义。

根据有关资料研究分析，造成桥梁事故的主要原因有桥梁设计缺陷、桥梁施工缺陷、建材质量问题、养护不足、超载超限车辆通行及人为蓄意破坏、自然灾害等因素。

3. 供水管线风险辨识

供水管线可能发生的事故有爆管和漏水。供水管线分布于整个城市，系统庞大且隐蔽性强、外部干扰因素多，且管线自身材料质量和安全质量差异较大，使得供水管线常因为各种原因发生破裂从而导致供水事故。这些事故损坏给水设备，中断供水，直接威胁到社会生产和人民生活，甚至造成巨大的损失，产生不良社会影响。爆管事故还可能首先导致管线局部水质降低，如不迅速加以有效控制，不符合水质标准的水经过管线传输，水质污染范围迅速扩大，最终可能导致大范围的水污染致疾病暴发。

通过对大量供水管线事故统计分析得出，事故的原因主要有地面基础问题、施工破坏、老化腐蚀、车辆破坏、材质损伤、人为蓄意破坏（偷盗管线附件）及其他因素。事故表现为管线跑水造成区域停水、交通阻断、路面塌陷等。

4. 排水管线风险辨识

地下排水管线的用途是在重力的作用下把污水（生活污水、生产污水）或雨水等输送到污水处理厂或江河湖海中去。现在运行的城市排水管线中，长期承受管材内外压力、土壤中微生物、地下水中有害物质（如氢化物、硫化物等）的侵蚀，以及由地面传来的各种荷载等的综合作用，大部分排水管已年久失修，造成管线腐蚀、接头渗漏极为严重，管线破损。排水管线的渗漏对城市环境和城市地下水的污染极为严重，已成为城市地下水质最大的污染源之一。

排水管线泄漏破坏了城市基础设施、建筑物地基，造成了地基塌陷、滑坡等地质灾害和环境地质污染。并且凡是排水管线事故，均会导致排水管线的泄漏。排水管线泄漏的基本原因有：地下排水管线腐蚀、设计施工缺陷、管材质量差、管线淤积、第三方破坏、不可抗力因素等。其表现形式大多为管线破损引起的泄漏和管线堵塞。

3.3　风险分析

风险分析是充分理解风险的性质和确定风险等级的过程，是风险评价和风险处理决策的基础。

风险分析可以从风险可能性分析和后果严重性分析两方面进行，也可以混合开展。分析可能性时需要分别考虑静态和动态因素，静态因素是指主要由自身特性决定的，与人的关系不大的因素，如分析城市生命线可能性时，静态因素主要是选材、使用寿命、接口方式等，可以统计各类因素得到事故发生可能性的概率；动态因素则与人为作用有关：技术手段的变化、管理力度的变化、工作态度的变化，如新制度的实施，需要在事故发生的概率基础上结合技术和管理情况进行动态更新。

分析后果严重性需要考虑不同类型的后果，包括生命、财产、环境、社会、政治等。对于地下管线来说，生命损失后果主要是地下管线风险会造成的人员伤亡情况；经济损失后果是地下管线风险会造成的经济损失，包括用户和企业的直接经济损失，也包括应急处置修复所带来的经济损失；环境影响后果是地下管线风险对人类赖以生存的自然环境带来的破坏；政治影响后果是地下管线风险给国家、城市或社会造成的不利形象等影响；社会影响后果包括社会秩序、舆论舆情等。

以城市燃气、桥梁、供水、排水的风险分析为例。

1. 城市燃气风险分析

城市燃气风险分析可以从燃气的危险性和后果性进行分析，同时权属单位的管理措施对于降低燃气的危险性也具有重要的意义。燃气管线的危险性可以从其本身的危险性以及附近其他危险源的危险性分析。燃气管线本身危险性可以通过多个方面进行分析，例如历史的事故、管线设计压力、管网设计、管线建设施工质量、老旧管线、管线疲劳失效、管线腐蚀失效（主要影响金属管线）、外部可能因素、相邻地下空间、存在点火源等。

对于管线设计压力，一般来说压力越大，管道承压越大，风险越大。管线设计遵循国家、地方及行业相关标准，设计工作须通过评审验收，通常不存在设计本身问题，主要为年代久远的管线随着城市发展变化，原有设计无法满足现状。管线施工同样遵循国家、地方及行业相关标准，须通过工程验收，通常不存在施工本身问题，但有些燃气管线由于道路施工等可能对原有施工质量造成影响。老旧管线应制定改造规划，根据本地情况结合管龄管材等综合确定老旧管线年限划定。管线运行压力变化频繁易使管线产生疲劳失效，易发生管线泄漏事故。金属管线容易受土壤类型、土壤电阻率、含水率、微生物等因素影响发生外腐蚀。金属管线的防腐直接影响管线的年限，穿越工程管线需要加强级防腐。

燃气危险性分析考虑的外部因素包括自然灾害、人为破坏以及季节性温度变化等，生命线设施抗震设防类别、管线是否受地质隐患点影响，以及管线是否受到占压、第三方施工、管线违规操作等都需要关注。相邻地下空间主要考虑燃气泄漏后容易在相邻地下空间内聚集，达到爆炸浓度后，遇到点火源发生爆炸。附近其他危险源的危险性考虑人造设施类危险源和自然灾害类危险源，需要确认管线周边是否有加油加气站、危化品企业、烟花爆竹企业、民爆企业、燃气站场、建筑施工、桥梁、危险房屋以及地质隐患点等。

城市燃气的后果性分析主要考虑人员伤亡、经济损失、社会影响等。人员伤亡针对附近人群和敏感人群，例如：通过管径、区域位置等指标可用于估计附近人流密集程度，敏感人群包含学校、医院、养老院、福利机构等。经济损失包含停气影响、对重要设施的影响和燃气泄漏本身的损失。社会影响则是针对燃气事故本身的影响，以及对弱势群体和重要设施的影响。

对于权属单位的管理措施，可以作为风险分析的加分或减分项，在对于城市燃气的管理中，巡检隐患排查能力、燃气管线标志标识、信息化管控手段等对于防控燃气泄漏和爆炸风险具有重要意义。其中巡检隐患排查能力包含巡检频率、巡检人员车辆装备配备情况、信息化管理手段等；燃气管线标志标识主要分析其是否齐全、清晰醒目；信息化管控手段主要检查信息化系统、在线泄漏监测、视频监控、智慧巡检等是否完善。

2. 桥梁风险分析

桥梁的危险性可包含桥梁本身坍塌的危险性以及附近其他危险源的危险性。桥梁的坍塌危险考虑：桥梁的历史事故、桥梁设计、桥梁建设施工质量、老旧桥梁和桥梁的结构安全现状以及桥梁受到的自然灾害和人为因素。桥梁设计遵循国家、地方及行业各类标准，设计工作须通过评审验收，通常不存在设计本身问题，主要为老旧桥梁随着城市发展变化，原有设计无法满足现状；桥梁施工同样遵循国家、地方及行业相关标准，须通过工程验收，通常不存在施工本身问题；老旧桥梁应根据实际病害情况制定改造规划；桥梁结构安全现状，不同桥梁类别不同，公路桥梁应关注其养护类别，城市桥梁关注技术状况等级。

桥梁的自然灾害和人为因素可包含：抗震设计、地质隐患点（地灾点）、桥梁保护区内施工行为、船只碰撞、交通碰撞等。附近其他危险源的危险性考虑自然灾害类危险源。需要确认管线周边是否有地质隐患点、地质沉降点等。

桥梁风险分析的后果性主要考虑人员伤亡、经济损失、社会影响等。人员伤亡针对附近人群，例如通过桥梁的车流、人流密集程度。经济损失包含桥梁事故造成的交通影响、桥梁本身的价值。社会影响则是针对桥梁事故本身对社会、环境的影响。

桥梁养护单位的管理能力主要体现在管养隐患排查能力、标志标识设置状况、信息化管控手段等。管养隐患排查能力包含管养能力、安全管理水平、是否定期开展桥梁检测等；标志标识设置状况包含标志标识是否齐全、清晰醒目；信息化管控手段包含超重称量、结构监测、视频监控等。

3. 城市供水风险分析

城市供水的危险性可包含供水路面坍塌危险性和管线结构破坏（包括泄漏和爆管）。供水路面坍塌危险性可包含事故本身危险性，例如供水管线的历史事故情况。

管线结构破坏（包括泄漏和爆管）可考虑管网设计、管线建设施工质量、老旧管线、管线疲劳失效、管线腐蚀失效（主要影响金属管线）等。管线设计遵循国家、地方及行业相关标准，设计工作须通过评审验收，通常不存在设计本身问题，主要为老旧管线随着城市发展变化，原有设计无法满足现状。管线施工同样遵循国家、地方及行业相关标准，须通过工程验收。老旧管线应制定改造规划，根据本地情况结合管龄、管材等综合确定老旧管线年限划定。根据《国务院办公厅关于印发城市燃气管道等老化更新改造实施方案（2022—2025年）的通知》（国发办〔2022〕22号），水泥管道、石棉管道、无防腐内衬的灰口铸铁管道；运行年限满30年，存在安全隐患的其他管道；存在安全隐患的二次供水设施等需要进行改性改造。管线疲劳失效考虑管线运行压力变化，频繁的压力变化易使管线产生疲劳失效，易发生管线泄漏事故。金属管线容易受土壤类型、土壤电阻率、含水率、微生物等因素影响发生外腐蚀。金属管线的防腐直接影响管线的年限，穿越工程管线需要加强级防腐。

城市供水的风险分析，同样也需要考虑外部因素，如自然灾害、人为因素等，可包含：抗震设计、地质隐患点（地灾点）、管线所处区域类型、管线骑压、周边道路施工、管线违规操作、附近危化品企业、民爆企业、季节温度变化等。长期非法占压管线将导致管线载荷超标，造成管线结构破坏，季节温度变化会增加管道外部受到土壤的压力作用，且低温会使得金属管材变脆，具有一定的不可预测性。

附近其他危险源的危险性考虑自然灾害类危险源、人造设施类危险源。需要确认管线周边是否有地质隐患点、地质沉降点、建筑施工、桥梁、危险房屋等。

城市供水风险的后果性分析考虑各类供水管线事故造成的人员、经济损失和社会影响等灾害情况，人员伤亡因素考虑附近人群和敏感人群，可以用道路等级、管径、区域位置、人员密集场所，学校、医院、养老院、福利机构等敏感场所分析。经济损失考虑停水的影响、对重要设施的影响，停水影响可从管径、压力、管线作用等方面分析，重要设施可包含道路等级、对其他生命线设施的影响。社会的影响考虑其自身、环境、弱势群体、重要设施等。

城市供水风险分析的管理因素同样可以考虑巡检隐患排查能力、供水管线标志标识、信息化管控手段等。巡检隐患排查能力包含巡检频率、巡检人员车辆装备配备情况、信息化管理手段等；标志标识是否齐全、清晰醒目；信息化系统、在线泄漏监测、视频监控、智慧巡检等是否完善。

4. 城市排水风险分析

城市排水风险分析可结合其事故类型，如路面塌陷、沼气爆炸、溢流等。

路面塌陷的危险性可从自身危险性、管线结构破坏（包括泄漏和管线堵塞）等方面分析。自身危险性考虑地基松软，管线结构破坏可从管材、管龄、管道附属设施状态、第三方破坏记录、附近建筑道路施工点、管线腐蚀记录、防腐措施、附近腐蚀类危化品企业、管线占压或骑压、穿越工程、地质隐患点、其他自然灾害事故记录、人造设施类危险源、自然灾害类危险源等方面考虑。

管材、管龄等用于整体评价管线的结构状态；管道附属设施状态用于分析管道附属设施失效导致事故的风险；第三方破坏记录用于分析管线遭到第三方施工破坏的风险；附近建筑道路施工点用于分析管线遭到第三方施工破坏的风险；管线腐蚀记录用于分析管线存在的管线腐蚀风险；防腐措施用于分析管线存在的管线腐蚀风险；附近腐蚀类危化品企业用于分析管线存在的结构破坏风险；穿越工程考虑管线穿越河流、隧道、铁路、高速公路等，用于分析管线存在的结构破坏风险；地质隐患点考虑管线处于附近地质隐患点的影响范围，用于分析管线在遭遇地质灾害时的结构破坏风险；其他自然灾害事故记录考虑管线历史发生过的除地震地质灾害外的自然灾害事故记录，用于分析管线在遭遇其他自然灾害时的结构破坏风险；人造设施类危险源主要确认两侧建筑施工、桥梁、危险房屋等，确认管线附近自然灾害类危险源，容易被排水管线事故引发次生灾害。

城市排水沼气火灾爆炸的危险性可从自身危险性、存在相邻地下空间、存在点火源、附近其他危险源等方面分析。自身危险性主要考虑为介质的危险性，相邻地下空间考虑污水井数量、污水井空间体积、各类相邻地下空间、使用明火摊贩、巡检维修人员静电防护、电力设施、雷电隐患等，沼气容易在相邻地下空间内聚集，达到爆炸浓度后，遇到点火源发生爆炸。点火源考虑附近人员密集程度、烟花爆竹燃放点、危化品企业等，人员密集区域吸烟点火概率较高，且易聚集流动类餐饮小店，多使用液化气气瓶明火进行营业，维修巡检人员身体带静电存在点火可能性，巡检、维修时是否采取防静电措施。附近其他危险源，可从人造设施类危险源、自然灾害类危险源分析，包括加油加气站、危化品企业、烟花爆竹企业、民爆企业、燃气站场、建筑施工、桥梁、危险房屋、地质隐患点等。

城市排水溢流风险的危险性因素可从淤堵因素分析，考虑坡度、管道功能性缺陷、管线堵塞事故记录等，建筑垃圾和生活垃圾、有大量含有脂肪的污水、树根等进入下水道，卡死管线而造成堵塞，管线的内管壁产生结垢导致管线截面变小。

城市排水风险的后果性可从人员伤亡、经济损失、社会影响、环境影响等方面分析。人员伤亡：管径和区域位置可用于估计附近人流密集程度，道路等级可用于估算附近车流量情况，学校、医院、养老院、福利机构等敏感人员更容易受到事故的伤害；经济损失主要用于估算对交通的影响；社会影响考虑其自身、环境、弱势群体、重要设施等；环境影响考虑水体污染、土层渗透性，管段周边和管段上游地表水环境，水功能区级别越高发生风险后造成的环境影响越大，管线土层渗透情况可评价管线事故导致水体污染的环境影响。

城市排水的风险管理因素考虑巡检隐患排查能力、排水管线标志标识、信息化管控手段等。巡检隐患排查能力包含隐患排查、整改情况等；标志标识是否齐全、清晰醒目；信息化系统、在线泄漏监测、视频监控、智慧巡检等是否完善。

3.4 风险评价

　　风险评价是对比风险分析和风险标准的过程，以决定风险及其级数是否能够接受和容忍。风险评价的目的是确定风险的可接受程度和定级，通过不同接受等级的风险对应的处理决策也是不同的，例如有限低风险可以加强巡查巡检，中风险可能就需要增加技防或其他强硬的措施，高风险可能就需要整改或重点督办。风险评价包括将风险分析的结果与预先设定的风险准则相比较，或者在各种风险的分析结果之间进行比较，确定风险的等级。风险评价利用风险分析过程中所获得的对风险的认识，对未来的行动进行决策。道德、法律、资金以及包括风险偏好在内的其他因素也是决策的参考信息。

　　城市生命线风险评价，需要首先从精细化工作的要求出发，依据一定的原则对各类城市生命线设施划分风险评估单元；然后根据规范化工作的要求，依据相关国家、地方和行业标准规范建立各类城市生命线设施的风险评估指标体系，通过各城市生命线设施相关单元收集风险底数数据，对城市生命线设施分别进行风险评估，得到初步评估结果；最后，根据所有风险评估单元的初步评估结果并综合相关单位的意见，确认重点生命线设施风险源，通过现场调研走访的方式核查重点城市生命线设施的实际情况，确认所有风险评估单元的最终风险等级，最终形成风险评估报告、风险等级清单和风险评估四色图。

　　城市生命线风险评估指标体系可以依据相关国家、地方和行业标准规范，结合各行业风险特点，从可能性和后果性两个维度建立风险评估模型，同时对于权属单位的管理措施，可以作为风险评估的加分或减分项。风险分级标准，可参照可接受风险标准（又称 ALARP 法则），对风险可容忍程度进行描述。参照现行国家标准《公共安全 城市安全风险评估》GB/T 42768，根据风险是否可接受，设定统一的风险等级判定标准限值，如图 3-2 所示。判定时需要根据致灾因子、风险点危险源分布情况及监管力量配比分别设定相应的等级判定标准

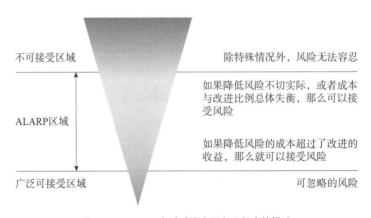

图 3-2　ALARP 法则对风险可容忍程度的描述

限值，最终将风险分析的结果与预先设定的风险准则相比较，确定风险等级。

按我国个人可接受风险标准，将老人、儿童、病人等自我保护能力较差的特定人群作为敏感目标优先考虑，根据不同防护目标人群的疏散难易将防护目标分为低密度、高密度和特殊高密度场所，分别制定相应的个人可接受风险标准。根据 ALARP 法则、安全管控要求、国家监管要求可设定相应的风险等级判定标准限值（表 3-1）。

风险等级判定标准限值　　　　　　　　　　　　　　　　表 3-1

风险分级	低风险	一般风险	较大风险	重大风险
ALARP 法则	可忽略风险	需要降低的风险	需要降低的风险	不可接受的风险
	定量风险分级参考我国个人和社会可接受风险标准			
安全管控要求	无	正常管控	针对性管控措施	停产改造（老旧管线）
国家监管要求	无	无	重点监管（危大工程、消防重点单位）	集中隔离（化工）远离人口密集区（高压燃气管线）

风险评估等级的确定可采用风险矩阵法，风险矩阵（Risk Matrix）是一种将定性或半定量的后果分级与产生一定水平的风险或风险等级的可能性相结合的方式。矩阵格式及适用的定义取决于使用背景，关键是要在这种情况下使用合适的设计。城市生命线风险评估矩阵可设计为如图 3-3 所示的形式。

风险等级		后果严重性				
		很小 1	小 2	一般 3	大 4	很大 5
可能性	基本不可能 1	低	低	低	一般	一般
	较不可能 2	低	低	一般	一般	较大
	可能 3	低	一般	一般	较大	重大
	较可能 4	一般	一般	较大	较大	重大
	很可能 5	一般	较大	较大	重大	重大

图 3-3　城市生命线风险评估矩阵

风险评价数据的收集内容，需要结合风险评估指标体系，常见的管网数据形式可分为三类：管网地理信息数据、管网 CAD 数据、管网填报数据。管网地理信息数据有准确的定位，且其属性可包含管龄、管材、压力、埋深等多种数据，同时也可补充一些隐患、管理的数据；管网 CAD 数据，通常只有管线的基本定位、管材、坡度、管径等；而管网填报数据也可包含多种信息，但缺少具体的定位信息。为了更直观地展示风险，风险评价的数据最终都需要展示为管网地理信息数据，而缺少定位的填报数据需要在地理信息系统上手工绘制。同时风险评价基础数据的收集也需要依赖现场调研、座谈沟通等，例如地下管线的历史泄漏情况、地下管线的腐蚀信息、第三方施工频繁程度、管线周边的人口密集程度、管线的周边环境信息等。

风险评价的输出可包含风险评估报告、风险等级清单和风险评估四色图，风险评估报告用来解释风险评估的基本概念，描述风险评估的依据、方法、流程、结果、工作内容、建议措施等；风险评估清单用来分别展示每一个设施、每一个管线的基本数据信息、风险等级以及风险描述；风险评估四色图根据风险等级，用"红、橙、黄、蓝"四种颜色展示城市生命线基础设施的风险分布情况，清晰展示每条管线或每个设施的风险情况。

第 4 章

城市生命线
安全风险综合监测理论

4.1 城市安全空间构建理论和技术

人是城市的主体，个人安全需求的满足是城市健康发展的基础，是衡量城市安全的重要标准。现代城市的整体形象，涉及社会服务和政府服务，包括城市环境与设施的条件和质量。通过系统的城市安全建设，建立和维护城市人居环境生态平衡的良性循环系统，构建人本化的城市安全空间，是基于可持续发展的安全理念和对城市发展长治久安的追求，使城市安全保障模式从"被动反应"向"主动引导"的方向转变。

4.1.1 城市安全空间构建理论

根据城市居民在城市生产生活活动轨迹，从家庭经过城市公共场所到生产工作场所，然后再经过城市公共场所返回到家庭中，体现了时间空间连续的特征，如图 4-1 所示。因此，个人安全需求的保障亟需城市安全空间的时域连续。城市安全空间可以分为：保障城市运行和具有防灾功能的城市公共空间和日常生产生活的社会单元专属空间。通过开展城市风险隐

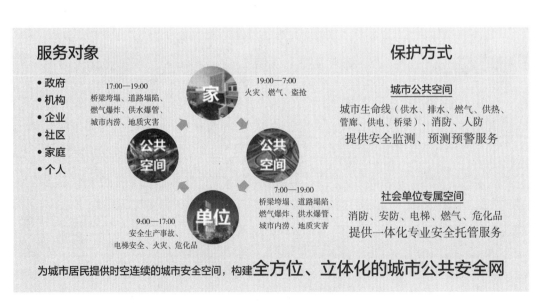

图 4-1　城市安全空间构建体系

患的全方位物联网监测、评估与精细化管理等，创新公共安全管理和服务模式，提升城市安全发展与管理水平。

城市安全空间构建理论包括突发事件、承灾载体和应急管理三个方面。灾害要素是城市安全空间构建的威胁来源，包括物质、能量和信息等类型。突发事件是灾害要素的作用形式，包括自然灾害、事故灾难、公共卫生事件以及社会安全事件四大类型。承灾载体是突发事件的作用对象，包括人（个体、家庭、社会单位等）、物（建筑、城市生命线、公用设施等）、系统（社会、经济、生态、信息等系统）三方面。应急管理是城市安全空间构建的重要方面，涉及防灾减灾、预防准备、应急响应和恢复重建四个阶段，包括风险评估、监测监控、预警预测和指挥决策四个技术环节。

4.1.2　城市安全空间构建技术

城市公共空间构建需要对社会生活、生产有重大影响的城市基础设施，以及具有防灾功能的消防设施、人防设施等，提供安全监测与预测预警服务。社会单元专属空间构建需要提供消防、电梯、燃气、危化品等专业安全托管服务。

1. 城市公共空间综合防控体系构建技术

如图 4-2 所示，城市公共空间综合防控体系构建通过形成覆盖整个城市、统筹利用、统一接入的城市安全大数据平台，融合城市公共空间安全运行感知、动态风险监测与预警、决

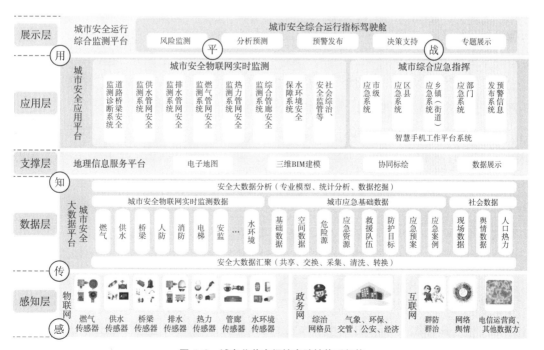

图 4-2　城市公共空间综合防控体系架构

策指挥、统一调度及效能评估为一体。关键构建技术主要包括：

（1）城市公共空间监测物联网技术。在物理空间和信息空间上形成建筑与超高层建筑、道路交通系统、城市地下空间、城市生命线工程等立体化的城市公共空间监测物联网，实时监测城市基础设施运行状态和风险源，是实现城市综合风险评估、隐患动态识别、预测预警分析、目标追踪锁定等安全分析的数据来源。

（2）城市公共空间数据融合分析技术。通过城市公共空间安全运行监测物联网数据的采集、汇聚和融合，结合政府各部门基础数据、地理信息数据、互联网数据、城市部件信息等进行综合分析，建立一套城市健康运行体征指标体系，深度发掘城市风险管控薄弱点，服务城市公共空间安全源头治理和隐患排查治理。

通过构建城市公共空间综合防控体系，实现监测无死角、信息全覆盖、横纵互联，纵向涉及各级政府、横向涉及各领域，形成涵盖物理空间与信息空间的网络特征和行为，物理空间与信息空间演化机制和相互影响的多层性网络，包括辨识、准备、监测、评估、判定、决策、预警、处置、救援和恢复重建等韧性化保障。

2. 社会专属空间安全保障体系构建技术

社会单元是城市安全防御最基本的社会专属空间，涉及消防、燃气安全等方面，涉及面广、相互关联性强，是确保城市居民生活正常运转、维系现代城市功能的重要组成部分，任何环节发生问题都可能造成严重的经济损失和危及生命安全。实现人员素质、设施保障和技术应用的整体协调，是显著提升社会参与风险防范和公共安全管理能力的关键。

通过以物联网、互联网＋、大数据等技术为支撑，将技防与人防方式相结合，对社会单元安全涉及的消防、安防等服务进行全方位整合，为各社会单元提供包含设计施工、监测报警、维保检测、培训演练、保险保障等全链条一站式专业安全托管服务，实现每个社会单元具备独立安全防御的能力，推动社会化公共安全服务由"碎片化"向"一站式"转变，由"非专业化"向"专业化"转变，由"被动应付"向"主动管理"转变。

社会专属空间安全保障体系构建基于"全面感知、充分整合、激励创新、协同运作"理念，以物联网、互联网＋、大数据等技术为支撑，建立从隐患排查到勘察评估，从监控预警到快速处置的新型安全保障体系，全面感知社会单元消防、安防设备设施等安全运行状态，分析其消防隐患、安防风险及耦合关系，实现对社会专属空间安全风险的及时感知，早期预测预警和高效处置应对，切实保障人民生命和财产安全。

（1）社会专属空间安全设施运行监测与数据传输技术

综合利用射频识别、无线传感、云计算、大数据等技术，依托有线、无线、移动互联网等现代通信手段，在传统监测火灾自动报警系统的运行状态及故障、报警信号基础上，实现对消控主机报警信息、消防水压、电气火灾、燃气泄漏、防火门开关状态等消防设施运行状态的全面远程监控。同时基于窄带蜂窝物联网通信技术（NB-IoT），该技术具有覆盖广、连接多、成本低、功耗低、架构优等特点，实现对消防设施运行状态信息的远程传输。

（2）社会专属空间安全设施运行数据集成与大数据挖掘技术

通过数据接口对社会单元基础信息、设施在线监测数据、其他相关数据进行集成，实现各系统相互调用、互联互通。利用大数据挖掘技术对海量的集成数据进行处理与计算，挖掘数据内在规律和变化趋势，为社会专属空间异常情况预警以及智能决策提供支持。

4.2　城市生命线安全综合监测理论和技术

城市生命线安全工程是以公共安全科技为核心，以物联网、云计算、大数据等信息技术为支撑，对城市燃气（含工商用户终端）、供水、排水、热力、桥梁、轨道交通、综合管廊、水体污染治理等城市基础设施的安全运行状态搭建监测物联网，建立监测运营体系，形成常态化监测、动态化预警、精准化溯源、协同化处置等核心能力，实现科学预防燃气爆炸、桥梁坍塌、城市内涝、管网泄漏及路面塌陷、城市火灾等城市基础设施生命线重大安全风险。

4.2.1　城市生命线综合分析防控理论

针对构建人本化的城市安全空间、健全城市公共安全体系的需求，针对城市基础设施生命线相互耦合、相互关联的复杂性特征和风险难以辨识的问题，提出综合考虑物理、网络、地理和逻辑等相关复杂相互作用的城市基础设施生命线系统物理脆弱性分析方法，系统性地研究城市安全运行耦合风险动态评估方法，构建城市生命线工程灾害事故高风险空间识别方法。建立"物理—社会"相结合、"点—线—面—网"多维结构数据融合的城市生命线多维度风险量化方法，发现城市生命线工程事故对城市社会经济运行的影响规律，建立燃气泄漏进入地下相邻空间发生火灾爆炸、供排水管网漏失爆管引发路面塌陷、桥梁结构受损坍塌引发城市交通瘫痪等城市生命线重特大突发事件的次生衍生演化模型，形成城市安全空间的物联网监测和风险评估理论体系，解决"想不到、看不见"的隐蔽和耦合安全风险。

针对城市高风险空间致灾因子的实时动态监测、综合预警防控和处置决策支持的技术需求，以及城市生命线安全工程的常态化监测、动态化预警、精准化溯源、协同化处置等能力构建需求，提出城市基础设施生命线系统时域、空域、能域新型风险的监测预警体系框架。建立风险隐患识别、物联网感知、多网融合传输、大数据分析、专业模型预测和事件预警联动的"全链条"城市生命线安全监测预警工程技术体系架构，形成燃气、供水、排水、热力、综合管廊、水环境、桥梁、轨道交通等城市生命线工程的城市安全空间立体化监测网，解决城市生命线安全状态动态监测、风险评估、风险预警防控、协同组织架构等难题，形成城市安全空间风险源头治理和分级防控的主动保障模式。

4.2.2　城市生命线安全综合监测技术与装备

城市生命线工程耦合风险易发多发，传统人工检测巡查难以及时发现问题，容易让"小患"积成"大祸"，需要系统性突破"精细前端感知、精准风险定位、预警协同联动"等关键技术。针对城市生命线复杂管网与环境叠加带来的整体性、系统性风险识别难题，综合管龄、管材、维修记录、地质环境与人口、经济等承灾载体要素，攻克城市高风险空间识别技术。揭示燃气在城市多材质多类型管网、非均匀土质环境、复杂连通空间条件下的泄漏扩散聚集规律，建立燃气火灾爆炸致灾因素耦合作用于城市承灾体的损伤预测模型，攻克生命线工程跨系统风险转移和耦合灾害分析技术，实现城市生命线工程风险的系统性识别、多指标叠加量化和多维度空间可视化。分析地下管网破损、在建工程施工、地下病害体、沉降变形等引发的水土流失导致路面塌陷的过程机理和影响后果，构建地面塌陷风险评估技术体系。构建车船撞击、恶劣天气、灾害事故等偶发性风险源以及桥梁主体结构病害、附属构件病害等结构安全隐患风险源识别体系，以此为基础对桥梁病害进行分级，实现桥梁运营风险预警和安全评估。

针对城市生命线复杂系统与环境叠加带来的整体性、系统性风险识别难题，提出基于量化风险的城市生命线传感器布设工程优化模型。构建适用于不同管网拓扑结构与连接规律的燃气管网扩散预测模型，建立综合考虑科学性（可承受风险）与工程性（有效监测长度）的连通管线和独立地下空间测点优化布设模型，研发以燃气管网有效监测长度为目标的监测点优化布设技术，创新基于管网水力分界和地质隐患交叉的供水爆管漏失监测布设技术，突破桥梁结构响应、环境影响和交通荷载的整体监测优化布设技术，解决城市生命线安全立体空间监测的数量、位置、效能等多目标优化问题，实现生命线综合风险的科学有效监测。

突破长期被国外垄断的燃气激光探测芯片，使我国地下空间燃气探测技术和装备处于国际领先水平，万分之一浓度的微小燃气泄漏即可快速定位泄漏管线；供水管网检测智能球在25km 范围内泄漏定位精度达到 ±1m；创建基于水纹识别的水污染溯源技术，为黑臭水体综合治理提供强有力的技术保障。针对多传感器实时并发接入、数据防截获和篡改等需求，攻克传感器与云端通信双向加/解密的数据安全传输技术，解决海量并发数据的安全传输问题。针对复杂环境条件下多传感器数据集成、稳定传输的需求，研发 4G、光纤、窄带蜂窝物联网（NB-IoT）多网复用的多层级融合传输技术，解决地下空间信号传输覆盖区域有限和稳定性差等难题。针对城市生命线工程复杂现场环境下多参数特征监测与分析的需求，解决监测环境恶劣、监测数据漂移大、传输信号复杂多变等数据采集和处理的关键问题，攻克可区分介质状态的流量压力监测、地下狭小作业空间定向钻孔技术等，研制桥梁安全前端综合处理主机、内置智能分析物联网网关等成套化的城市生命线安全工程运行监测装备，实现设备与设备、设备与系统、系统与系统间可靠集成与互联互通。

4.2.3　城市生命线安全运行监测预警系统

针对各类管网、结构特征、地质环境、历史事故、巡检维护、人口、经济、重要目标、应急预案、救援队伍、物资装备、知识案例等数据融合需求，研发城市生命线安全运行的全要素多源异构数据建模、综合整编、融合共享和服务支撑技术，建立城市生命线安全工程数据库，突破包括可燃气体、流量、压力、声波、挠度、加速度、位移等三十多类参数、万级以上数量传感器并行在线监测、大数据动态采集存储与融合分析、数据清洗和质量控制、前后端协同计算、BIM/GIS 可视化风险分析等关键技术，研发城市级高性能、高可用、高扩展性的并行计算、分析、挖掘大数据平台，为城市安全各类动静态监测数据的分析与计算提供全面支撑。

针对城市生命线工程常规巡检采样频率低、难跟踪风险变化而导致风险隐蔽问题，突破城市生命线工程运行体征信息采集分析和风险动态评估技术；针对事故应急和抢修的高时效性等难题，突破现场处置人员安全评估和 BIM/GIS 可视化分析技术，提供全视野、全时程和地上、地下空间可度量、可圈选、可分析、可策划的情景操控能力。针对生命线工程安全运行全面感知、全面接入、全面监控、全面预警的需求，研发生命线工程安全运行监测系统和"数据＋模型＋共享"的城市生命线工程安全运行云平台，实现城市安全风险等级分布图在线绘制、风险类型和等级自动研判、事件发展趋势实时预测，形成系统城市级、规模化、工程化应用能力。

针对各类城市生命线运行特征、周边地质环境、海量动态监测数据等数据融合需求，研发海量实时传感器监测数据的采集技术和大数据分析技术，突破燃气泄漏、供水管网漏失、桥梁结构受损等重大耦合风险监测预警技术。提出燃气监测时序数据多维特征提取算法，构建典型燃气与沼气泄漏特征数据库，建立基于相似特征的燃气泄漏机器学习识别模型和燃爆影响预警算法，实现对燃气管网泄漏风险的实时感知和智能预警。建立供水管网高频压力、泄漏声强、频宽耦合预警技术，发明水力学模型与机器学习结合的异常状态识别技术，解决城市规模供水管网泄漏实时监测和爆管路面塌陷精准预警难题。研发基于多参数耦合分析方法的桥梁整体模态（指纹）监测技术，提升桥梁安全评估的科学性、系统性和时效性。

4.2.4　城市生命线安全风险联动防控机制

　　针对城市生命线工程权属复杂、多部门管理交叉、关联性强、缺乏统一技术支撑等难题，创新城市生命线安全风险预警"技术＋管理"精细化管理模式，成立 7×24 小时值守的城市生命线工程安全运行监测中心，作为市级机构纳入城市安全生产委员会，形成市政府领导、多部门联合、统一监测服务的运行机制。编制城市生命线安全运行监测技术和运营等标准规范，建立系统建设、运行、维护、处置、决策和管理一体化的工作机制和流程。

　　针对城市生命线工程安全运行监测的实时性和不间断性、事故预警专业性和响应快速性的要求，聚焦城市燃气管网及其周边供水、排水、电力管线、人防工程、窨井等相邻空间权属复杂，多部门管理交叉、关联性强、缺乏统一技术支撑等难题，提出 3 个"统一"（统一标准、统一监管、统一服务）、4 个"全面"（全面感知、全面接入、全面监控、全面预警）、5 个"落地"（风险可视化、监管规范化、运行透明化、管理精细化、保障主动化）的管理理念，通过前端传感器实现精准感知、通过监测系统实现精准分析、通过监测中心实现精准推送，构建精细前端感知、精准风险定位、专业评估研判、协同预警联动的运行机制，打通城市生命线工程安全管理和数据共享的行业壁垒。通过辅助决策模型，为险情接处、方案制定、力量调配、处置评估等提供技术支持，指导现场抢险、开挖、泄漏点位溯源、跟踪处置结果，形成业务闭环。

第 5 章

燃气安全风险监测预警技术与方法

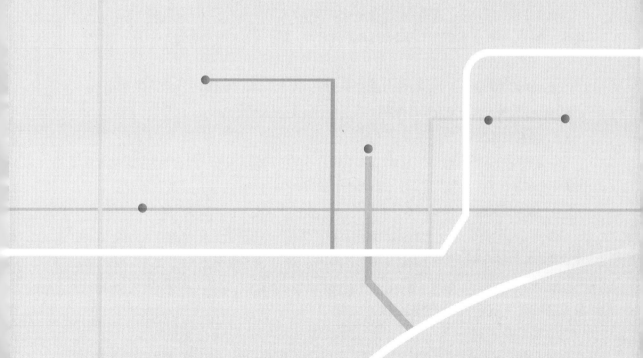

5.1 燃气安全监测方法概述

5.1.1 燃气安全监测目标

燃气安全监测的目标是通过监测设备对燃气系统的各项参数如浓度、压力、温度、流量等实时监测分析，对燃气系统的运行态势进行实时感知、异常预警，保障燃气在运输、存储和使用过程中的安全运行，提前发现潜在问题，及时预防和应对潜在火灾、爆炸以及中毒等危险情况，以确保人员的生命安全，消除或降低事故影响。为达到燃气安全监测的目标，可从以下几个方面出发：

1. **结构健康监测**

通过监测燃气管道、储罐、阀门等设备的结构状态和性能，可以评估其健康状况，包括损伤、腐蚀、材料疲劳等因素，保障设备的可靠性，防止突发问题和泄漏。

2. **运行态势监测**

通过对燃气系统的压力、流量、温度等参数的实时监测，确保其在安全范围内运行，防止超压、过载等因素引发泄漏燃爆事故。

3. **泄漏监测报警**

作为典型的易燃易爆气体，通过监测设备对可燃气体浓度实时监测，可及时发现潜在的泄漏事件并发出警报，降低泄漏产生的影响和危害。

4. **泄漏预警响应**

通过引入自动化系统，根据监测数据实时调整燃气系统操作，包括自动切断燃气供应、激活紧急关闭阀门或排气装置等，以确保紧急情况下的快速响应及处置。

5.1.2 燃气安全监测方法现状

对于燃气突发事件，合适的监测手段可以对燃气系统进行实时监控，跟踪燃气系统安全运行状态，在系统运行异常、泄漏初期阶段对事件进行及时预警，从而避免因燃气泄漏引发的一系列危险事件的发生。

1. 终端用户安全监测

城市燃气终端用户是指城市区域内以燃气作为能源供应的个人或单位，主要包括家庭用户、商业用户、工业用户等。目前，我国城市燃气终端用户安全监测主要通过在用气场所安装可燃气体泄漏报警装置对用户用气安全进行保障。其中，餐饮场所由于其人员聚集特性，是现阶段燃气安全监测的重点。2021 年 6 月，第十三届全国人民代表大会常务委员会第二十九次会议对《中华人民共和国安全生产法》进行第三次修正，新的条文中明确提到"餐饮等行业的生产经营单位使用燃气的，应当安装可燃气体报警装置，并保障其正常使用"。2022 年 7 月由国务院安全生产委员会召开会议部署开展了燃气安全"百日行动"，要求"对使用燃气的餐饮场所未安装燃气泄漏报警器的，坚决依法处罚"。

根据气体传感器气敏特性的不同，可燃气体报警装置类型可分为半导体气体探测、催化燃烧式气体探测、电化学式气体探测、光学式气体探测等。不同类型可燃气体浓度探测方法的工作原理及优缺点见表 5-1。不过，目前市场上的可燃气体报警装置虽然可实现对所在场所可燃气体浓度进行不间断检测，及时发现可燃气体积聚并发出报警，但是，报警装置泄漏报警的响应主要依赖于人员视觉或听觉，不具备远程监测报警能力，如果无人员在场，即使发生报警也难以第一时间采取有效应急处置措施，因错过最佳处置时间而导致突发事件演变为灾害。

不同类型可燃气体浓度探测方法的工作原理及优缺点　　　　　　　　　表 5-1

类型		工作原理	优点	缺点
半导体气体探测		与气体相互作用时产生表面吸附或反应，引起电导率或伏安特性等变化	可探测的气体范围较广，成本低、制造简单、电路简单、灵敏度高、响应速度快、使用寿命长	必须在高温下工作，对气体选择性差、元件参数分散、不够稳定、要求功率高
催化燃烧式气体探测		利用催化燃烧的热效应原理来检测气体	不易被外界环境影响，稳定性高，电路设计简单，测量效果好	只能测量可燃气体，使用寿命短；催化反应时存在不安全和不稳定性，预定期校准，不便于日常使用
电化学式气体探测		通过检测电流 / 电动势来检测气体的浓度	灵敏度高、选择性好、分辨率高、重复性高，可用于低浓度气体测量	价格高、受外界温度影响大、使用寿命短、易因电解液失去水分干涸而致使传感器失效
光学式气体探测	红外吸收式气体探测	测量和分析红外吸收峰来检测气体	选择性强、灵敏度高、使用寿命长、受环境影响小、稳定性高、维护成本低	制作成本高、制造工艺严格、抗外界光干扰能力弱
	激光式气体探测	利用激光技术检测气体	光学特性稳定、抗干扰能力强、光源稳定、波长稳定、可精准控制、测量精度高、无需标校	制作成本高

2. 燃气管道安全监测

燃气管道是指用于输送燃气（如天然气、液化石油气等）的管道系统。不同于典型长输管道，城市燃气管道多为埋地敷设，具有管网分支多、管径变化频繁、周边环境复杂等特点，易受外界扰动影响且燃爆后果严重。传统的人工巡检方法由于监测效率低、实时性差、主观性强等问题，已经无法满足现阶段城市燃气管道数字化、信息化安全管理需求，燃气管道安全运行状态的实时在线监测成为行业关注的重点。

在燃气管道运行状态监测方面，城市燃气管道运营管理中普遍采用 SCADA 系统，通过以计算机为基础的生产过程控制和调度自动化系统，实现对燃气系统进气、计量、输配、调控全过程监控、管理和调度，并对生产信息、管网状况进行自动化收集、分类、传送、整理、分析和存储，为燃气管网的优化调度、故障分析、辅助决策提供科学的手段。而且，由于 SCADA 系统能在线实时监测各节点压力流量，因此对于全管断裂等原因引起的大规模泄漏导致压力骤然下降能做到有效监测，但是无法发现管道中出现的微小泄漏，也无法发现管道相邻地下空间出现的可燃气体积聚事件。

在燃气管道外部扰动监测方面，视频识别、埋地光纤感知、振动/声学传感器感知等技术被逐步应用到燃气管道第三方施工防控领域，不同类型监测技术的工作原理及优缺点见表5-2。在众多方法中，视频监测和振动监测因其有效性和较高的性价比受到了广泛的关注，2021 年国务院安全生产委员会在《城市安全风险综合监测预警平台建设指南（试行）》中提出了"利用视频、振动等监测手段，进行管线施工破坏风险监测"的要求。在此背景下，国内清华大学合肥公共安全研究院等研究机构相继通过相关技术研究和设备研发，从视频监测、振动监测等方面实现了对第三方施工监测技术的高效、准确识别。

不同类型监测技术的工作原理及优缺点   表 5-2

类型	工作原理	优势	缺点
人工巡检	通过人工操作和视觉检查的方式分析、识别施工破坏风险	较为直观、可靠	效率低，对监测者的依赖性强，无法实现实时监测
视频监测（无人机）	通过无人机视频监控的方式分析、识别施工破坏风险	可以清楚观察地表信息，不干扰正常运行，较为便捷	实时监测成本较高，实时性差，易受恶劣环境影响
视频监测（监控摄像）	通过视频监控方式分析、识别施工破坏风险	可以清楚观察地表信息，不干扰正常运行，较为便捷	存在监视盲区，易受恶劣天气影响，且信息共享困难
光纤监测	通过测量光纤内光信号的特性变化分析、识别施工破坏风险	准确率高、抗干扰性强	敷设难度大、运营维护困难、误报率高，且对于已有的燃气管道，敷设成本高
振动监测	基于管道地面、地下振动特性分析、识别施工破坏管道风险	操作便捷，维护方便，监测距离可观	信噪比低，较为依赖声信号处理方法；易受环境条件影响

3. 燃气场站安全监测

燃气场站是城镇燃气输配系统的重要组成部分，包括门站、储配站、加气站、加油加气合建站等。作为输配系统的枢纽，燃气场站具有工艺较为复杂、设备数量较多、运行压力较高、运行操作较频繁、维护维修活动较多等特征，安全风险较大，单纯依赖人工巡检已经无法满足场站安全监测需求。

依据现行国家标准《燃气工程项目规范》GB 55009、《城市安全风险综合监测预警平台建设指南（试行）》等要求，燃气场站安全监测方法主要包括安装固定式可燃气体监测设备、视频监控、浓度视频扫描等对场站内的燃气安全进行监测，不同场站安全监测方法的工作原理及优缺点见表 5-3。对于固定式可燃气体监测及视频监测方法，虽然在特定场景下可以对场站安全运行态势进行监测，但是也会存在较为明显的不足之处。为了更好地进行场站安全监测及新型技术推广应用，2021 年国务院安全生产委员会在《城市安全风险综合监测预警平台建设指南（试行）》提出了"利用浓度视频扫描设备，实现对场站燃气泄漏风险监测"的要求，通过结合激光气体检测技术和视频监控技术对大范围目标区域特定气体浓度进行监测。不过，虽然该技术具备灵敏度高、监测范围广、抗干扰强等优点，但价格较为昂贵。

不同场站安全监测方法的工作原理及优缺点　　　　　　表 5-3

类型	工作原理	优点	缺点
人工巡检	通过人工操作和视觉检查的方式分析、识别场站安全风险	较为直观、可靠	效率低，对监测者的依赖性强，无法实现实时监测
固定式可燃气体监测	通过固定区域安装燃气检测装备进行场站燃气泄漏风险监测	灵敏度高，可实现风险场所针对性监测	特定区域被动式检测，易受环境条件影响
视频监测	通过视频监控方式分析、识别场站安全风险	直观、可靠，可有效预防犯罪和不法行为	存在监视盲区，无法监测可燃气体泄漏扩散情况
浓度视频扫描	结合激光气体检测技术和视频监控技术，对大范围目标区域特定气体浓度进行监测	灵敏度高、监测范围广、抗干扰强，可在夜间进行不间断监测	成本较高

5.2　燃气管网相邻地下空间安全监测技术与装备

随着城市地下管网的不断建设，燃气管道相邻地下空间燃爆新型风险呈现出易发、频发趋势，通过在燃气管线相邻地下空间布设可燃气体智能监测传感器，实时感知地下空间可燃气体浓度，可有效预测预警地下空间爆炸事故，将危险源消除在萌芽状态。不过，由于深处地下，燃气管道相邻地下空间环境恶劣，且存在多积水、沼气滋生、空间温差大、通信信号弱等特点，因此，燃气管道相邻地下空间可燃气体的监测对设备的准确性、可靠性、稳定性方面提出了较高的技术要求，包括高性能芯片、传感器研发及设备安全设计等。

5.2.1　可燃气体探测激光芯片研发技术

在众多可燃气体监测传感器中，激光传感器因其光学特性稳定、抗干扰能力强、光源稳定、波长稳定、可精准控制、测量精度高等特点，成为地下空间安全监测的首选。不过，作为探测器的核心器件，激光芯片的制备长久以来受到设计、制造、封装测试等多方面制约，保障我国城市安全运行所需的高端传感芯片长期依赖国外进口，可燃气体探测等方面的高端激光芯片发展严重滞后，相关激光芯片国产化率仅约3%，严重阻碍了我国城市公共安全体系的建立和完善。

高性能可燃气体探测激光芯片的研发是一项复杂的技术任务，它涵盖了激光器设计、光学系统设计、光谱分析算法、芯片制造工艺、封装技术、温度控制、信号处理等多个关键领域，同时还需要考虑成本效益、标定校准等问题。因此，如何设计和制造稳定、可靠、寿命长、功耗低、成本低的激光芯片，是目前高性能可燃气体探测激光芯片国产化的主要难题。聚焦国家安全建设需求，清华大学合肥公共安全研究院突破了可燃气体探测激光芯片制造技术（图5-1），研制的芯片具有"三高两小"五大优势。一是良品率高，芯片良品率提升至90%；二是一致性高，大幅提升传感器量产的效率；三是线性度高，确保了传感器探测精度；四是光学噪声小，实现了探测灵敏度的显著提升；五是环境影响小，工作环境 –40～70℃，性能高度稳定，实现了高性能可燃气体探测激光芯片制造技术的完全自主可控。

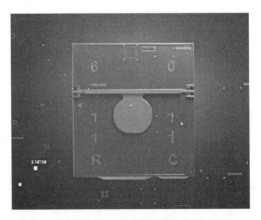

图 5-1　可燃气体探测激光芯片

5.2.2　可燃气体激光式传感器设计技术

可燃气体激光式传感器的工作原理是基于可调谐半导体激光气体吸收光技术（TDLAS），通过电流和温度调谐半导体激光器的输出波长，扫描被测气体在近红外或中红外波段的某一条吸收谱线，进行气体的激光吸收探测，传感器根据气体吸收强度与浓度之间的相关性，进行气体浓度的定量测量，激光式传感器工作原理如图 5–2 所示。

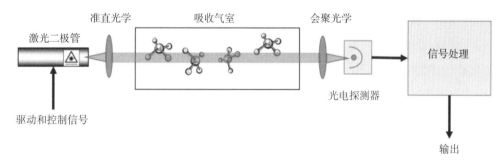

图 5–2   激光式传感器工作原理

可燃气体激光式传感器设计的关键技术包括以下多个方面：

（1）TDLAS 技术：利用不同气体分子具有不同的光谱吸收特征，将可调谐激光器的激光束引导通过待测气体，然后使用检测器测量激光束经过气体后的强度变化。由于不同气体分子对不同波长的光有不同的吸收特性，通过改变激光器的波长，可以选择性地测量感兴趣气体的吸收强度，并通过分析吸收光谱信息，可以精确测量气体浓度。

（2）吸收谱线分析和选取技术：根据待测气体的吸收光谱特性选择合适的激光波长，如选取合适的 CH_4 吸收谱线能有效提升甲烷探测的测量精度，降低其他干扰气体对探测的影响等。

（3）光路设计技术：外部环境如杂散光、尘埃和湿气等会对光传输产生影响，通过设计可靠的光学路径，可以确保激光光子与待测气体的有效相互作用，增强控制光束的传播和聚焦，保障光线在测量区域内稳定传输的同时，最大程度地提高检测灵敏度。

（4）数据处理和分析技术：通过开发数学模型和算法，将采集的光谱数据转化为可燃气体浓度值。光谱数据处理涉及多种复杂的算法，它们在传感器性能的提高和准确度的确保方面发挥着至关重要的作用。常见算法包括线性回归算法、对比算法、卷积算法、Kalman 滤波算法等。

（5）环境补偿技术：温度和湿度变化会改变气体分子的动能，从而影响吸收光谱特性。同时，传感器中的激光器等光学元件以及电路中的各种集成芯片也会受到温度、湿度的较大影响。环境补偿技术则是通过开发算法或传感器来补偿环境因素对传感器性能的影响。

5.2.3　相邻地下空间可燃气体监测设备安全设计

面对地下空间高湿度、高腐蚀性、易爆炸、电磁屏蔽、夏季暴雨洪涝水淹等复杂环境，为满足传感器长期、有效应用，相邻地下空间监测传感设备需要满足以下条件：

（1）具备良好的防水能力。降水可能导致地下空间水位上升甚至外溢，为避免因积水浸泡导致设备失效，防护等级需达到 IPX8。

（2）具备良好的壳体防爆能力。地下空间可能会因外部可燃气体渗入或自身沼气滋生导致爆炸性气体的积聚，电子设备在爆炸性气体环境中工作须达到防爆标准。

（3）具备良好的防腐能力。地下空间中的硫化氢等物质具有腐蚀性，设备若要实现长期的监测值守，需要具备良好的腐蚀环境应对能力。

（4）具备良好的通信能力。部分地下空间密闭性较高导致通信信号较弱，为保障监测设备的有效运行，监测设备须具备良好的通信能力，例如使用专门的物联网卡或者窄带物联网（NB-IoT）。

（5）具备气体干燥能力。为防止高湿空气或水蒸气对检测结果的影响，须具备对检测气体进行干燥处理的能力。

（6）具备温度抗干扰能力。我国中部及北部四季温差较大，因此传感器工作尽量不受温度影响，须具备良好的温度抗干扰能力。

（7）具备设备追踪能力。监测设备安装后可能存在设备偷盗、设备跌落管道空间等情况，因此，为避免设备丢失导致的经济损失，监测设备须具备定位追踪能力。

5.3　燃气泄漏预警技术与方法

5.3.1　埋地燃气管道泄漏扩散全尺寸实验方法

城镇燃气管道多埋藏于地下，具有隐蔽性强、风险高等特点。由于不同地区管道敷设环境、地面扰动类型的差异，导致燃气管道泄漏具有突发性、复杂性及难确定性等特性。目前广泛采用的数值分析、模拟分析、小尺寸实验方法虽然可以对特定场景下的燃气泄漏、扩散、积聚过程进行分析，但是针对复杂条件下的燃气泄漏、扩散、积聚过程却难以进行充分描述。针对这一现状，清华大学合肥公共安全研究院构建了世界首个等比例全尺寸城市地下管网安全监测实验平台，如图 5-3 所示，平台长 35m，宽 15m，高 3m，涵盖城市供水、排水、燃气、热力等各类管线，各类管线均按照真实市政管线尺寸进行设计，可通过不同分析场景、填埋介质、填埋深度、泄漏介质、泄漏压力、泄漏孔径等变量变化，全尺寸模拟管道损伤场景下的泄漏扩散过程，突破了单一管线模拟和缩比实验的局限性，可支撑埋地供水、排水、燃气、热力等各类管线单一灾害和耦合灾害机理研究，并为城市生命线灾害预测预警技术与关键装备研发及检测提供基础条件。

图 5-3　城市地下管网安全监测实验平台

5.3.2　埋地燃气管道泄漏扩散数值分析技术

如图 5-4 所示，埋地燃气管道发生泄漏时，可燃气体将扩散到土壤中，再通过土壤颗粒之间的孔隙渗透扩散至地面以上进入大气环境中。若泄漏的埋地燃气管道附近埋设其他管线、沟渠等，泄漏燃气便有可能通过土壤扩散入其中，且由于检查井、连通管道等相对密闭，一旦泄漏的天然气扩散入其中，就会使其具有爆炸的危险性。

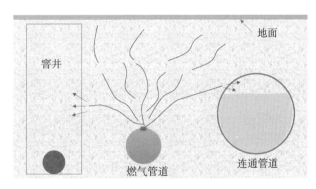

图 5-4　埋地燃气管道泄漏扩散分析

1. 埋地燃气管道泄漏土壤扩散分析

燃气管道泄漏后的土壤扩散行为影响因素众多。对于可燃气体在土壤内的浓度分布，可由相关公式进行推导。以泄漏口位于正上的泄漏圆孔中心点为坐标原点，泄漏口正上方为计算域，建立三维直角坐标系，假设土壤为各向同性多孔介质，其控制方程为：

质量守恒方程：

$$\phi\frac{\partial c}{\partial t}=-\left(\frac{\partial J}{\partial x}+\frac{\partial J}{\partial y}+\frac{\partial J}{\partial z}\right)\tag{5-1}$$

Fick 方程：

$$J=-D_e\left(\frac{\partial c}{\partial x}+\frac{\partial c}{\partial y}+\frac{\partial c}{\partial z}\right)\tag{5-2}$$

式中　ϕ —— 土壤孔隙率（%）；

　　　J —— 单位面积的气体扩散物质流量 [mol/（m²·s）]；

　　　c —— 泄漏扩散浓度（mol/m³）；

　　　D_e —— 燃气在土壤中相对扩散系数（m²/s）。

联立以上两个方程可得：

$$\frac{\partial c}{\partial t}=\frac{D_e}{\phi}\left(\frac{\partial^2 c}{\partial x^2}+\frac{\partial^2 c}{\partial y^2}+\frac{\partial^2 c}{\partial z^2}\right)\tag{5-3}$$

$$\frac{\partial c}{\partial t}=D_m\left(\frac{\partial^2 c}{\partial x^2}+\frac{\partial^2 c}{\partial y^2}+\frac{\partial^2 c}{\partial z^2}\right)\tag{5-4}$$

对其进行积分可得：

$$c(x,y,z,t)=\frac{Q_m\cdot e^{\left(-\frac{x^2}{4D_xt}-\frac{y^2}{4D_yt}-\frac{z^2}{4D_zt}\right)}}{(4\pi t)^{\frac{3}{2}}(D_xD_yD_z)^{\frac{1}{2}}}\tag{5-5}$$

当天然气在土壤中各向同性扩散即 $x=y=z$，则上式转化为：

$$c(r,t)=\frac{Q_m\cdot e^{-\frac{r^2}{4D_mt}}}{(4\pi D_m)^{\frac{3}{2}}}\tag{5-6}$$

假设泄放质量流量 Q_m 恒定，应用无量纲分析法，那么 t' 时刻在 dt' 时间内泄漏量为 $Q_m\cdot dt'$，因此 $(t-t')$ 时间间隔后，r 处的甲烷浓度设定为无量纲数，可写为：

$$\theta=-\frac{r}{[4D_m(t-t')]^{\frac{1}{2}}}\tag{5-7}$$

结合无量纲数对甲烷浓度进行积分，得到土壤中小孔泄漏的扩散浓度为：

$$c(r,t)=\frac{q_m}{4\pi D_m r}\left[1-erf\left(\frac{r}{2\sqrt{D_mt}}\right)\right]\tag{5-8}$$

式中　erf —— 高斯误差函数；

　　　D_m —— 天然气在土壤中有效相对扩散系数（m^2/s）。

2. 埋地燃气管道相邻连通管线扩散分析

假定泄漏气体扩散至连通管线位置质量流率不变，可燃气体在连通管道内的扩散问题，从简化分析的角度，可以认为可燃气体为单一组分，如果将空气作为整体看作另一种组分，该问题即典型的二元扩散问题。

由物质 A、B 组成的二元混合物的扩散规律可由 Fick 扩散定律表示：

$$j_A = -\rho_{AB} D_{AB} \nabla w_A \qquad (5-9)$$

式中　j_A —— 扩散质量通量 [$kg/(m^2 \cdot s)$]；

　　　ρ_{AB} —— 混合物的密度（kg/m^3）；

　　　D_{AB} —— A–B 混合物系统的二元扩散系数（m^2/s）；

　　　w_A —— 物质 A 质量分数（%）。

Fick 扩散定律既可以以质量单位给出，也可以以摩尔单位给出。不涉及化学反应过程，因此仅讨论以质量单位给出的 Fick 扩散定律导出的物理量。

物质 A 的质量浓度：

$$\rho_A = \frac{m_A}{V} \qquad (5-10)$$

式中　m_A —— 物质 A 的质量（kg）；

　　　V —— 空间体积（m^3）。

$$w_A = \frac{m_A}{m} - \frac{\rho_A}{\rho_{AB}} \qquad (5-11)$$

式中　m —— 混合物的质量（kg）；

　　　ρ_A —— 物质 A 的密度（kg/m^3）。

混合物系统的质量平均速度定义为：

$$v_{AB} = \frac{\sum_{a=1}^{N} \rho_a v_a}{\rho_{AB}} = \sum_{a=1}^{N} w_a v_a \qquad (5-12)$$

式中　v_{AB} —— 组分的平均速度（m/s）。

混合物质量平均速度与流体力学中的流体平均速度一致。

物质 A 的扩散通量定义为：

$$j_A = \rho_A \left(v_A - v_{AB}\right) = -\rho_{AB} D_{AB} \nabla w_A \qquad (5-13)$$

连通管线内的扩散速度定义为：

$$v_{diff,A} = v_A - v_{AB} \qquad (5-14)$$

由此可以得出，二元扩散中物质 A 的前锋速度：

$$v_A = v_{\text{diff,A}} + v_{AB} \quad (5-15)$$

$$v_{AB} = \frac{\dot{m}}{\rho_{AB}s} \quad (5-16)$$

式中　S——管道的截面积（m^2）；

　　　ρ_{AB}——混合物的密度（kg/m^3）；

　　　$\dot{m}$——质量流率 [$kg/(m^2 \cdot s)$]。

根据守恒方程，若 $\dot{m}$ 是恒定值，随着扩散的进行，管内浓度梯度减小并趋于恒定值，混合气密度也趋于恒定值，则扩散速度、对流速度、前锋速度均趋于定值。这就导致了扩散速度和对流速度在数十秒、数米的范围内变化为定值。在管道可燃气体扩散所研究的大时间尺度和大空间尺度的范围内，将前锋速度当作定值精度是足够的，该结论与钱喜玲等人得到的地下综合管廊天然气管道泄漏扩散模拟研究结果一致。

此时，若已知管线内两个燃气监测点的位置分别为 x_1、x_2，检测到可燃气体的初始时间分别是 t_{01}、t_{02}，则连通管线内的前锋速度为：

$$v_{AB} = \frac{x_1 - x_2}{t_{01} - t_{02}} \quad (5-17)$$

5.3.3　埋地燃气管道泄漏溯源分析技术

埋地燃气管道泄漏溯源是指基于调查和分析来确定埋地燃气管道泄漏的具体源头或泄漏点所在位置的过程，通过快速、及时的漏点溯源可以有效抑制事态的发展，防止火灾、爆炸事故的发生。

1. 基于分布式光纤传感的燃气泄漏定位技术

分布式光纤传感（Distributed Fiber Optic Sensing, DFOS）技术是 20 世纪 80 年代迅速发展起来的一种技术。近些年来，随着国内外对该技术的不断研究，其应用领域不断扩大，在地下管线监测方面显示出巨大的潜力，常用的分布式光纤传感技术及其特点如表 5-4 所示，不同传感技术因各自原理及传感方式上的差异，在地下管线监测方面有着各自的特点。

现阶段分布式光纤传感技术的应用主要是通过监测温度变化来监测地下管线泄漏。燃气管属于承压体，管道内部的气体处于高压环境中。当燃气管道有穿孔或者裂缝等泄漏现象时，燃气从孔洞中泄漏到达周围地下空间内，泄漏的整个过程可以近似看成是绝热状态，气体由高压环境进入低压地下空间，会出现体积增大、周围环境温度降低现象，在泄漏口附近形成温度梯度场，如图 5-5 所示。当监测设备检测到某一处存在较大的温度差时，可以判断这段管线存在气体泄漏现象。因此，分布式光纤传感技术通过前后温度的对比，在一定程度上能够实现对泄漏管道的检测与定位。

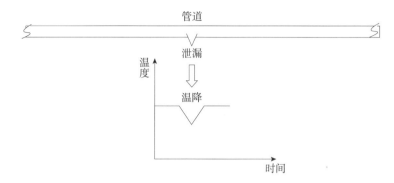

图 5-5　燃气管道泄漏温度变化特性

常用的分布式光纤传感技术及其特点　　　　　　　　　　　　表 5-4

传感技术	基本原理	感测参量	优势	局限性
光纤布拉格光栅传感技术（FBG）	相长干涉	应变、温度	轻便易携带，可靠性高，抗腐蚀、抗电磁干扰，灵敏度高、分辨率高，测量精度可达 1με/0.1℃	准分布式测量，存在漏检的可能，高温下光栅有消退现象，裸传感器易受损
拉曼光时域反射技术（ROTDR）	拉曼散射光时域反射	温度	单端测量，仅对温度敏感，温度监测精度可达到 ±0.5℃，单线测量长度最高可达 6km	空间分辨率相对较低，一般为 1m
拉曼光频域反射技术（ROFDR）	拉曼散射光频域反射	温度	单端测量，仅对温度敏感，最小温度分辨率达到 0.01℃，空间分辨率可达到 0.25m，测试距离最大可达 40km	光源相干性和器件要求高，光路实现困难
布里渊光时域反射技术（BOTDR）	自发布里渊散射光时域反射	应变、温度	单端测量，无需回路，工程适用性好，可测绝对温度和应变，测量距离最长可达 80km	测量时间较长，精度不高，空间分辨率较低，一般为 1m
布里渊光时域分析技术（BOTDA）	受激布里渊散射光时域分析	应变、温度	双端测量，动态范围大，测量时间短，精度高，空间分辨率高达 0.1m，可测绝对温度和应变，测试距离可达 25km	不可测断点，双端测量风险高
布里渊光频域分析技术（BOFDA）	受激布里渊散射光频域分析	应变、温度	双端测量，信噪比高，动态范围大，测量时间短，精度高，空间分辨率高达 0.03m，可测绝对温度和应变，测试距离可达 25km	不可测断点，双端测量风险高
瑞利光时域反射技术（OTDR）	瑞利散射光时域反射	压力、振动	可精确测量光纤的光损点和断点位置，可实现结构物开裂的定位，测试距离可达 40km	受干扰因素多，测量精度相对较低，空间分辨率仅为 1m
相位敏感光时域反射技术（Φ-OTDR）	瑞利散射光相位变化	振动	单端测量，可感知光纤周围的微弱振动，抗电磁干扰，灵敏度高，空间分辨率达 0.3m，监测距离可达 50km	极为敏感，易误报

2. 基于声波的燃气泄漏定位技术

基于声波的管道泄漏检测技术,国外相关研究起步较早,于 20 世纪 80 年代开始,研究及实践应用经验相对丰富。基于声波的管道泄漏检测技术的相关研究最早是针对供水管线展开的,20 世纪 90 年代,美国声学系统集成公司(Acoustic System INC,ASI)开发了声波供水管道泄漏监测系统,加拿大国家研究委员会针对供水管线泄漏噪声展开研究,并取得了一定成果;针对天然气管道泄漏,日本大阪气体公司和日本钢管公司研发了用于天然气管道泄漏噪声监测的声传感器。国内相关研究起步较晚,研究方法多建立在国外已有研究的基础上,实践应用基础相对薄弱,但也取得了较大进展。

埋地燃气管道泄漏源溯源定位的主要原理是利用泄漏源噪声传播至埋地传声器的到时差来进行泄漏源定位。泄漏源定位时,传声器在传声介质中以任意几何形式排布,选取各传声器泄漏噪声特征信号捕捉时间,计算可得泄漏源距传声器距离。根据声波传播到管道起终点的时间差值和声波在管道中的传播速度即可确定泄漏点的位置,泄漏定位公式如下:

$$X = \frac{s(V_C - a_1) - (V_C - a_1)(V_C + a_2)\Delta t}{V_C - a_1 + V_C + a_2} \tag{5-18}$$

式中 V_C —— 声速(m/s);

$\quad s$ —— 首末端传感器之间的距离(m);

$\quad a_1$ —— 泄漏点与上游传感器之间管段内气体流速(m/s);

$\quad a_2$ —— 泄漏点与下游传感器之间管段内气体流速(m/s);

$\quad \Delta t$ —— 同一泄漏声波传播到首末站传感器的时间差值(s)。

3. 基于报警浓度的燃气泄漏定位技术

基于报警浓度的燃气泄漏定位技术是通过使用传感器测量环境中燃气的浓度数据,当浓度超过设定阈值时触发警报,并通过对传感器测量值的分析和匹配来确定可能的泄漏源位置。虽然前文描述的分布式光纤法和声波法都较为成熟,但这些方法普遍存在着成本较高、相关参数分析难度大等问题,很难在城市级燃气管网安全监测中进行工程化应用。基于燃气土壤浓度变化,谭羽非等人研发了一种基于浓度追踪的燃气泄漏定位方法,可解决大规模开挖造成的人力物力的损失问题。

(1)目标管线的确定

在任意监测点监测到天然气浓度值 C_0 之后,以该监测点为中心,辐射扩散至最大扩散半径 r,形成圆形区域,在形成的圆形区域内的所有燃气管线即可能发生泄漏的目标管线。最大扩散半径计算如下:

$$r = v_s t \tag{5-19}$$

式中 t —— 泄漏源至监测点的扩散时间(估计值,以一昼夜 24h 进行计算)(s);

$\quad v_s$ —— 泄漏天然气在土壤中的扩散速度(m/s)。

根据实测，见表 5-5，泄漏的天然气在粉质砂土中扩散速度最快，在壤土中扩散速度次之，在黏土中扩散速度最慢，即 $V_{粉质砂土} > V_{壤土} > V_{黏土}$。即可确定出最大扩散半径 r，进而确定出圆内所有可能的燃气泄漏的目标管线。

不同土壤中的渗流速度 表 5-5

土壤类别	平均颗粒直径（mm）	孔隙率	渗流速率（m/s）
粉质砂土	0.5	0.25	$5e^{-5}$
壤土	0.05	0.43	$2.5e^{-5}$
黏土	0.01	0.3	$2e^{-7}$

目标管线的筛选程序如图 5-6 所示，首先对圆内可能发生泄漏的目标管线进行优先级排序，以与报警检查井或者报警监测点的距离为标准，距离从小到大排序，排序为：1,2,3,……i；距离监测点越近的目标管线发生泄漏的可能性越大，优先进行钻孔开挖。

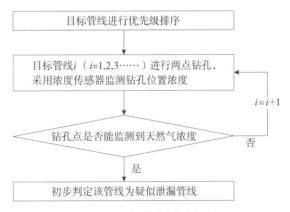

图 5-6　目标管线的筛选程序

设泄漏管线长度为 L_t，沿泄漏管线长度方向选取两点 x_1 和 x_2，沿可能泄漏的目标管线 L_t 上钻两个孔，两钻孔距不小于 $1/4 L_t$，不大于 $1/2 L_t$，且两孔距两边端点不少于 $1/4 L_t$。这样既避免两孔过近，泄漏点会溢出，也保证了泄漏点在边缘区，也能在计算区间内，其对应表达式为：

$$\frac{1}{4} L_t \leq x_1 < x_2 \leq \frac{3}{4} L_t \tag{5-20}$$

$$\frac{1}{4} L_t < x_2 - x_1 < \frac{1}{2} L_t \tag{5-21}$$

（2）目标函数的确定

通过拟合天然气在土壤中沿管线的浓度分布满足高斯分布，当泄漏源强度 Q_m，泄漏源位置 x_0 均作为未知参数时，假设泄漏源位置为 x_0，以 x_0 为坐标原点建立坐标系，则天然气沿管线在土壤中扩散的任意位置 x' 表示为：

$$x' = x - x_0 \tag{5-22}$$

得出泄漏源在 x_0 处（泄漏源位置未知）时，天然气沿管线任一点的天然气浓度扩散数学模型为：

$$C(Q_m, x) = \frac{Q_m}{\pi^2 D} \exp\left[-\frac{1}{2D}(x - x_0)^2\right] \tag{5-23}$$

求解天然气沿管线任一点的天然气浓度扩散数学模型 $C(Q_m, x)$，得到扩散范围内沿泄漏管线各个位置的天然气理论浓度。

假定扩散范围内泄漏管线第 j 个测量位置的天然气理论浓度为 $C_{j理论}$，相应第 j 个测量位置的天然气测量浓度值为 $C_{j实测}$，通过不断调整泄漏气体质量流量 Q_m 和 x_0，使得天然气测量浓度与天然气理论浓度的平方和最小，即：

$$\min f(Q_m, x_0) = \sum_{j=1}^{N} \left(C_{j实测} - C_{j理论}\right)^2 \tag{5-24}$$

则目标函数为：

$$\min f(Q_m, x_0) = \sum_{j=1}^{N} \left\{C_{j实测} - \frac{Q_m}{\pi^2 D} \exp\left[-\frac{1}{2D}(x - x_0)^2\right]\right\}^2 \tag{5-25}$$

式中　N——泄漏管线测量位置总数（个）。

（3）优化算法

采用单纯形算法进行迭代求解：单纯形算法利用给定单纯形的顶点函数值大小，确定最高点和最低点，通过一系列的反射、扩展、压缩等操作构成新的单纯形，不断逼近极小点从而最终寻找到最优解。

对单纯形顶点的函数值进行排序，使满足：

$$f\left(x_1^{(k)}\right) \leqslant f\left(x_2^{(k)}\right) \leqslant \cdots\cdots \leqslant f\left(x_{n+1}^{(k)}\right) \tag{5-26}$$

式中　n——变量的维数；

　　　k——迭代次数；

$f\left(x_i^{(k)}\right)$——点 i 的函数值（$i = 1,2,\cdots\cdots,n$）。

假设反射、压缩和扩展系数为 α、β、γ（均为常数），反射、压缩和扩展操作分别为：

$$x_r^{(k)} = \bar{x}^{(k)} + \alpha\left(\bar{x}^{(k)} - \bar{x}_{n+1}^{(k)}\right) \tag{5-27}$$

$$x_{\mathrm{c}}^{(k)} = \overline{x}^{(k)} + \beta\left(\overline{x}_{\mathrm{h}}^{(k)} - \overline{x}^{(k)}\right) \tag{5-28}$$

$$x_{\mathrm{e}}\left(k\right) = \overline{x}^{(k)} + \gamma\left(x_{n+1}^{(k)} - \overline{x}^{(k)}\right) \tag{5-29}$$

其中，

$$f\left(x_{\mathrm{h}}^{(k)}\right) = \min\left\{f\left(x_{n+1}^{(k)}\right), f\left(x_{\mathrm{r}}^{(k)}\right)\right\} \tag{5-30}$$

$$\left\{\frac{1}{n+1}\sum_{i=1}^{n+1}\left[f\left(x_i^{(k)}\right) - f\left(\overline{x}^{(k)}\right)\right]^2\right\}^{\frac{1}{2}} \leqslant \varepsilon \tag{5-31}$$

式中　$f\left(\overline{x}^{(k)}\right)$——单纯形心的函数值。

当满足"是"[钻孔点能监测到天然气浓度，即满足式（5-31）]时算法结束。

5.3.4　地下空间燃爆影响范围预测技术

不同于典型蒸汽云爆炸场景，燃气管道相邻地下空间的爆炸空间更加复杂，相邻地下管线相邻地下空间的温湿度以及气体组成更加多元化，既有模型如 TNT 当量法、球形火焰模型、半球模型及 TNO 多能法难以对燃气管道相邻地下空间爆炸场景进行准确描述。针对燃气管线相邻地下空间爆炸研究的不足，清华大学合肥公共安全研究院通过全尺寸实验，提出了一种燃气管道相邻独立窨井、连通管线爆炸损伤范围预测方法。

1. 窨井爆炸影响范围分析

依据全尺寸实验，窨井爆炸损伤类型主要包括破片伤害、火焰伤害；破片伤害是指爆炸造成井盖飞起，对井附近人员产生的伤害；火焰伤害是指爆炸产生的火焰作用在附近人员而产生的伤害类型。

（1）破片伤害

独立空间破片伤害有个关键因素就是井盖铰链是否完好，一般完好的铰链独立地下空间爆炸不会造成井盖飞起，因此在评估独立地下空间伤害时需现场查看井盖铰链是否完好。

爆炸能力转换为破片动能 E_{k}' 表示为：

$$E_{\mathrm{k}}' = \mu\partial\delta V_{\mathrm{w}}\rho_1 Q_1 \tag{5-32}$$

式中　V_{w}——井的体积（m^3）；

　　　μ——参与爆炸气体总能量转化为破片动能的转化率，此处取值 6.41%；

　　　δ——参与爆炸的甲烷量，通常取值范围 3%~4%；

　　　Q_1——燃气的燃烧热（J/kg），天然气取值 5.02×10^7J/kg；

　　　∂——甲烷体积当量，取值 10%；

ρ_1 —— 可燃气体密度（kg/m³），天然气取值 0.77kg/m³（标准状态）。

根据动能定理和式（5-32），破片动能 E_k' 理论值为：

$$E_k' = \frac{1}{2}\alpha m_w v^2 = \frac{1}{2}\alpha m_w R_F g \quad (5-33)$$

式中　m_w —— 井盖质量（kg）；

　　　α —— 空气阻力系数，一般为 1.1~1.2，此处取值 1.1；

　　　R_F —— 破片抛射距离（m）；

　　　v —— 破片抛出初速度（m/s）；

　　　g —— 重力加速度，取 9.8m/s²。

根据式（5-32）、式（5-33）得到：

$$R_F = \frac{2\mu\delta\partial V_w \rho_1 Q_1}{\alpha m_w g} \quad (5-34)$$

对于独立窨井，破片伤害范围近似为圆形，根据窨井爆炸实验，当铰链完好时并不会产生破片，故

$$A_1 = \sigma\pi R_F^2 = \sigma\pi\left(\frac{2\mu\delta\partial V_w \rho_1 Q_1}{\alpha m_w g}\right)^2 \quad (5-35)$$

式中　σ —— 铰链完整度，铰链完整，σ 取 0，否则取 1。

（2）火焰伤害

一般独立地下空间的深度在 1~2m，根据独立窨井爆炸实验，爆炸火焰长度主要由井深度决定，井越深火焰长度和作用时间越大，当井深度为 1m 时，火焰最长 2m，平均长度 1.45m；当井深 2m 时，火焰最长 3.43m，平均长度为 2.25m，由于实验数据有限，井深在 1~2m 之间，假设火焰与井深度呈线性变化，以平均长度作为评估主要指标，则有：

$$L_{fire} = 0.8h_L + 0.65 \quad (5-36)$$

式中　L_{fire} —— 火焰长度（m）；

　　　h_L —— 独立地下空间深度（m），其中 1m≤h_L≤2m，井深大于 2m 时火焰长度尚需进一步研究。

2. 连通管线爆炸影响范围分析

根据全尺寸暗渠实验分析结果，连通管线的爆炸伤害主要涵盖了破片伤害、冲击波超压伤害和振动伤害。破片伤害指的是爆炸导致破碎物飞溅，对管线周边的人员产生伤害；冲击波超压伤害则是指爆炸冲击波对人体和建筑物带来的压力变化，从而造成损伤；振动伤害是指爆炸所产生的地震波对附近设备和建筑物所造成的损害。

（1）破片伤害

结合暗渠爆炸实验结果，破片的伤害范围取决于燃气爆炸作用于盖板的动能，标准情况下气体总能量的大小取决于同体积分数下的气体的体积，也就是地下连通管线的体积越大，破片伤害的范围就越大。可表示为：

$$E_{k} = \mu W_{q} Q_{1} = \mu \partial \delta S_{1} L \rho_{1} Q_{1} \tag{5-37}$$

式中　μ —— 参与爆炸气体总能量转化为破片动能的转化率，此处取值 6.41%；

　　　δ —— 参与爆炸的甲烷量，通常取值范围 3%~4%；

　　　W_{q} —— 参与爆炸的燃气的总质量（kg）；

　　　Q_{1} —— 燃气的燃烧热（J/kg），对于天然气，Q_{1} 取 5.02×10^{7} J/kg；

　　　∂ —— 甲烷体积当量，取值 10%；

　　　S_{1} —— 连通管线的截面积（m^{2}）；

　　　L —— 评估单元中连通管线的长度（m）；

　　　ρ_{1} —— 可燃气体密度（kg/m^{3}），天然气取值 $0.77kg/m^{3}$（标准状态）。

对于每个破片，破片动能 E_{k} 理论值为：

$$E_{k} = \alpha \frac{1}{2} M v^{2} = \alpha \frac{1}{2} S_{2} \rho_{2} L v^{2} \tag{5-38}$$

式中　α —— 空气阻力系数，一般为 1.1~1.2，此处取值 1.1；

　　　M —— 连通管线正上方覆盖物总质量（kg）；

　　　S_{2} —— 连通管线上方覆盖物截面积（m^{2}）；

　　　ρ_{2} —— 连通管线上方覆盖物平均密度（kg/m^{3}）；

　　　v —— 破片抛出初速度（m/s），按照下式计算：

$$v = \sqrt{\frac{R_{F} g}{\sin 2\theta}} \tag{5-39}$$

式中　R_{F} —— 破片抛射距离（m）；

　　　θ —— 破片抛出角，当抛出角为 45° 时抛射距离最远，故此处取值 45°；

　　　g —— 重力加速度，取 9.8m/s²。

根据式（5-37）、式（5-38）可得破片飞溅半径为：

$$R_{F} = \frac{2\mu \partial \delta S_{1} \rho_{1} Q_{1}}{\alpha S_{2} \rho_{2} g} \tag{5-40}$$

对于连通管线，爆炸影响范围如图 5-7 所示。

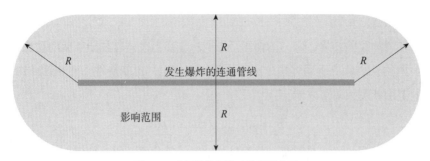

图 5-7　连通管线爆炸破片抛射范围

则爆炸的作用面积可表示为：

$$A_3 = 4\pi \left(\frac{\mu \partial \delta S_1 L \rho_1 Q_1}{\alpha S_2 \rho_2 g} \right) \left(\frac{\mu \partial \delta S_1 L \rho_1 Q_1}{\alpha S_2 \rho_2 g} + \frac{L}{\pi} \right) \tag{5-41}$$

（2）超压伤害

结合上述暗渠爆炸实验，根据插值计算的暗渠爆炸过程中超压对人员的伤害范围详见表 5-6。

实验暗渠爆炸过程中超压对人员的伤害范围　　　　　　　　　　　表 5-6

超压 ΔP（MPa）	距离暗渠边沿的距离（m）	人员伤害与破坏程度
0.02 ~ 0.03	4.717 ~ 5.080	人员轻微伤害
0.03 ~ 0.05	3.993 ~ 4.717	人员严重伤害
0.05 ~ 0.10	2.745 ~ 3.993	内脏严重损伤或死亡
>0.10	>2.745	大部分人员死亡

采用模拟比法，根据立方根定律可知：

$$\frac{R}{R_0} = \sqrt[3]{\frac{m_{TNT}}{m_{TNT0}}} = \psi \Leftrightarrow \Delta P = \Delta P_0 \tag{5-42}$$

式中　R——实验爆炸时的目标与炸药中心的距离（m）；

　　　R_0——实验爆炸时的目标与炸药中心的距离（m）；

　　m_{TNT}——实际爆炸时 TNT 炸药量（kg）；

　　m_{TNT0}——实验爆炸时 TNT 炸药量（kg）；

　　　ψ——实际爆炸与实验爆炸的无量纲模拟比；

　　ΔP——实际爆炸时目标处的超压（kPa）；

　　ΔP_0——实验爆炸时目标处的超压（kPa）。

暗渠为长线型，不能简化成点源，因此 TNT 当量比值以暗渠截面面积计算，例如：根据模拟比法计算截面宽 8m，深度 3m 的暗渠爆炸模拟比。

$$\sqrt[3]{\frac{m_{\text{TNT}}}{m_{\text{TNT0}}}} = \sqrt[3]{\frac{S}{S_0}} = \psi \qquad (5\text{-}43)$$

式中　S——实际暗渠面积（m^2）；

　　　S_0——实验暗渠截面积（m^2）。

计算得 $\psi = 2.924$。即高度 1.5m，离暗渠 8.77m 处，人受到的压力与本实验中测得的 3m 处压力近似，最大超压平均值 0.0774MPa，该范围内超压将使人内脏严重损伤或死亡，离暗渠 14.62m 处人受到的超压与测试中 5m 处压力近似，最大超压平均值 0.0222MPa，处于人员轻微伤害范围。

根据式（5-42）及式（5-43），暗渠爆炸超压伤害范围可表示为：

$$R_{\text{p}} = R_{\text{p0}} \sqrt[3]{\frac{m_{\text{TNT}}}{m_{\text{TNT0}}}} = R_0 \sqrt[3]{\frac{S}{S_0}} \qquad (5\text{-}44)$$

式中　R_{p}——暗渠爆炸超压伤害范围（m）；

　　　R_{p0}——实验所得超压伤害距离（m）。

根据实验结果及式（5-44），可求出任意暗渠爆炸过程中超压对人员、建筑的伤害范围，见表 5-7、表 5-8。

暗渠爆炸过程中超压对人员的伤害范围　　　　　　　　　　　　　表 5-7

超压 ΔP（MPa）	距离暗渠边沿的距离（m）	人员伤害与破坏程度
0.02 ~ 0.03	$4.784\sqrt[3]{S} \sim 5.152\sqrt[3]{S}$	人员轻微伤害
0.03 ~ 0.05	$4.050\sqrt[3]{S} \sim 4.784\sqrt[3]{S}$	人员严重伤害
0.05 ~ 0.10	$2.784\sqrt[3]{S} \sim 4.050\sqrt[3]{S}$	内脏严重损伤或死亡
>0.10	$<2.784\sqrt[3]{S}$	大部分人员死亡

暗渠爆炸过程中超压对建筑的伤害范围　　　　　　　　　　　　　表 5-8

超压 ΔP（MPa）	距离暗渠边沿的距离（m）	建筑物破坏程度
0.01 ~ 0.02	$5.152\sqrt[3]{S} \sim 8.693\sqrt[3]{S}$	建筑部分破坏
0.02 ~ 0.03	$4.784\sqrt[3]{S} \sim 5.152\sqrt[3]{S}$	城市大建筑有显著破坏
0.06 ~ 0.07	$2.428\sqrt[3]{S} \sim 2.524\sqrt[3]{S}$	钢骨架轻型钢混建筑物破坏
0.1	$<2.784\sqrt[3]{S}$	除防地震钢筋混凝土外其他建筑物均破坏

（3）振动损伤

关于质点振动速度与装药量及爆心距离的关系，目前国内比较通用的是苏联学者萨道夫斯基提出的经验公式：

$$V = K\left(\frac{\sqrt[3]{m}}{R_s}\right)^\alpha \qquad (5\text{-}45)$$

式中　V——质点振动速度（cm/s）；

　　　R_s——测点至爆源中心的距离（m）；

　　　m——装药量（kg）；

　　　K——同岩石性质、爆破方法及地质地形条件等有关的系数，此处取 44.7；

　　　α——爆破振动衰减系数，此处取 1.13。

对式（5-45）变形可得：

$$R_s = \sqrt[\alpha]{\frac{K}{V}}\sqrt[3]{m} \qquad (5\text{-}46)$$

当 K、α、V 确定后，可以看出：

$$R_s \propto \sqrt[3]{m} \qquad (5\text{-}47)$$

进一步可以表示为：

$$R_s \propto \sqrt[3]{S} \qquad (5\text{-}48)$$

即振动伤害半径可表示为：

$$R_s = R_{s0}\sqrt[3]{\frac{S}{S_0}} \qquad (5\text{-}49)$$

式中　R_{s0}——实验所得振动伤害半径（m）。

根据式（5-45），参考管道的抗震指标要求，将埋地管道在爆破作用下的振动安全判据取为 $V=3$cm/s，根据连通管线爆炸实验结果，爆炸过程中离暗渠 2.5m 处最大振速为 1.47cm/s，结合公式（5-46），可求出爆炸过程中最大振速 3cm/s 约距暗渠 1.33m（R_{s0}）。

根据式（5-49）可得：

$$R_s = 1.145\sqrt[3]{S} \qquad (5\text{-}50)$$

因此可得：

$$A_s = \left[1.31\pi\left(\sqrt[3]{S}\right)^2 + 2.29L\sqrt[3]{S}\right] \qquad (5\text{-}51)$$

第6章

桥梁安全风险
监测预警技术与方法

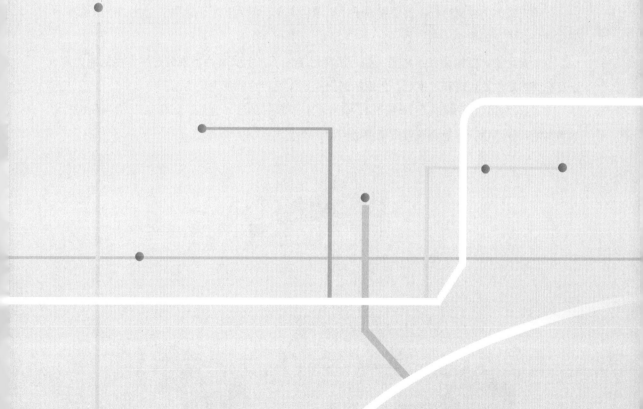

6.1 桥梁安全监测方法概述

6.1.1 桥梁安全监测目标

桥梁安全监测是为确保桥梁的安全运行和提前发现潜在的问题，以采取相应的维修和管理措施，预防事故发生，降低维修成本，延长使用寿命，优化维护策略。下文以承灾载体和突发事件两个维度展开论述：

1. 以承灾载体为监测目标

以承灾载体为监测目标，需要着眼于桥梁结构本身，监测其是否达到安全性、适用性及耐久性的要求，如图 6–1 所示。

（1）安全性。指桥梁在正常施工和正常使用条件下，承受可能出现的各种作用的能力，以及在偶然事件发生时和发生后，仍保持必要的整体稳定性的能力。

（2）适用性。指桥梁在正常使用时，其结构具有良好的工作性能，如极寒天气的桥面结冰将影响驾驶舒适，可能会导致车辆撞击桥梁，产生次生衍生灾害。

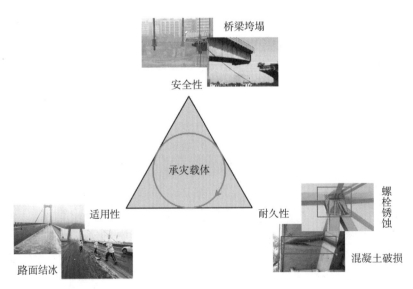

图 6–1 桥梁承灾载体的监测要求

（3）耐久性。指在正常使用和维护条件下，随时间的延续仍能满足桥梁既定功能的能力，如监测到混凝土老化剥落、钢筋锈蚀的情况，耐久性降低，则需要定期维修养护。

2. 以突发事件为监测目标

桥梁突发事件可分为两类：自然灾害和人为事故，通过监测手段评估事件的影响范围和严重性，因此采取合适的监测监控措施至关重要。

（1）自然灾害。桥梁常见的几种自然灾害主要包括风灾、地震、洪水和极端天气等，尤其是特大地震，影响范围极广，桥梁受损严重。对于此类灾害，可以通过环境类监测设备实时监测桥梁状况和评估预测灾害发展趋势。

（2）人为事故。除去自然灾害的影响，人为事故也是影响桥梁健康状况的另一重要方面，主要包括车船撞击、重车超偏载、人为火灾等情况。其中车船撞击可通过结构类设备监测，重车超偏载可通过荷载类设备监测，人为火灾可通过环境类设备监测。

6.1.2　桥梁安全监测方法现状

1. 桥梁安全监测现状

从 20 世纪 80 年代起，桥梁监测方法逐步从机械、航空领域引入桥梁工程，并得到了快速发展。20 世纪 80 年代中后期，国外一些国家明确提出了结构监测理念，并在桥梁上布设监测传感器，如美国佛罗里达州的阳光高架（Sunshine Skyway）斜拉桥安装了各类传感器，用于桥梁建设过程中和建成后的结构监测。我国自 20 世纪 90 年代中期，开始桥梁结构监测方向的研究。国内目前已在包括江阴长江公路大桥、润扬长江公路大桥等众多大跨径桥梁上开展了不同规模的结构健康监测。

我国在桥梁监测领域的发展主要可以划分为三个阶段：第 I 阶段桥梁结构监测是从1990—2005 年，该阶段主要关注于桥梁结构本体的垮塌损伤；第 II 阶段桥梁健康监测是从2006—2020 年，该阶段主要发展了桥梁结构全面的健康诊断；第 III 阶段桥梁安全监测是从2021 年至今，该阶段主要是融合公共安全科学，将目光着眼于安全领域，重点关注桥梁结构周边风险、耦合灾变和次生衍生事件链等。

以下是我国桥梁监测详细的发展现状，包括了时间历程、监测对象、监测内容、监测设备、监测系统、应用规模等方面，详见表 6-1。

我国桥梁监测发展现状　　　　　　　　　　　　　　　　　　　　　　表 6-1

桥梁监测	第 I 阶段：桥梁结构监测	第 II 阶段：桥梁健康监测	第 III 阶段：桥梁安全监测
时间历程	1990—2005 年	2006—2020 年	2021 年至今
监测对象	桥梁结构本身	桥梁结构本身	桥梁结构＋耦合灾变＋次生衍生

续表

桥梁监测	第Ⅰ阶段：桥梁结构监测	第Ⅱ阶段：桥梁健康监测	第Ⅲ阶段：桥梁安全监测
监测内容	结构垮塌、结构损伤	Ⅰ阶段目标+结构病害、健康诊断	Ⅱ阶段目标+寿命预测、风险管控
监测设备	以传统的机械与电阻类设备为主	发展了新型的光学类、电磁类设备	发展了机器视觉、人工智能、5G类设备
监测系统	单桥监测系统	网级监测系统	城市集群监测系统
应用规模	试点应用，百余座	推广应用，千余座	全面应用

2. 桥梁安全监测方法

针对监测目标中提到的两类桥梁灾变场景，分别采用不同的监测方法，高效开展监测分析评估，维护桥梁安全，见表6-2、表6-3。

针对桥梁自然灾害类的监测方法 表6-2

场景类别	场景名称	监测方法
自然灾害	风灾事件	风速风向仪、风压传感器
	地震事件	加速度传感器
	洪水事件	水位传感器、水压传感器
	极端天气	温湿度传感器、视频监控

针对桥梁人为事故类的监测方法 表6-3

场景类别	场景名称	监测方法
人为事故	车船撞击事件	振动传感器、视频监控
	重车超偏载事件	动态称重系统、视频监控
	人为火灾事件	温度传感器、视频监控

在自然灾害中，风灾事件采用风速风向仪、风压传感器，监测对桥梁结构本体的影响；地震事件一般通过布设加速传感器，监测分析桥梁振动程度；洪水事件常使用水位传感器、水压传感器，实时监测水位、水压变化，提前预测预警，以防洪水冲垮桥梁，产生次生衍生灾害；极端天气如冬季桥面结冰，驾驶极易发生碰撞侧翻事故，可通过布设温湿度传感器并结合视频监控手段，提前监测温湿度变化，及时发布桥面结冰预警。

在人为事故中，车船撞击事件，可采用振动传感器和视频监控相结合的方式，实时监测发布预警；针对重车超偏载的桥梁一般会在桥上布设动态称重系统及视频画面，监测分析重车通行情况；人为火灾事件如桥梁堆积易燃杂物致使桥梁发生火灾，通常会安装温度传感器和摄像头等设备，监测有无火灾情况。

6.2　桥梁安全监测技术与装备

6.2.1　桥梁安全监测技术

在桥梁安全监测技术中，监测指标的选取和布点设计尤为关键，下面将从这两方面展开介绍：

1. 桥梁安全监测指标

按照桥梁不同的监测内容，可将桥梁主要监测的对象分为结构类、荷载类和环境类。针对不同监测对象，桥梁安全监测指标有所不同，常见的监测指标如下：

（1）结构类监测指标

结构类监测主要针对桥梁自身结构的振动特性，进行实时的监测。涉及的监测指标可分为倾角、位移、裂缝、应变、加速度、挠度、索力、吊杆力等。

1）倾角：主要为主塔、主梁的倾斜监测，一般用于超宽、超高的建筑物之上，比如桥梁索塔、高墩、曲线梁等。

2）位移：包括（伸缩缝位移、支座位移），其中伸缩缝位移主要为主梁轴线方向，支座位移主要为主梁轴线方向和轴线的法线方向（横桥向）。伸缩缝位移是指在温度、车辆荷载等效应作用下，主梁梁端处的伸缩缝沿桥梁轴线的伸缩长度。支座位移是指在温度、车辆荷载等效应作用下，支座纵桥向和横桥向两个方向变形的大小。

3）裂缝：由于混凝土收缩、温差、疲劳、冲击等影响，引起局部不均匀变形而产生的开裂现象。

4）应变：应变指在外力、温度等因素作用下物体局部的相对变形。能够反映结构局部细微的受力状态。例如长度为 100cm 的杆件，伸长 1cm，那么产生的应变即为 $1/100 = 0.01$。

5）加速度：加速度是速度对时间的变化率，表示速度变化的快慢，能够表示出冲击力 $F = ma$（冲击力 = 质量 × 加速度）的大小。

6）挠度：挠度是在外力、温度等作用下，主梁轴线在垂直于轴线方向的线位移。挠度反映了结构的静态刚度，是评价桥梁承载能力的重要指标。

7）索力、吊杆力：斜拉索、吊杆等构件，在桥梁正常运营时，由于自重、荷载等作用效应，在索体内部产生的内力（拉力）。

（2）荷载类监测指标

1）交通流量：通过传感器和称重处理器，测量行驶车辆在特定地点、时间、重量、速度、轴重、轴数、轴距、车型等车辆信息。

2）视频摄像：视频监控设备应能完整、清晰地记录车辆经过公路车辆动态称重检测区的行驶状态,可具备检测和输出车辆行驶速度功能。

(3)环境类监测指标

1)温度:温度对桥梁结构的影响十分明显,例如:斜拉桥的斜拉索随温度变化的伸缩,将直接影响主梁的标高;悬索桥主缆索的线型也将随温度而变化。通过温度传感器对桥梁结构表面的温度进行监测,以观测温度对桥梁结构的影响。

2)风速、风向:采用气象传感器对桥梁进行风速、风向监测。

2. 桥梁安全监测布点设计

(1)布设原则

1)应选择荷载作用和环境条件具有代表性的位置,且能反映监测量的空间分布。

2)结构响应和结构变化监测的测点宜布置在受力较大、变形较大、易损、影响主要部件安全耐久和结构整体安全的位置,已有病害和损伤的位置。对性能退化、损伤劣化严重的桥梁构件,应针对性增加监测测点数量。

3)宜进行测点位置优化布设,对不可更换的监测测点,宜做冗余布设。可合理利用结构的对称性减少测点数量,对关键部件或关键构件监测内容,可布设校核测点。

4)选取的位置宜便于传感器或标靶的安装、检修、维护和更换以及线缆敷设。

(2)标准布点

标准布点是按照相应的国家、行业及地方标准要求进行监测点位的布设。标准布点虽然也考虑了监测布点设计的环境、作用、结构响应和结构变化的特征,兼顾代表性、经济性、可更换性,并考虑设备布设条件所受约束性。但由于标准规范中规定的布点设计相对固定,主要针对结构形式相对单一的桥梁,按照标准布点的方法,基本上能够满足实际点位布设的需求。目前,针对标准布点的方法规范主要涉及:现行国家标准《建筑与桥梁结构监测技术规范》GB 50982、现行行业标准《公路桥梁结构监测技术规范》JT/T 1037、现行团体标准《桥梁健康监测传感器选型与布设技术规程》T/CCES 15 等。

(3)布点优化

目前,关于桥梁监测传感器的选型和布设大多是基于标准规范和一定的"经验",但对于一些大跨径桥梁,由于其结构复杂,没有依据的"经验",如何保证传感器的布点质量,以有效和经济为主使测点能够发挥最大效应。从理论上讲,结构健康监测系统使用的传感器越多,结构特性的描述就越准确,但传感器的数量总是有限的。而针对目前对桥梁监测系统功能的实际需求,还需要通过优化布置传感器,从而减少传感器的放置数量。通过传感器的优化布置,也能够使整个硬件系统重新架构,对提高硬件系统的工作质量和满足硬件系统的构建需要具有重要作用。因此,传感器的优化布点将会成为桥梁健康监测系统的重要发展方向,同时也能满足桥梁安全监测发挥其最大价值。本书从模型布点、计算布点及调查布点三个方面,来论述监测的布点优化。

1）模型布点

针对需要高精度、更高要求的特殊结构桥梁，通过推演结构的力学特征，结合不同的数学计算模型进行布点的优化。目前主要的数学模型布点计算方法有：模态动能法、有效独立法、QR 分解法、MAC 法、奇异值分解法、变形能法、遗传算法等。具体算法介绍可参考《长大桥梁建养关键技术丛书——桥梁结构健康监测与状态评估》。

2）计算布点

基于有限元模型计算不同荷载组合最大受力点、最大受力变化点、最危险截面。同时可以按照桥梁实际的运行情况，针对性地模拟计算桥梁在车桥（船）撞击、高低温、大风、河水冲刷等不同场景下的结构受力特征，分析结构最不利的风险点，用于指导点位的布设。目前常用的有限元计算软件有 Midas/Civil、Ansys、Abaqus 等。

3）调查布点

无论是模型布点还是计算布点，都是基于一种理论的方法，但实际桥梁周边交通量、气候、水文、地质以及已查明的病害跟踪、现场实施条件，这些都是最为直观的风险点，或可能诱发风险的因素。点位的布设，需要调查桥梁实际情况来作为布点选取的协助支撑，如图 6-2 所示为布点优化示意图。

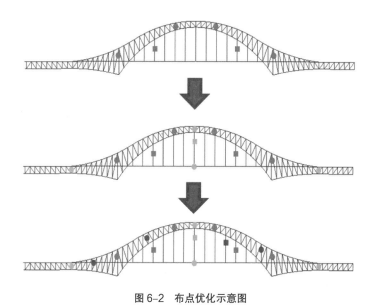

图 6-2　布点优化示意图

6.2.2　桥梁安全监测装备

1. 监测装备

一般来说，桥梁安全监测装备分为三类：结构类监测装备、载荷类监测装备和环境类监测装备，具体见表 6-4。

桥梁安全监测装备　　　　　　　　　　表 6-4

监测对象	监测内容	监测装备	
结构类监测装备	桥梁形状的几何变形监测是监控桥梁结构关键构件及全桥的静态位移、基础沉降、倾斜变化、全桥的整体线型	位移计	拉线式位移计、LVDT 位移计、光纤光栅位移计、磁致伸缩仪
		倾角仪	倾角仪、双向倾斜仪
		GNSS	北斗（BDS）、GPS
	桥梁局部性态和整体形态变量监测，是监控桥梁结构关键构件及全桥在上述风、温度、车辆等外部荷载作用下的动力响应。常用的传感器有应变计、测力计及加速度计	应变计	振弦式应变计、电阻式应变计、光纤光栅应变计
		测力计	振动法索力计、磁通量计、穿心压力环计
		加速度计	压电式加速度传感器、电容式加速度传感器、三分量力平衡式加速度传感器、光纤光栅加速度传感器
		挠度仪	静力水准仪（静挠度，低频采集）、压力变送器（静挠度，低频采集）、非接触式挠度仪（动挠度，高频采集）
荷载类监测装备	荷载监测包括地震荷载、交通流量等。常用的传感器有：动态地秤、摄像机等	动态地秤	压电式动态称重传感器、石英式动态称重传感器
		强震仪	三轴加速度传感器
		摄像机	数字一体化摄像机
环境类监测装备	外部环境监测包括风速监测、温度监测、湿度监测、有害气体监测等。常用的传感器类型有：风速风向仪、温湿度计、腐蚀传感器等	风速风向仪	超声波风向计、三向超声风速计、机械式风速计、杯式风速计
		温度计	大气温度计、路面温度计
		温湿度计	一体化温湿度传感、空气温湿度计
		腐蚀传感器	

（1）结构类监测装备：用于监测桥梁结构健康状态的设备。这些装备通过感知和记录桥梁结构的各种参数，如位移、倾斜、裂缝等，以评估桥梁的结构健康状况，及时发现结构问题，并采取相应的维护和修复措施，确保桥梁的安全运行。

（2）载荷类监测装备：用于监测桥梁承载的车辆荷载情况的设备。这些装备通过感知和记录桥梁上行驶车辆的重量和速度等参数，以评估桥梁在不同荷载条件下的安全性，及时发现可能存在的超载或异常情况，并采取相应的措施，确保桥梁的安全运行。

（3）环境类监测装备：用于监测桥梁周围环境条件的设备。这些装备通过感知和记录桥梁周围的温度、湿度、风速、风向、大气压力等参数，以评估这些环境因素对桥梁结构和安全的影响，帮助管理者及时了解桥梁所处环境的变化，保障桥梁的安全运行。

2. 数据采集和解析装备

数据采集和解析装备包括信号采集装置、控制器装置及综合主机，如图 6-3 所示为桥梁结构健康监测系统典型拓扑图。信号采集装置是负责信号的采集调理，它需综合传感器类型、采样频率和通道数等因素来选择；控制器装置主要是管理数据并控制服务器指令；综合主机是通过以太网、RS485 等接口与多台服务器并行通信，并对采集到的数据进行初步筛选和预处理，综合主机应保证每个数据采集站均配备一台。

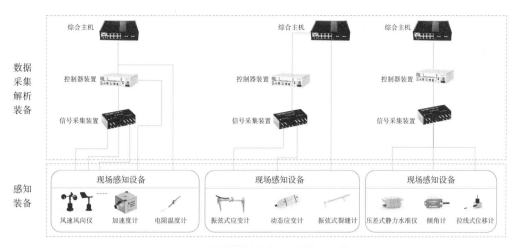

图 6-3　桥梁结构健康监测系统典型拓扑图

6.3　桥梁风险预警技术与方法

6.3.1　桥梁风险单一阈值预警技术

对实时监测数据分析并预警，是桥梁安全风险监测的重要环节。从桥梁安全监测预警的期望来看，是想通过一系列分析手段，对异常突发事件和承灾载体损伤作出及时的判断，并将信息推送给相关责任主体。

阈值预警方法主要是通过设定固定阈值，直接将实时监测到的时域数据和阈值进行比对，判断有无超限情况。该方法主要应用于较为平稳且简单的指标，具有实时监测、快速研判的特点。

针对突发事件严重程度和桥梁结构状态不同，主要可以将预警级别划分为三个等级，如图 6-4 所示。当突发事件影响轻微、桥梁结构安全状态进入轻微损伤阶段时，此时预警级别为三级；当事件后果较为严重，桥梁结构状态进入严重损伤阶段时，此时预警级别为二级；当突发事件后果严重性非常严重，桥梁结构状态进入非常严重损伤时，此时预警级别为一级。

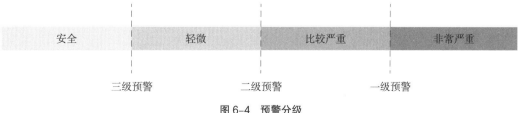

图 6-4　预警分级

针对突发事件的程度和桥梁结构损伤不同，上述预警的分级标准和严重性后果见表 6-5。

分级标准和严重性后果　　　　　　　　　　　　　　表 6-5

级别	分级标准	可能造成的后果
一级预警	现场复核和专家研讨，存在桥梁严重偏位、墩柱严重倾斜、主梁严重下挠、拉索断裂等可能导致桥梁随时倒塌的风险	桥梁发生整体垮塌或局部垮塌或重大损伤可能性很大，事件会随时发生，事态正在不断蔓延，后果很严重
二级预警	（1）桥面发生火灾、交通事故可能影响桥梁结构安全的； （2）经现场复核该安全风险处于人员密集等高后果区域的	桥梁发生一般损伤可能性很大，事件会随时发生，事态正在逐步扩大，后果比较严重
三级预警	（1）通过对监测数据研判发现桥梁结构可能发生损伤的； （2）监测到桥面重车阻塞或重车偏载易引发桥梁结构损伤风险的； （3）监测到桥面异物掉落且易引发连环交通事故的； （4）监测到车辆自燃等情形的； （5）降雪初期或冰雹大雾天气，且桥面温度低于 0℃易导致桥面结冰的	桥梁有发生轻微损伤可能或其耐久性可能受较大影响，事态有扩大的趋势

需要注意的是，预警级别划分后，需要依据上述的分级标准制定对应的限值用于桥梁安全监测预警阈值。具体的阈值设定需要依据桥梁的规模、年代、桥梁形式等情况的不同而尽量做到"一桥一案"，针对一般性的规定，部分国家标准和地方标准已有相关的阈值设定（表 6-6～表 6-8）。

结构类预警分级　　　　　　　　　　　　　　　表 6-6

级别	阈值说明
一级预警	可参照现行团体标准《大跨度桥梁结构健康监测系统预警阈值标准》T/CECS 529 内容 主梁结构模态：25% 的变化百分比（宜采用 25℃时的数据进行模态分析）
二级预警	结构力学特征：宜根据相关标准综合确定 主梁结构模态：15% 变化百分比
三级预警	结构力学特征：宜根据相关标准综合确定 主梁结构模态：10% 变化百分比

荷载类预警分级　　　　　　　　　　　　　　　表 6-7

级别	阈值说明
一级预警	支座反力：1.4 倍最大设计值（对于独柱墩桥、弯桥等易发生支座脱空的桥梁，当支座反力过小时，应直接采用一级预警） 车辆超载：车辆总重或轴重大于 2.0 倍设计车辆荷载 桥墩冲刷深度：大于设计冲刷深度 车船撞击：加速度计监测到车船撞击桥梁下部结构 $P_f = 0.1$

续表

级别	阈值说明
一级预警	意外事故：桥梁发生火灾、爆炸等重大安全事故
	地震作用：E2 设计地震动水平加速度峰值（桥梁 E1、E2 地震动加速度设计值分别取 50 年超越概率为 10% 与 2% 的加速度峰值）
二级预警	支座反力：1.3 倍最大设计反力
	车辆超载：车辆总重或轴重大于 1.5 倍设计车辆荷载
	桥墩冲刷深度：大于 0.7 倍设计冲刷深度
	车船撞击：加速度计监测到车船撞击桥梁下部结构 $P_f = 0.5$
	地震：E1 设计地震动水平加速度峰值的 1.35 倍
三级预警	支座反力：1.2 倍最大设计反力
	车辆超载：车辆总重或轴重大于设计车辆荷载
	桥墩冲刷深度：大于 0.5 倍设计冲刷深度
	地震作用：E1 设计地震动水平加速度峰值
	车船撞击：加速度计监测到车船撞击桥梁下部结构 $P_f = 0.7$
	地震作用：E1 设计地震动水平加速度峰值

环境类预警分级　　　　　　　　　　　　表 6-8

级别	阈值说明
一级预警	风速：$0.84V_d$ 和 32.6m/s 中较小值，但不小于 25.0m/s（取桥面高度处 2min 平均风速；重现期为 100 年的主梁设计基准风速）
	道路湿滑系数小于 0.30（路面湿滑系数 5 级，极差，结冰）
	钢结构内部相对湿度：70%
	桥面结冰温度：−5℃
二级预警	风速：25.0m/s
	道路湿滑系数小于 0.40（路面湿滑系数 4 级，很差，积雪）
	桥面结冰温度：−3℃
	钢结构内部相对湿度：60%
三级预警	风速：18.2m/s
	道路湿滑系数小于 0.50（路面湿滑系数 3 级，较差，积水、浮雪、霜）
	钢结构内部相对湿度：50%
	桥面结冰温度：0℃

注：V_d 为重现期为 100 年的主梁设计基准风速。

6.3.2   桥梁倒塌算法模型预警技术

在实际桥梁安全监测过程中，监测数据可能会受到温度效应、传感器松动、噪声较大等异常情况影响，需要对监测到的数据进一步通过算法模型加工处理后再开展分析预警。针对此类情况，单一固定阈值预警技术就显得极为局限且不准，因此提出了第二种预警技术——算法模型预警。

该预警技术区别于直接设定固定阈值进行分析研判，算法模型预警技术需要对监测数据进行二次处理后再开展研判工作，以期解决两个主要问题：数据异常影响，以及需要通过算法辅助的深层次性分析。

1. 动态阈值算法模型预警

当前对于应变数据的理解，一般认为影响实测应变数据的因素主要有温度效应和车辆荷载，其中温度效应会影响应变曲线的长期变化趋势，如图 6-5 所示，而车辆荷载则会导致应变曲线的局部出现尖峰。而长期性的温度效应会极大地影响对车辆荷载的识别与分析判断。

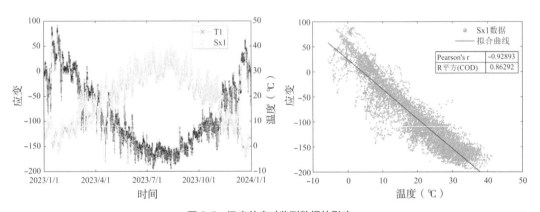

图 6-5   温度效应对监测数据的影响

基于固定阈值的预警技术，是从有限元模型、统计数据或标准规范中获取的，而桥梁在运营过程中是一个动态的过程，不同的桥存在不同的特性。因此，固定阈值在复杂环境下就显然存在弊端，在此背景下，提出了一种桥梁动态阈值预警技术，通过历史数据借助线性外推来预测未来趋势，以减小或消除异常数据对分析预警的影响。

以图 6-6 为例，中间的波动数据为结构实时监测数据，两侧依次向外的为三级、二级、一级动态阈值预警线。若中间的波动值在某一时刻超出了三级阈值预警线，则推送三级风险预警，其他级别亦是如此。

可以看出，动态阈值算法模型可以较好地从实时监测数据中识别出温度效应引起的趋势项，使阈值不再一成不变，而是可以根据温度效应一起波动起伏，从而减小温度效应对突发事件识别的影响。

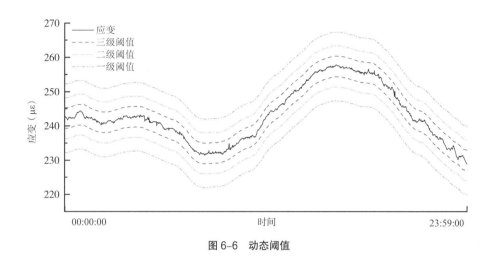

图 6-6　动态阈值

2. 模态参数算法模型预警

模态是结构的固有属性，每一阶模态都具有对应的阵型、频率和阻尼比，因其是结构的固有特性，不受外界荷载和作用的影响，因此该指标常常用于判断结构是否存在病害与损伤。

而该指标是无法通过实时监测数据直接获取，需要通过计算或试验分析取得，此过程称为模态分析。模态分析是研究结构动力特性的一种方法，通过模态参数的准确识别可掌握结构在荷载与环境作用下的规律特性，为分析预警提供科学数据。

一般将桥梁刚建成时的结构模态参数称为基准模态，但实际情况是，很多桥梁由于年代久远等情况，缺少此类基础数据。因此，通常将桥梁开展风险监测的时间节点称为"基准模态"，认为此时是桥梁的基准状态。并将周、月、年及突发事件后的结构模态分析数据与其作比对，分析判断桥梁结构是否因不规范的管养或突发事件导致结构的损伤，提出养护建议或结构预警，如图 6-7 所示。

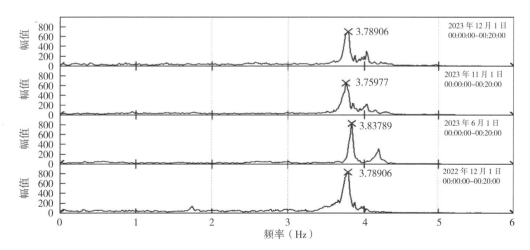

图 6-7　不同时间的结构频率

3. 损伤识别模型预警

结构损伤识别一直是桥梁监测领域所研究的重点。一般认为，工程结构发生损伤会从结构各类特征参数上表现出来。可以通过分析这些指标的变化来识别结构的损伤，进而推送预警信息。

损伤识别通常可由浅入深地划分为四个层次：损伤判断、损伤定位、损伤定量及损伤预后。进一步针对监测数据来源不同，损伤识别又可以大致分为频域法和时域法。

以时域法为例，主要是利用已获取的时域数据参数建立反映结构力学性能的基准参量，使实际测到的新时域参数与基准参量对照，得到损伤指标，完成损伤识别。

以时域法中常用的差分自回归移动平均模型（Auto Regressive Integrated Moving Average Model，ARIMA）为例，该模型可不需要了解系统的输入信息，仅需响应数据即可建立系统的参数化模型，即通过历史数据学习特性从而预测未来数据，当实时监测到的数据与预测的数据差别过大时，可以看作结构有异于历史特性，从而认为结构出现了损伤，如图6-8所示。

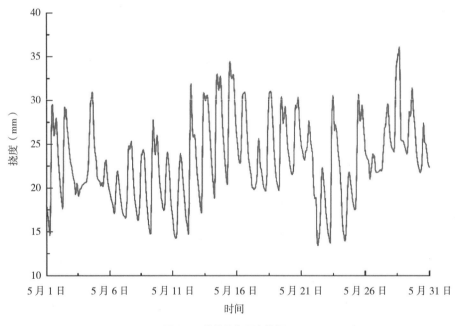

图6-8　结构损伤历史数据

图6-9为基于ARIMA模型对接下来一段时间所作的分步预测值，可看出在2023年5月31日晚16:00:00左右存在较大差别，继续对该点的其他传感器分析发现，如图6-10所示，在晚19:00:00左右该测点附件的加速度均方根数据也存在较大幅值，结合桥面视频发现该时桥面重车数量较多，从而导致传感器数据幅值较大。

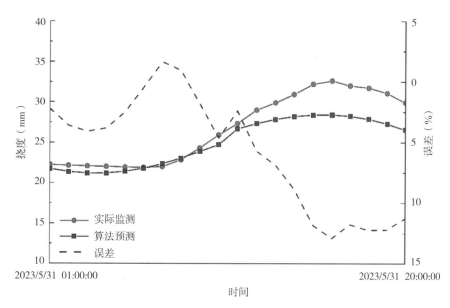

图 6-9　ARIMA 预测数据与实际误差

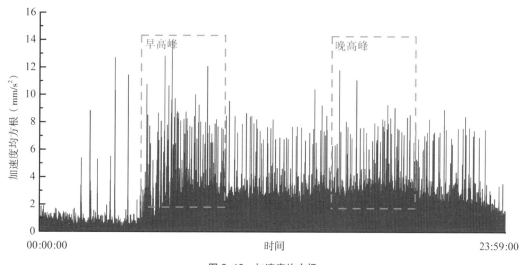

图 6-10　加速度均方根

重车事件虽不会对桥梁结构产生损伤，但可以反映出基于时间序列的 ARIMA 模型对数据趋势性变化识别较为敏感，可用于实际桥梁的损伤判断中，进而可以依据损伤识别算法完成桥梁结构的预警分析。

4. 关联分析模型预警

基于关联分析的预警是指分析两个不同项目之间的相关性，进而分析不同传感器数据间的相关特征，对预警分析起到辅助决策作用。针对监测项目的来源不同，关联分析模型大致可以分为以下三类：

（1）同源—同构：同一个被监测对象、同种类传感器，如主梁上几个竖向加速度传感器。

（2）同源—异构：同一个被监测对象、不同种类传感器，如同一构件上的结构温度与结构振动。

（3）异源—异构：不同被监测对象、不同种类传感器，如索力传感器与桥塔位移。

6.3.3 桥梁多场景倒塌全尺寸实验方法

除上述两种预警方法，当遇到历史监测数据不足难以支撑辅助分析时，可以采取综合分析预警方法，即通过有限元模型或实验桥梁复现部分难遇或罕遇的突发事件场景，对数值模拟结果或实验结果分析，以其评估实际运行桥梁在此类场景下的抗灾能力。

如图 6-11 所示，以清华大学合肥公共安全研究院桥梁安全监测实验平台为例，该平台拥有全国体量最大的桥梁结构实体模型，具有 140 余个结构类、环境类及荷载类传感器，可以对 20 余种桥梁典型风险如桥墩沉降、单板受力、拉索断裂、主梁倾覆等场景进行模拟复现，进而用于综合分析预警研究。

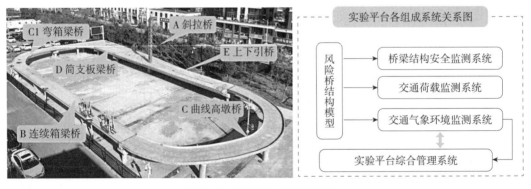

图 6-11 桥梁安全监测实验平台

如图 6-12、图 6-13 所示，以地震作用为例，因其不可复现特性，一般需要依托有限元模型进行数值模拟分析。在此情况下，一般可以通过链式理论，构建灾害在地震作用形式驱动下进化演变形成的灾害链，分析地震崩塌、地震诱导滑坡等的灾害链，构建区域地震风险评估模型。进而分析地震作用下多跨简支梁桥的动力响应，开展桥梁地震灾害情景构建，用于辅助综合分析预警。

图 6-12　地震致桥梁坍塌

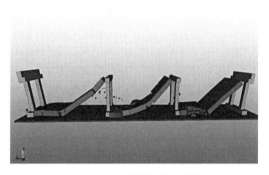

图 6-13　桥梁地震坍塌数值模拟

第 7 章

供水安全风险监测预警技术与方法

7.1 供水安全监测方法概述

7.1.1 供水安全监测目标

我国水资源紧张，供水管网泄漏现象严重，据统计，全国城市供水管网的平均漏损率为20%左右，部分地区高达50%。供水管网管理面临数据缺失、管网老化泄漏高发以及管网持续泄漏易引发次生衍生灾害等问题。2015年，国务院印发《水污染防治行动计划》，要求到2020年供水管网的漏损率控制在10%以内。2019年，水利部发布的《国家节水行动方案》要求"加强大数据、人工智能、区块链等新一代信息技术与节水技术、管理及产品的深度融合，重点支持用水精准计量、水资源高效循环利用、精准节水灌溉控制、管网漏损监测智能化"。供水安全风险监测目标主要有：

1. 感知管网爆管及次生衍生灾害风险

由于城市供水管网老化、超限服役、缺乏完善管理等原因，管道发生结构性损伤，管道漏水上升到地面，发生爆管。爆管的影响因素大体可分为物理因素（管径、管材、管长、建设时间等）、环境因素（路面状况、覆盖面土质等）和运行状况因素（水压、维修记录等）。通过监测供水管网运行中的压力、流量以及可能引起管道漏水的特征参数等信息，对爆管和漏水进行及时预警，并结合流量、压力负荷分析模型预测管道漏水产生的位置，分析管道漏水可能带来的次生衍生灾害事件，为应急处置提供辅助决策支持，可有效降低供水管网爆管风险以及爆管可能引发地面塌陷、水质污染等次生衍生灾害风险。

2. 降低饮用水水质污染风险

饮用水水质污染包括重金属、水体富营养化等污染。城市供水在水源、水厂、供水管网和二次供水系统输送过程中可能发生一系列物理、化学和生物反应，消毒剂含量随供水管网输送距离增加而衰减，再加上管道腐蚀等因素，管网水质下降，对龙头水水质保障产生严峻威胁。通过对水质在线监测可有效保障供水水质安全，城市供水的水质监测主要包含两个方面，首先是水源地水质，根据现行国家标准《地表水环境质量标准》GB 3838判别水源水质优劣及是否符合标准要求，其水质指标的复杂程度直接影响城市水处理工艺的选择，同时也间接影响着生活用水水质，通过监测水源地的水质指标对城市级突发性水质污染事件进行及时预警。其次是生活用水水质，通过监测管网末梢水及泵站水池的水质指标对居民饮用水的水质安全提供保障，应符合现行国家标准《生活饮用水卫生标准》GB 5749 的相关规定，此水质指标直接影响着城镇居民生活用水安全，属于水质监测的重要安全保障。

3. 预防市政消火栓失效及非法取水

市政消火栓系统主要供消防车从市政给水管网取水，通常由市政给水管网和室外消火栓组成，是城镇消防保护的基础设施。市政消火栓承担城市火灾消防救援重任，一方面面临年久失修、老化现象严重等消火栓失效风险；另一方面市政消火栓要求平时运行工作压力不应小于 0.14MPa，火灾时水力最不利市政消火栓的出流量不应小于 15L/s，且供水压力从地面算起不应小于 0.10MPa，保障消火栓"战时可用"。通过对消火栓流量、压力和温度的监测，实时感知低于运行要求可能导致的消火栓失效风险；此外，还可以辅助感知私自从消火栓偷盗水现象。

7.1.2　供水安全监测方法现状

目前大部分企业和水务公司都采用数据采集与监视控制（SCADA）系统和地理信息（GIS）系统监视供水管网的运行状态，并在此基础上进行了研究和部分功能扩展。安徽省以公共安全科技为支撑，融合物联网、云计算、大数据、移动互联、BIM/GIS 等现代信息技术，透彻感知地下管网城市生命线运行状况，分析生命线风险及耦合关系，深度挖掘城市生命线运行规律，实现城市生命线系统风险的及时感知、早期预测预警和高效处置应对，确保城市生命线的主动式安全保障。城市生命线安全工程针对城市供水等重要基础设施建立风险立体化监测网络，"风险定位—前端感知—专业评估—预警联动"是城市生命线安全工程的核心。供水基础设施主要包括水源工程、输水工程和管理设施、自来水生产及供应设施。供水安全监测主要是对供水基础设施监测，主要有：

1. 饮用水源地安全监测

河流型水源主要监测指标有酸碱度（pH）、浑浊度、温度、电导率等指标，水源易遭受污染时应增加氨氮、耗氧量、紫外线（UV）吸收、溶解氧（DO）或其他特征指标；湖库型水源主要监测指标有酸碱度（pH）、浑浊度、溶解氧（DO）、温度、电导率等指标，水体富营养化时可以增加叶绿素 a 等指标，水源易遭受污染时，可以增加氨氮、耗氧量、紫外线（UV）吸收或其他特征指标。水源水质在线监测点的位置根据预警的要求进行设置，并根据取水口的位置确定其设置深度；河流型水源可根据河流流态、潮汐等情况在取水口上游及周边影响取水口水质的河流断面增设在线监测点；湖库型水源可在对取水口水质有影响的区域设置多个在线监测点。

2. 供水管网安全监测

供水管网运行安全风险监测主要是管网运行状态监测，供水管网及其附属设施的主要监测指标包含流量、压力、漏水声波等。供水管网运行监测应根据风险评估结果优选部位或区域进行布点，重点监测对象主要包括供水主干管、老旧管道、管网水力分界线、大管段交叉处；存在各工程交叉相关影响、地质灾害影响的供水管线；水厂原水管段，出厂管段，相邻及其他供水爆管漏失影响城市片区安全供水、后果严重的供水管线，爆管漏失造成严重后果影响的公共基础设施旁边的供水管道；供水生产调度水力模型校验点；人员密集区域主干道路上的市政消火栓。

7.2　供水安全监测技术与装备

7.2.1　供水安全监测技术

供水安全监测包括接入的已有的管网、泵站等运行数据，以及新增供水管网流量、压力、漏水声波在线监测数据。根据供水管网长度和主干管网支点等关键点信息部署超声波流量计；根据供水管网长度、监测范围内重要用户信息和不利点位置部署高频压力计；根据风险评估结果、日常爆管数据、重点关注管段、节点部署漏失监测仪，为城区重要单位消防安全保障部署消火栓智能监测仪。

1. 管道流量和压力安全监测技术

流量、压力是供水管网运行的核心参数，也是供水企业最为关心的指标，管网中用户用水或管道泄漏都会造成管道流量的增加，流量的大小与供水管网的运行状态稳定性、用户使用情况以及供水企业经营状况密切相关。流量监测也是分区漏损管理的重要组成部分，通过监控分区流量，辅助实现科学、精准降漏。压力过大会增加供水管道的泄漏和爆管概率，压力过低会影响用户用水的稳定性。通过监测管道的压力，一方面，可以实现供水管网压力的整体感知，保障城市供水管网的供水服务质量；另一方面，高频压力监测可以捕获水锤信号及爆管负压波信号，及时诊断管网异常，为供水管网的监测报警和预测预警提供依据。因此通过监测管道的流量和压力，为供水管网的监测报警和预测预警提供依据，并为供水企业的日常精细化管理提供基础数据。

2. 管道泄漏声波安全监测技术

供水管道是压力管道，当管道发生泄漏时，泄漏口会发出特定频率的声波。通过监测漏失声波，可以直接判断出管道是否漏水，结合数据相关性分析，还可以实现漏点的定位。对城市供水管网的漏失信号进行漏失在线监测，可以指导管道维护和应急处置工作，防止持续泄漏导致爆管或地下空洞等事故的发生。该技术具有自动化程度更高、易于使用、检漏实时性好、可降低检漏人员的工作强度、检测效率更高等特点，可用于相对大面积管道的漏水检测。

3. 消火栓状态安全监测技术

市政消火栓承担城市火灾消防救援重任，但往往面临年久失修、老化现象严重等问题。通过对消火栓流量、压力和温度的监测，一方面可以实时感知消火栓的运行状态，保障消火栓"战时可用"；另一方面，对消火栓的监测可以辅助感知管网运行状态及发现偷盗水现象。

4. 水质安全监测技术

水是生命之源，饮用水的水质好坏与人体的健康紧密相关。饮用水从生产到配送的全链条都存在着被污染的可能性，比如水源地污染、管道老化腐蚀、贮水污染、回流污染、微生物污染等。通过对水源地上游、水源地取水口和水厂进水口位置的原水水质监测，可以提前预警城市供水水质污染风险，预防城市大面积水质异常突发事件发生。对供水管网及小区二次供水水质进行监测，可以有效防范供水配水过程中受到的二次污染风险，保障居民水龙头水质安全。

7.2.2　供水前端监测装备

供水前端监测设备技术参数见表 7-1。

供水前端监测设备技术参数　　　　　　　　　　　　　　　　表 7-1

序号	设备名称	技术参数	备注
1	市政管网超声波流量计	设备类型：超声波流量计 管径范围：DN200 ~ DN1800 流速范围：0.25 ~ 9m/s 测量精度：≤1.5% 通信方式 / 协议：RS485-Modbus/4 ~ 20mA 防护等级：传感器 IP68；主机 IP66	
2	电池供电管段式水表	设备类型：管段式水表 流速范围：0.25 ~ 9m/s 测量精度：≤1% 接口通信：RS485-Modbus/4 ~ 20mA 远程通信：NB/4G 无线传输 供电方式：自带电池供电 续航能力：≥1 年（采集 15s/ 次，传输 1h/ 次 ） 防护等级：IP68	
3	高频压力监测仪	压力范围：-0.2 ~ 1.5MPa 输出信号：4 ~ 20mA/RS485_Modbus 测量精度：< ±1%FS 供电电压：支持 24DCV 外部供电 采集频率：最高值≥200Hz 防护等级：IP68	

续表

序号	设备名称	技术参数	备注
4	太阳能供电系统	输出电压：24V 市电输入电压：220V 电池容量：100Ah 电池类型：锂电池 材料：单晶板 功率：≥260W 太阳能立杆：≥5m 电池寿命周期：≥5年 通信方式/协议：RS485_Modbus	
5	前端监测物联网网关	通信方式：GPRS、3G、4G、NB-IoT任一可选 通信接口：支持RS485、4~20mA 采集频率：可配置，最高200Hz 上传周期：可配置 报警方式：阈值，变化率报警 数据缓存：≥128M 工作温度：20~60℃ 防护等级：≥IP67 具备点断续传功能 监测数据异常情况下具备即时打包上传功能（打包数据异常时刻前5min的数据，后5min实时上传）	
6	漏失在线监测仪	采集灵敏度：可监测10dB以下噪声 通信方式：NB/4G无线传输 供电方式：自带电池供电，电池电量及馈电报警信息上报 续航能力：≥3年（采传频率1d/次） 采传频率：1次/d 防护等级：IP68	
7	智慧消火栓监测设备	压力测量：0~1.6MPa，1%FS 水流测量：0.5~50L/s 水温测量：-30~70℃ 远程通信：NB-IoT等方式 工作方式：周期性上传 报警上传采集周期：1~5min可设置 上传周期：1min~12h可设置 报警周期：1min~6h可设置 正常工作模式电池寿命：＞10年（5min采集一次数据，12h上传一次数据） 防护等级：IP68	
8	原水水质在线监测设备	测量指标：DO、浑浊度、pH、温度、电导率、氨氮、COD、总磷、总氮 远程通信：RS485-Modbus/4~20mA 参数配置：支持远程参数配置（配数采仪） 外壳防护等级：IP55 （1）DO 测量原理：化学荧光法 测量范围：0~20mg/L 测量精度：±0.1mg/L （2）浑浊度 测量原理：光学法 测量范围：0~4000NTU 测量精度：±1%	监测指标可按需选配

序号	设备名称	技术参数	备注
8	原水水质在线监测设备	（3）pH 测量原理：电极法 测量范围：4～10 测量精度：±0.1 （4）温度 测量范围：0～60℃ 测量精度：±0.5℃ （5）电导率 测量原理：电流法 测量范围：0～200mS/m 测量精度：±1% （6）氨氮 测量原理：比色法／电极法 测量范围：0～20mg/L 测量精度：±5% （7）COD 测量原理：高锰酸钾法 测量范围：0～20mg/L 测量精度：≤±10% （8）总磷 测量方法：吸光光度法 测量范围：0～20mg/L 测量精度：≤±10% （9）总氮 测量方法：吸光光度法 测量范围：0～20mg/L 测量精度：≤±10%	监测指标可按需选配
9	净水水质在线监测设备	测量指标：余氯、浑浊度、pH、温度 通信协议：RS485-Modbus/4～20mA 远程通信：支持4G/NB无线传输 参数配置：支持远程参数配置（配数采仪） 外壳防护等级：IP55 （1）余氯／总氯 测量原理：光学比色法／电极法 测量范围：0～5mg/L 测量精度：±0.05mg/L （2）浑浊度 测量原理：比浊法 测量范围：0～20NTU 测量精度：±2% （3）pH 测量原理：电化学法 测量范围：4～10 测量精度：±0.1 （4）温度 测量范围：-5～70℃ 测量精度：±0.5℃	监测指标可按需选配

7.3　供水管网爆管监测预警技术

7.3.1　供水管网超压运行动态预警技术

压力是供水管网运行的核心参数，压力过大会增加供水管道的爆管概率，压力过低会影响用户用水的稳定性。通过监测管道的压力，一方面可以实现供水管网压力的整体感知，保障供水管网的供水服务质量，另一方面，高频压力监测可以捕获水锤信号及爆管负压波信号，及时诊断管网异常，为供水管网的监测报警和预测预警提供依据。供水管网超压运行动态预警技术中初始化阈值依据不同类型管材承压能力进行设置，超过管道承压能力则可能导致管道破损，正常运行情况下，不应长期超过这一允许工作压力。管道超压三级报警阈值则依据现行地方标准《城市生命线工程安全运行监测技术标准》DB34/T 4021 要求，结合该点位历史压力运行规律，采用动态阈值的方法确定，超出动态阈值上限一定时间的压力异常进行三级报警，提醒监测人员关注。

供水管道常见管材为塑料管、球墨铸铁管和钢管，每种管材均有多种公称压力的产品可供选择，公称压力也接近常温下材料的耐压强度，是正常情况下的管道允许工作压力。

考虑到城市地下管道复杂，建设期长，各个供水管道所使用的管材压力等级数据难以收集，故本次综合考虑以三种常见管材的常见压力等级作为初始阈值设置，见表 7-2。由于塑料管材多用于城市小管径供水管道，当压力达到塑料管材的常见最小承压等级时，使用该等级塑料管材的小管径供水管道可能出现管道渗漏破损的风险。由于球墨铸铁管和钢管多用于城市大管径供水管道，当压力达到该管材常见的最小承压等级时，使用该等级管材的大管径供水管道也可能出现管道渗漏破损的风险。且依据现行团体标准《建筑给水薄壁不锈钢管管道工程技术规程》T/CECS 153 要求，工作压力连接的不锈钢供水管的正常压力为 1.6MPa（0.1MPa = 10kg 工作压力）。

各类管材压力等级划分　　　　　　　　　　　　　　　　表 7-2

管材		常用压力等级划分（MPa）
塑料管	PE	0.6/0.8/1.0/1.25/1.6
	PVC	0.6/0.8/1.0/1.25/1.6
	PPR	1.25/1.6/2.0/2.5
球墨铸铁管		1.0/1.2/1.6/2.0/2.5/3.0/4.0/4.8 等
钢管		1.6/2.5/4/6.4 等

　　若资料匮乏，无法确定现状供水管材当初采购的公称压力，可考虑将不同管材类型的常用压力等级（公称压力）作为二级报警阈值，在正常运行的情况下，不应长期超过这一允许工作压力。

　　试验压力为管道施工完成后水压试验中的注水压力，在预实验阶段，须维持试验压力30min以检查管道的压力承载能力。所有管道工程须经水压试验合格后方能正式验收。故试验压力是管道能短时间内承载的最高压力。根据现行国家标准《给水排水管道工程施工及验收规范》GB 50268，试验压力可根据管道工作压力确定。由于资料缺乏，无法确定该管道设计时的工作压力，但是可以考虑当管道工作压力为管道最大允许工作压力的极限情况时，计算出对应的试验压力，设定该试验压力值为一级报警（表7-3、表7-4）。

高频压力计高压报警初始化阈值标准　　　　　　　　　　　　　　　　表 7-3

报警类型	管材	报警分级	对应阈值	依据
高压报警	PE	一级报警	≥0.9MPa	基于最低压力等级的试验压力
		二级报警	≥0.6MPa	常见 PE 管最低压力等级
		三级报警	超出动态阈值上限 15min	—
	PVC	一级报警	≥0.9MPa	基于最低压力等级的试验压力
		二级报警	≥0.6MPa	常见 PVC 管最低压力等级
		三级报警	超出动态阈值上限 15min	—
	PPR	一级报警	≥1.875MPa	基于最低压力等级的试验压力
		二级报警	≥1.25MPa	常见 PPR 管最低压力等级
		三级报警	超出动态阈值上限 15min	—
	球墨铸铁	一级报警	≥1.5MPa	基于最低压力等级的试验压力
		二级报警	≥1.0MPa	常见球墨铸铁管最低压力等级
		三级报警	超出动态阈值上限 15min	—
	钢管	一级报警	≥2.1MPa	基于最低压力等级的试验压力
		二级报警	≥1.6MPa	常见钢管最低压力等级
		三级报警	超出动态阈值上限 15min	—

高频压力计低压报警初始化阈值标准　　　　　　　　　　　　　　　　表 7-4

报警类型	报警分级	对应阈值	依据
低压报警	一级报警	≤0.14MPa	安徽省地方标准《城镇供水服务标准》DB34/T 5025—2015 第4.0.2条要求：供水管网末梢压力不应低于0.14MPa
	二级报警	—	—
	三级报警	超出动态阈值下限 30min	—

三级报警动态阈值计算采用统计学中箱形图原理，如图 7-1 所示，计算流程描述如下：

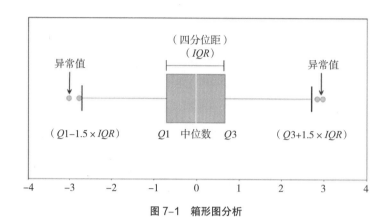

图 7-1　箱形图分析

判定当日日期属于工作日还是非工作日。

以当日是工作日为例。将 24h 监测数据进行划分。对自动检索收集的样本数据进行初步处理，做数据清洗。

考虑到信号不稳定等外界因素，无法保证流量计上传数据无缺失，但进行统计分析需要保证一定的样本量，故设定预处理后的数据量进行数据插补，若仍无法满足数据量要求，则还是按照现有数据量计算。

获得样本库后，采用箱形图对数据进行统计分析。将样本数据按照从小到大进行排序，找到上四分位数 $Q1$ 和下四分位数 $Q3$。通过计算获得 $Q1$ 与 $Q3$ 的间距 IQR，由此可设置每个时刻（0.5h）上限阈值为 $Q3 + 1.5 \times IQR$，下限阈值为 $Q1 - 1.5 \times IQR$。

非工作日阈值取值方法类似。

如出现阈值算法没有跑完或者其他情况，导致没有生成对应的上下限阈值的情况时，若是工作日（周一至周五），用这个时刻找昨天对应时刻的阈值，若是非工作日（周六、周日），用这个时刻找非工作日对应时刻的阈值（这种情况需要在后面标记不算出来的阈值）。

如出现计算的阈值上下限为一个值的情况，若是工作日（周一至周五），用这个时刻找昨天对应时刻的阈值，若是非工作日（周六、周日），用这个时刻找非工作日对应时刻的阈值（这种情况需要在后面标记不算出来的阈值）。如找的阈值还是一个值时，按照上下限一个值显示。

7.3.2　供水管网压力负荷模拟分析技术

1. 技术算法原理

供水管网水力模型是一种数字模型，基于真实管网的拓扑关系，将管网、设施、设备简化抽象成为数字化的管段和节点，通过设定参数和进行水力计算，模拟管网多种工况的分析工具。模拟管网系统建立数学模型的过程，遵循质量守恒定律和能量守恒定律。水力平差计算的开展，实质上是对于管网的连续性方程（节点流量守恒方程）、压降方程（管段水头损失方程）以及能量方程（环状管网能量守恒方程）的联立求解。

假设管网中共有 N 个节点、M 条管段。

（1）连续性方程（节点流量守恒方程）

根据质量守恒定律，对模型中的任意节点 i，流入 i 的流量之和应与流出 i 的流量之和相等，可表示为：

$$\sum_{j\in S_i}(\pm q_j)+Q_i=0 \quad i=1,2,3,\cdots\cdots,N \tag{7-1}$$

式中　S_i —— 节点 i 的关联管段集合；

$\pm q_j$ —— q_j 为管段的流量（L/s）；

Q_i —— 节点 i 的流量（L/s）。

将模型中所有节点的连续性方程联立，即形成了节点流量的方程组。同时，可以用矩阵来表示出管网中节点和管段相互之间连接的关系。令：

$$\alpha_{ij}=\begin{cases}1 & \text{若节点}\ i\ \text{与管段}\ j\ \text{关联，且节点}\ i\ \text{为管段}\ j\ \text{的起点}\\0 & \text{若节点}\ i\ \text{与管段}\ j\ \text{不关联}\\-1 & \text{若节点}\ i\ \text{与管段}\ j\ \text{关联，且}\ i\ \text{为管段}\ j\ \text{的终点}\end{cases}$$

以管段与节点的关联关系作为矩阵中列代表，由元素 α_{ij}（$i=1,2,\cdots\cdots,N$，$j=1,2,\cdots\cdots,M$）即可构成 $N\times M$ 阶的矩阵，称之为管网的关联矩阵 A。

因此，节点流量方程组可以简写为：

$$A\bar{q}+\bar{Q}=\bar{0} \tag{7-2}$$

式中　$\bar{q}=|q_1 q_2\cdots\cdots q_M|^T$ —— 管段流量的列向量；

$\bar{Q}=|Q_1 Q_2\cdots\cdots Q_N|^T$ —— 节点流量的列向量。

（2）压降方程（管段水头损失方程）

根据能量守恒定律，对于任意管段 j，两端节点水头之差，即等于该管段的压降，也就是两端节点水压与管段水头损失的关系式：

$$H_{f_j}-H_{t_j}=h_j \quad j=1,2,3,\cdots\cdots,M \tag{7-3}$$

式中　f_j —— 管段 j 的起点编号；

t_j —— 管段 j 的终点编号；

H_{f_j} —— 管段 j 的起点的节点水头（m）；

H_{t_j} —— 管段 j 的终点的节点水头（m）；

h_j —— 管段 j 的水头损失。

管段压降方程组同样可以写成矩阵形式：

$$A^T \overline{H} = \overline{h} \tag{7-4}$$

式中　$\overline{H} = |H_1 H_2 \cdots\cdots H_M|^T$——节点水头的列向量；

　　　　$\overline{h} = |h_1 h_2 \cdots\cdots h_N|^T$——管段水头损失的列向量。

管网计算时，局部水头损失一般忽略不计，在必要时可通过适当增大当量长度或者适当增大阻力系数来估计局部水头损失。而针对管段沿程的水头损失，可用指数型公式表示为：

$$h_j = S_j q_j^n \tag{7-5}$$

式中　S_j——管段 j 的摩阻系数。

考虑水流的方向，可以写成（假定各管段的水头损失与流量的符号相同）：

$$h_j = S_j \left| q_j \right|^{n-1} q_j \tag{7-6}$$

以海曾 – 威廉公式为例：

$$h = \frac{10.67 q^{1.852} l}{C^{1.852} d^{4.87}} \tag{7-7}$$

式中　l、d——管段的长度和直径（m）；

　　　　C——管段的海曾 – 威廉系数。

（3）能量方程（环状管网能量守恒方程）

同样地，根据能量守恒定律，在水力模型中，组成环路的管段水头损失代数和为 0。管段回路中管段流量的方向和水头损失的方向：以顺时针为正方向，以逆时针为负方向。方程可表达为：

$$\sum_{j \in K} h_j = \sum_{j \in K} \left(H_{f_j} - H_{t_j} \right) = 0 \tag{7-8}$$

式中　K——管网中环状管网的编号；

　　　　j——环状管网中管段的编号。

将管网中所有环的能量方程联立即可得到环能量方程组，写成矩阵形式：

$$B \overline{h} = 0 \tag{7-9}$$

式中　B——管网图的回路矩阵。

基于管网的水力计算理论，通过真实详细的管网数据资料（如管径、管材、长度、摩阻系数、节点需水量等）建立供水管网水力学模型，模拟管网压力负荷状态，其中最为重要的是节点需水量的合理估计和准确分配，关系到模型的精确程度。节点流量的计算是以用户用水量为基础的，用户用水量可能是管网动态信息中最重要、最富有变化而又最难以准确确定的信息。研究表明，用户用水量的变化有如下规律：①以一天为周期的变化，可用时变化曲线表示；②以一周为周期的变化，可用周变化曲线表示，主要反映工作日与休息日的不同；③以一月为周期的变化，可用月变化曲线表示；④以一年为周期的变化，可用年变化曲线表示；⑤由于城市的发展、人口的增加和生活条件的改善而呈现用水量逐渐增加的趋势。除了以上确定因素外，还应考虑法定节假日、天气变化等随机因素对用水量变化规律的影响。此外，不同类型用户的用水量变化规律也不相同。一般将用户分为工业、居民、办公等各种类型，分别实测它们的用水量变化规律以确定其用水量变化曲线。计算节点流量时，可将用户分为集中用户和分散用户两大类。集中用户的用水量可按其接入管位置折算到相应节点上去，分散用户的用水量则按其管段长度和管段上用户情况分别折算到相应节点上。集中大用户的选取，应根据管网的规模、城市大小及具体情况而定。一般特大用户和大用户的用水量总和约为管网总用水量的 40%～70%。用水量测定是一项非常重要但又极其复杂的工作，需投入大量人力，通过现场实测得到各类用户的用水量时间变化曲线，作为计算节点流量的依据。

2. 水力学模型建立与计算

（1）管道粗糙系数的确定

管道粗糙系数是海曾 – 威廉公式应用于供水管网水力计算的一个重要参数，也称为海曾 – 威廉系数。该系数主要受管材、管径、管道敷设时间、管道内壁防腐涂层等因素的影响，一定时期内这些因素都是相对稳定的，因此海曾 – 威廉系数在大多数情况下是不变的或者变化非常缓慢，仅在长期内变化，可由经验值对其进行参数的设定，同时借鉴其他自来水公司建模过程的取值经验，见表 7–5 ～ 表 7–7。

不同管材的管道粗糙系数经验值　表 7–5

管材	管道粗糙系数 C
塑料管	140
混凝土管、焊接钢管	120
水泥衬里管	120
新铸铁管、涂沥青或水泥的铸铁管	110
使用 5 年的铸铁管、焊接钢管	120
使用 10 年的铸铁管、焊接钢管	110
使用 20 年的铸铁管、焊接钢管	90 ～ 100
使用 30 年的铸铁管、焊接钢管	75 ～ 90

不同管材、管龄、管径的管道粗糙系数经验值　表 7–6

管材、管龄（年）		管径 DN（mm）						
		<25	25 ～ 100	100 ～ 200	200 ～ 300	300 ～ 600	600 ～ 1200	>1200
铸铁	1950—1959	—	49	55	66	70	75	78
	1960—1969	—	58	65	75	80	85	89
	1970—1979	—	69	75	82	90	95	96

管材、管龄（年）		管径 DN（mm）						
		<25	25～100	100～200	200～300	300～600	600～1200	>1200
铸铁	1980—1989	—	82	85	93	101	105	107
	1990—1999	—	99	105	112	115	118	120
	2000—2011	—	120	125	128	130	132	134

不同管材、管龄、管径的管道粗糙系数经验值　　　　　　　表 7-7

管材、管龄（年）		管径 DN（mm）						
		<25	25～100	100～200	200～300	300～600	600～1200	>1200
钢管	1950—1999（旧管）	95	95	95	95	95	95	95
	2000—2011（新管）	105	105	105	105	105	105	105
塑料	—	135	135	135	135	135	135	135
石棉	—	—	—	145	145	145	145	145

（2）节点流量初始分配

对建立的管网拓扑结构中管点的流量（需水量）进行初始分配，分配原则为：将上述具有用水量实时监测数据的大用户与对应节点进行匹配，处理水量监测数据并作为相应节点的初始水量，将管网节点总需水量（水厂总供水量）与所有大用户监测用水总量的差额水量，作为其他没有实时监测的一般用户的用水量，一般用户对应管网节点的流量根据管网长度（单位管网长度用水量）进行计算。可采用比流量分配对管网初始需水量进行分配。首先，假设供水水量均匀分布到管网各管段，并计算整个管网的管段总长度，供水总量除以管段总长度便可得到比流量值。各管段流量为管段长度乘以比流量值，管网节点流量则是与其直接相连的每个管段流量值的 1/2 的总和，利用比流量分配给每个用水节点分配流量。

比流量具体计算方法如下：

$$q_s = \frac{Q - \sum q}{\sum l} \tag{7-10}$$

式中　q_s——比流量 [L/（s·m）]；

　　　Q——管网总用水量（L/s）；

　　　$\sum q$——大用户集中用水量总和（L/s）；

　　　$\sum l$——干管总长度（m）。

利用比流量求出各管段沿线流量：

$$q_1 = q_s l \tag{7-11}$$

管网任意节点的节点流量：

$$q_i = 0.5 \sum q_1 \tag{7-12}$$

式中　　q_1 —— 沿线流量（L/s）；

　　　　l —— 该管段长度（m）；

　　　　q_i —— 节点 i 处的流量（L/s）。

（3）实时需水量计算

实时需水量估计算法用于在线估计管网中绝大多数未测量节点的实时流量，由于这个量是管网模型中数量最大的随机性因素，因此对模型准确性起着至关重要的作用。考虑的方法是将节点的需水量根据离线基本需水量和模式乘子乘积后求平均，作为基本需水量，然后利用除有测量之外的 DMA 区总剩余用水量，按基值比重动态分配实时需水量：

$$d_i(t) = \left[D_{\mathrm{DMA}}(t) - D_{\mathrm{metter}}(t) \right] \frac{D_{i\text{-offline}}}{D_{\mathrm{DMA\text{-}offline}}} \tag{7-13}$$

$$D_{i\text{-offline}} = \frac{\sum_{j=1}^{k} \sum_{t=1}^{T} \left[bd_{(i,j)} \cdot P(j,t) \right]}{\sum_{j=1}^{k} \sum_{t=1}^{T} \left[P(j,t) \right]} \tag{7-14}$$

$$D_{\mathrm{DMA\text{-}offline}} = \sum_{j=1}^{k} \sum_{i=1}^{n} \left[bd_{(i,j)} \right] \tag{7-15}$$

式中　　$d_i(t)$ —— 节点 i 在 t 时刻需水量（L）；

　　　　k —— 需水量类型的个数（个）；

　　　$bd_{(i,j)}$ —— 节点 i 第 j 种需水量类型的基本需水量（L），通过前面初始需水量的计算获取；

　　　$P(j,t)$ —— 代表第 j 种需水量类型对应的时间模式在 t 时刻的乘子；

　　$D_{\mathrm{DMA}}(t)$ —— 该 DMA 区在 t 时刻总需水量的测量值（L）；

　　$D_{\mathrm{metter}}(t)$ —— 该 DMA 区在 t 时刻已知节点需水量的测量值（L）；

　　　　T —— 总历时（一般为 24h，表示仿真历时）；

　　　$D_{i\text{-offline}}$ —— 节点 i 的离线统计需水量（L）；

　$D_{\mathrm{DMA\text{-}offline}}$ —— DMA 区的离线统计需水量（L）。

为了执行单时段实时水力模拟分析（也称点分析），总历时输入 0。该情况中所有其他时间选项的输入将不被使用。

3. 水力学模型校核

管网水力模型校核主要为了使模型的计算值更接近管网的真值，为此，对模型不确定的相关参数进行有目的的调整。手工校核主要是调整管网拓扑结构和属性数据，保证管网基础数据正确；自动校核管网水力模型主要是通过调整管网节点流量和管段海曾—威廉系数 C 值来完成，一般采用计算机设计算法程序来进行。在校核管网水力模型时，首先进行手工校核，在管网基础数据准确的基础上，开展管网自动校核，调整模型中不确定的参数。

因为不存在管网模型计算结果与实际管网运行情况完全一致的可能性，必然存在各种模型误差。在管网模型能满足工作要求的前提下，也允许模型存在一定误差，而不必使管网模型无限地逼近实际管网。因此为实现建模目标，需要对模型允许误差作出相关限制，建立模型评价标准，控制误差范围。

关于如何评价供水管网水力模型，国内和国际上都没有出台相应的技术标准，但是行业一些较权威的机构，根据多年管网模型研究，积累了相关有价值的经验，提出了一些关于模型精度的建议。管网水力模型校验标准如下：

（1）流量监测标准

流量大于总用水量的 10% 的模型主干管，其流量误差应控制在实测值的 ±5% 以内；流量大于总用水量的 10% 的模型干管，其流量的误差应控制在实测值的 ±10% 以内。

（2）压力监测标准

85% 的压力监测数据，实测值与模拟值的差应在 ±0.5m 以内，或在系统中最大水头差的 ±5% 以内；95% 的压力监测数据，实测值与模拟值的差应在 ±0.75m 以内，或在系统最大水头差的 ±7.5% 以内；100% 的压力监测数据，实测值与模拟值的差应在 ±2m 以下，或在系统最大水头差的 ±15% 以内。

通过大量调研供水管网模型校核求解算法的研究资料发现，遗传算法在求解供水管网水力模型或水质模型的自动校核目标函数时应用较多，求解方便，速度较快，并且结果良好。下面简单介绍遗传算法基本理论。遗传算法（GA）校核基本流程如图 7-2 所示，选择、交叉和变异三个算子是其主要的遗传操作，使算法具有了遗传特性。首先利用遗传算法同时校核粗糙系数 C 和节点需水量 Q，校核完成之后，由于 C 在短期内的变化较小，因此，在后续短期模型校核中只需对节点需水量 Q 进行校核。待优化的目标函数分别为：

$$\min F\left(C,Q\right) = \sum_{i=1}^{N}\sum_{t=1}^{T}\left(P_{it}^{1} - P_{it}^{0}\right)^{2} \tag{7-16}$$

$$\min F\left(Q\right) = \sum_{i=1}^{N}\sum_{t=1}^{T}\left(P_{it}^{1} - P_{it}^{0}\right)^{2} \tag{7-17}$$

式中　N——压力监测点数目；

　　　T——时间点数；

　　　P_{it}^{1}——监测点对应的模拟值（m）；

P_{it}^0 ——监测点对应的实测值（m）；

$F(C,Q)$ ——粗糙系数与节点需水量同时校核目标函数；

$F(Q)$ ——单独校核节点需水量的目标函数。

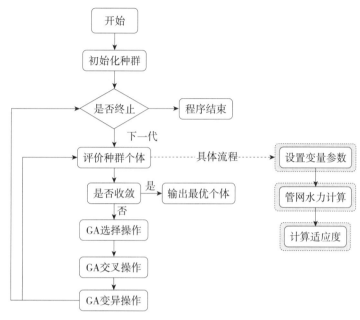

图 7-2   遗传算法校核基本流程图

遗传算法优化计算前需要对粗糙系数 C 和节点需水量 Q 设定调整范围，即遗传算法的约束条件，按下式计算：

$$C_{\min} \leqslant C_i \leqslant C_{\max} \tag{7-18}$$

$$0.8Q_i \leqslant Q_i \leqslant 1.2Q_i \tag{7-19}$$

$$\sum Q_i = \Delta \tag{7-20}$$

式中 $C_{\min}$、$C_{\max}$ ——按照海曾 – 威廉系数表取值；

Δ ——管网总供水量（L/s），节点需水量校核时总供水量不能发生变化。

控制遗传算法参数主要有：种群规模 M、染色体长度 l、变异概率 mp、交叉概率 cp、终止代数 T、代沟 G 等。这些参数对遗传算法计算效果影响较大，设置时要仔细考虑，遗传算法参数经过调整后设置如下：

1）自变量个数：是自变量 C（海曾 – 威廉系数）的分组数量自变量节点流量按照实时监测设备、流量相对较大且情况多变的节点数设置。

2）控制条件：各自变量间不能写出等式或不等式的约束关系，仅采用边界条件来约束各自变量的变化范围。边界值可采用二维数组的形式表示。

3）种群情况：遗传算法编码方式采用浮点数编码。

4）适应度尺度：适应度函数采用基于排序的尺度变换方式，该方式更好地适应了该管网水力模型校核的要求。

5）选择算子：可采用锦标赛选择法，选择时直接保留一个精英个体进入下一代，同时设置交叉概率。

6）变异算子：参照通常变异概率范围，选取合理变异概率。

7）交叉算子：采用算数交叉方式，可以适当保证种群的多样性。

8）停止条件：运行到第 100 代、在 50 代内适应度函数加权平均变化很小、在 300s 内目标函数没有好的改变，只要上述情况的任何一种发生，可立即停止运行算法。

4. 管网压力负荷模拟

以上过程完成了管网基础信息资料收集与预处理、管网拓扑结构梳理、简化与完善、管点水量监测数据处理与需水量匹配、阀门参数与状态确认、管段水力学参数测量与设置，以及水力学模型的初步计算与校核、测试，最终针对供水管网建立了满足校核标准的水力学模型，输出了应用于供水专项系统的水力学模型文件。通过水力学计算，利用模型对整个供水管网进行压力模拟，生成能够反映管网压力分布情况的等水压曲线和等水压面，实时感知爆管可能发生的区域。

7.3.3 供水管网水锤侦测识别技术

水锤又称水击，在有压管道中流动的液体，因某种原因流速发生突然变化，由于液体的惯性，引起压力急剧增高或降低的交替变化，即压力波，这种现象称为水锤。如图 7-3 所示，水锤效应有极大的破坏性，压强过高，将引起管道的破裂，反之，压强过低又会导致管道的瘪塌，还会损坏阀门和水泵等设备。瞬态压力的最大压降值（即正常工作压力减

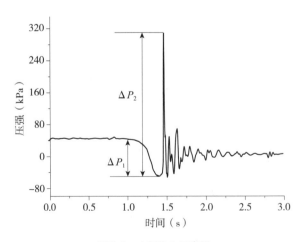

图 7-3　水锤发生示意图

最小负压力，ΔP_1）可以反映管内负压的强度，瞬态压力波的最大负压与最大正压差（即 ΔP_2）可以反映管内压力突降骤升的剧烈程度。水锤拥有波的基本特性，每个波都存在增大—减小 / 减小—增大两次变化，因此水锤识别算法将分别识别波的两次变化，从而识别水锤。

通过历史数据，动态计算每天每时刻内的中位数，作为该时刻的稳态压力数值（在数据预处理时除了去除报警数据，还需要去除已判定的水锤时间段内的数据，稳态压力计算可使用抽稀数据）。

设置触发判断机制的高压阈值为 1.2 倍的稳态压力，低压阈值为 0.8 倍的稳态压力。

当瞬时压力触发高压或低压阈值时，启动后续判断机制。

水锤识别的高压 / 低压阈值跟随稳态压力数值变化每日计算一次即可，该阈值线无需展示，仅作算法触发使用。

获取触发后的 1s 内（不含触发值）所有数据（通常为 200 个数据，具体依据监测频率而定）的最大值 P_{max} 和最小值 P_{min}。

若 $|P_{max}-P_{min}|<P_2$，则结束判断机制。若 $|P_{max}-P_{min}|>P_2$，则进入下一步骤（预设 $P_2=$ 0.2MPa）。

获取最大值和最小值对应的时间数据，若 $|T_{max}-T_{min}|<T_1$，则结束判断机制。若 $|T_{max}-T_{min}|>T_1$，则判断为水锤（预设 $T_1=0.1s$）。

判断为水锤后记录触发时间，以触发作为水锤开始，记录 1 次水锤。

7.3.4　供水管网爆管定位及辅助影响分析技术

当管网供水发生异常事件时，一定程度上会在压力、流量、声音和振动等信号方面反映出来，如爆管最直观的反应体现在泄漏点下游用水节点的水压骤降。在供水管网中压力和流量是最为常规的数据，充分利用管网监测数据进行管网异常事件侦测是最为有效的方法之一。

爆管定位及辅助影响分析就是基于管网监测信号物理特征，通过分析各监测点压力流量的波动特性，根据数据波动的异常，找出所有异常设备点。然后在计量分区内根据空间距离将管网监测点进行聚类分组，根据最大压降所在分组内的各监测点的异常个数，对多设备联动分析判定爆管事件并确定所处的爆管区域，最后基于定位算法求解出爆管点坐标实现定位。针对供水管网爆管、维修和施工等场景，通过应用 Floyd-Warshall 算法计算识别管网子区和多余阀门，对相应管线上游、下游的有效边界阀门进行快速搜索和识别，分析非必关阀门、失效阀门，提出适用单事故点和多事故点工况的供水管网全网关阀预案一次、二次生成算法。并根据关阀方案给出受爆管等事件影响区域范围。

1. 供水管网爆管侦测定位技术

在监测数据采集、传输过程中避免不了受噪声的干扰，导致存在部分数据丢失、毛刺等问题，需要对数据进行预处理操作，舍弃数据缺失严重的天数，对缺失较少的数据采用插值法进行处理。如果历史数据中包含有爆管记录，需要剔除该日数据，并将历史数据再顺延一日以获取到日常水压数据，防止由于异常情况影响而导致后续时间中的爆管检测阈值误差过大。基于监测数据的压力差方法主要包含以下3个步骤：

（1）从供水管网获取 n 个监测点 D 天（$D=10$）的压力数据样本。计算 D 天中 n 个监测点在每 f 分钟的时间间隔中的压力差（ΔP_{1d}，ΔP_{2d}，……，ΔP_{jd}）[$j=1$：（$k-1$），k 表示供水管网每个测点在一天中记录的数据量]，压力差按下式计算：

$$\Delta P_{jd} = P_{s,jd} - P_{i,jd} \tag{7-21}$$

$$P_{s,jd} = P_{sj,t} - P_{sj,t-f} \tag{7-22}$$

$$P_{i,jd} = P_{ij,t} - P_{ij,t-f} \tag{7-23}$$

式中 $P_{s,jd}$——管网中水源 s 在 t 时刻的压力值同 $t-\Delta t$ 时刻压力值之间的差值（m）；

$P_{i,jd}$——节点 i 处在 t 时刻的压力值同 $t-\Delta t$ 时刻压力值之间的差值（m）；

d——表示第 d 天，这里 $d=1$：D。

若供水管网发生明显的漏损或者爆管事件，节点水压大幅度降低，压力差绝对值迅速增大，超出正常波动范围，诊断供水管网存在爆管事件。当用户用水突然增大或者发生爆管异常时，流量流速突然增大，沿程水头损失增大，此时会出现 $\Delta P_{jd}>0$，有时为水厂水泵开启时间，流量增大，所以在这段时间也是爆管误报的高发期，这段时间均方差也比较大。

（2）计算 D 天中 n 个监测点在每隔 f 分钟的压力差的平均值（$\overline{\Delta P}$）和标准差 $\Delta\sigma$。其中第 d 天所有监测点压力差数据的平均值（$\overline{\Delta P_1}$，$\overline{\Delta P_2}$，……，$\overline{\Delta P_j}$）由下式计算：

$$\overline{\Delta P_J} = \frac{\sum_{d=1}^{D} \Delta P_{jd}}{D} \tag{7-24}$$

标准差可通过下式计算：

$$\Delta\sigma_j = \sqrt{\frac{\sum_{d=1}^{D}\left(\Delta P_{jd} - \overline{\Delta P_J}\right)^2}{D}} \tag{7-25}$$

计算可得每个监测点共有 j 个数据。

（3）根据（2）中得到压力差的平均值和标准差确定监测点压力差上下波动的阈值。对第 d 天采集的每一个压力数据设定压力差允许波动阈值（$\overline{\Delta P_J}-\beta\Delta\sigma_j$，$\overline{\Delta P_J}+\beta\Delta\sigma_j$），其中 β 取正整数。

采用如下的判定规则对爆管事件进行判定，按压力差的计算方式同时计算压力、流量的平均值 $\overline{P_J}$、$\overline{Q_J}$ 和标准差 P_{σ_j}、Q_{σ_j}，定义数据异常指标 DAI 作为判定系统是否出现异常现象的指标，计算如下：

1）当 $Data_{\Delta P} < \left(\overline{\Delta P_J} - 5\sigma\right)$ 时，$DAI_{\Delta P} = 1$，其他情况为 0；

2）当 $Data_P < \left(\overline{P_J} - 5\sigma\right)$ 时，$DAI_P = 1$，其他情况为 0；

3）当 $Data_Q > \left(\overline{Q_J} + 5\sigma\right)$ 或 $Data_Q < \left(\overline{Q_J} - 5\sigma\right)$ 时，$DAI_Q = 1$，其他情况为 0。

式中　$Data_{指标}$ —— 压力、压力差、流量特征值的实时值；

　　　　σ —— 每个特征值的标准差。

得到基于 4 个特征值的 DAI 总值，即：

$$DAI = DAI_P + DAI_{\Delta P} + DAI_Q \tag{7-26}$$

式中　DAI_P —— 压力数据异常指标；

　　　$DAI_{\Delta P}$ —— 压力差数据异常指标；

　　　DAI_Q —— 流量数据异常指标。

对管网中监测设备按行政区初步划分后，统计每个行政区管网中 N（$N>3$）个压力流量监测点的坐标，即（$X_1, \cdots\cdots, X_n$），（$Y_1, \cdots\cdots, Y_n$），$n = 1,2,\cdots\cdots, N$，对 N 个监测点根据相对距离进行 K 均值聚类分析，分成 k 类（$k>2$）。如图 7-4 所示，在已分类设备中当找出压力差变化最大的区域时，该区域内相邻设备点的压力、流量、压力差均偏离正常波动区间，以上指标判断结果均异常，即 $DAI \geqslant 3$ 时，若附近 1km 范围内不存在大用水户，可以初步判定为爆管事故。

最后，对位于该区域中的监测点使用重心法进行分析讨论，求解爆管事件坐标，实现供水管网爆管事件定位。需要明确的变量为监测点的位置坐标和爆管对监测点的压力 / 流量影

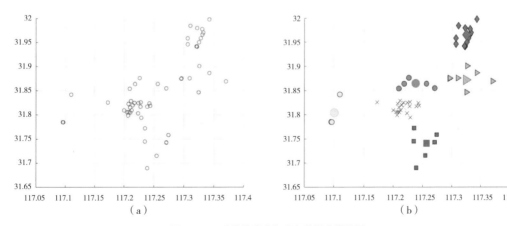

图 7-4　K 均值聚类分析设备数据分类结果

（a）研究样本散点分布图；（b）研究样本聚类结果图

响，重心迭代定位具体实现过程主要包含 3 个步骤：

1）当爆管侦测成功后，计算爆管事件对 N 个监测点的影响，此处考虑爆管事件对节点的压力影响，即计算爆管事件当天的压差 ΔP_{nj}（$j = 1, 2, \cdots\cdots, J$，$J$ 表示爆管事件次数），计算公式为：

$$\Delta P_{nj} = \Delta P_{jd} \tag{7-27}$$

2）对由爆管事件产生的压差的绝对值 $\left|\Delta P_{nj}\right|$ 由大到小进行排序，差值越大越靠近爆管点，并初步判定爆管事件位于第 l 类（$1 \leqslant l \leqslant k$）中，利用第 l 类中的监测点进行爆管事件区域中心坐标 (X_j, Y_j) 初步预测，坐标可通过下面公式计算得出：

$$X_j = \frac{\sum_{n=1}^{N} X_n \Delta P_{nj}}{\sum_{n=1}^{N} \Delta P_{nj}} \tag{7-28}$$

$$Y_j = \frac{\sum_{n=1}^{N} Y_n \Delta P_{nj}}{\sum_{n=1}^{N} \Delta P_{nj}} \tag{7-29}$$

此坐标为一个爆管区域中心。

3）然后计算爆管事件定位点 C 坐标 (X_C, Y_C)，坐标可通过下面公式计算得出：

$$X_C = \frac{\sum_{n=1}^{N} X_n \Delta P_{nj} \big/ D_n}{\sum_{n=1}^{N} \Delta P_{nj} \big/ D_n} \tag{7-30}$$

$$Y_C = \frac{\sum_{n=1}^{N} Y_n \Delta P_{nj} \big/ D_n}{\sum_{n=1}^{N} \Delta P_{nj} \big/ D_n} \tag{7-31}$$

式中　D_n——监测点 n 到爆管区域中心坐标 (X_j, Y_j) 的距离。

利用上式迭代更新爆管定位点 C，满足 C 坐标不再变化或变化较小时完成迭代，以 C 为圆心搜索最靠近的管道，输出该管道即最终可能爆管位置。

K 均值聚类算法是一种迭代求解的聚类分析算法，其步骤是，预将数据分为 K 组，则随机选取 K 个对象作为初始的聚类中心，然后计算每个对象与各个种子聚类中心之间的距离，把每个对象分配给距离它最近的聚类中心。如图 7-5 所示，聚类中心以及分配给它们的对象就代表一个聚类。每分配一个样本，聚类的聚类中心会根据聚类中现有的对象被重新计算。这个过程将不断重复直到满足某个终止条件。终止条件可以是没有（或最小数目）对象被重新分配给不同的聚类，没有（或最小数目）聚类中心再发生变化，误差平方和局部最小。

2. 管网爆管辅助影响分析技术

管网爆管之后辅助影响分析包括关阀分析和停水分析，其中关阀分析模型算法流程图如图 7-6 所示。

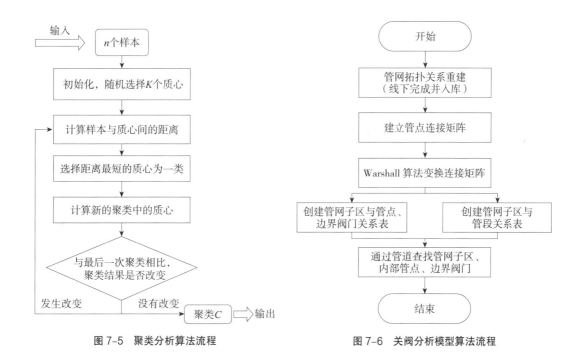

图 7-5　聚类分析算法流程　　　　　　图 7-6　关阀分析模型算法流程

（1）管网拓扑关系重建

如图 7-7 所示，将供水管网内的所有控制阀拆成 2 个，一个是真实阀门，另一个是虚拟阀门，然后重建管网拓扑关系，建立管线管点表，即管线与起始节点、结束节点的对应关系表。

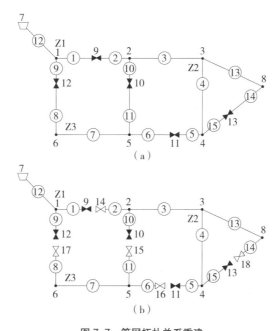

图 7-7　管网拓扑关系重建
（a）初始管网；（b）"阀门对"关闭后网络

（2）创建管点连接矩阵

管点连接矩阵为 $\boldsymbol{B}_{nn}$ 见表7-8，其中，当管点 i 与管点 j 通过1条管线直接相连或 $i=j$ 时，$\boldsymbol{B}_{ij}=1$；否则，$\boldsymbol{B}_{ij}=0$。

管点连接矩阵 $\boldsymbol{B}_{nn}$ 　　　　　　　　　　　表 7-8

点号	N1	N2	N3	N4	N5	N6	N7	N8	N9	N10	N11	N12	N13	N14	N15	N16	N17	N18
N1	1	0	0	0	0	0	1	0	1	0	0	1	0	0	0	0	0	0
N2	0	1	1	0	0	0	0	0	0	1	0	0	0	1	0	0	0	0
N3	0	1	1	1	0	0	0	1	0	0	0	0	0	0	0	0	0	0
N4	0	0	1	1	0	0	0	0	0	0	1	0	1	0	0	0	0	0
N5	0	0	0	0	1	1	0	0	0	0	0	0	0	0	1	1	0	0
N6	0	0	0	0	1	1	0	0	0	0	0	0	0	0	0	0	1	0
N7	1	0	0	0	0	0	1	0	0	0	0	0	0	0	0	0	0	0
N8	0	0	1	0	0	0	0	1	0	0	0	0	0	0	0	0	0	1
N9	1	0	0	0	0	0	0	0	1	0	0	0	0	0	0	0	0	0
N10	0	1	0	0	0	0	0	0	0	1	0	0	0	0	0	0	0	0
N11	0	0	0	1	0	0	0	0	0	0	1	0	0	0	0	0	0	0
N12	1	0	0	0	0	0	0	0	0	0	0	1	0	0	0	0	0	0
N13	0	0	0	1	0	0	0	0	0	0	0	0	1	0	0	0	0	0
N14	0	1	0	0	0	0	0	0	0	0	0	0	0	1	0	0	0	0
N15	0	0	0	0	1	0	0	0	0	0	0	0	0	0	1	0	0	0
N16	0	0	0	0	1	0	0	0	0	0	0	0	0	0	0	1	0	0
N17	0	0	0	0	0	1	0	0	0	0	0	0	0	0	0	0	1	0
N18	0	0	0	0	0	0	0	1	0	0	0	0	0	0	0	0	0	1

注：下划线点号代表阀门（下同）。

（3）Warshall 算法变换连接矩阵

管点传递闭包是直接或间接连通的管点集合。阀门关闭后形成的管点传递闭包代表管网子区。首先，应用 Warshall 算法计算全网阀门统一关闭后形成的管点传递闭包，一次性识别全部管网子区。

应用 Warshall 算法计算管点连接矩阵 $\boldsymbol{B}_{nn}$，获得了管点传递闭包 $\boldsymbol{E}_{zn}$，见表 7-9。

计算后的管点传递闭包矩阵 $\boldsymbol{E}_{zn}$　　　　　　　　　表 7-9

点号	N1	N2	N3	N4	N5	N6	N7	N8	N9	N10	N11	N12	N13	N14	N15	N16	N17	N18
Z1	1	0	0	0	0	0	1	0	1	0	0	1	0	0	0	0	0	0
Z2	0	1	1	1	0	0	0	1	0	1	1	0	1	1	0	0	0	1
Z3	0	0	0	0	1	1	0	0	0	0	0	0	0	0	1	1	1	0

（4）创建管网子区与管点、边界阀门关系表

参照真实阀门与虚拟阀门将 $\boldsymbol{E}_{zn}$ 中的虚拟阀门还原为真实阀门。若还原后，管点集合中出现重复管点编号，其为不能截断水流的多余阀门。虚拟阀门还原为真实阀门并唯一化处理后得到管点传递闭包，指示管网子区。管网子区包含管点（非零元素）拓扑矩阵 $\boldsymbol{F}_{zn}$ 见表 7-10。

子区—管点（阀门）连接矩阵表 $\boldsymbol{F}_{zn}$　　　　　　　　表 7-10

点号	N1	N2	N3	N4	N5	N6	N7	N8	N9	N10	N11	N12	N13
Z1	1	0	0	0	0	0	1	0	1	0	0	1	0
Z2	0	1	1	1	0	0	0	1	1	1	1	0	2
Z3	0	0	0	0	1	1	0	0	0	1	1	1	0

（5）创建管网子区与管段关系表

通过创建管网子区与管段关系，利用 S_POINT 在表 $\boldsymbol{E}_{zn}$ 中查找，若查到值为 1，则对应的管网子区即该管线对应的管网子区，最终获得每根管线对应的管网子区，形成管网子区与其中管段对应关系。

（6）通过管道查找管网子区、内部管点、边界阀门

管网发生爆管时，获得了对应管线编号（GUID），根据该管线 GUID 查找该管线所属的管网子区编号，根据该管网子区编号到表 $\boldsymbol{F}_{zn}$ 中查找对应值为 1 的所有的管点和所有的阀门，值为 1 的所有的阀门即需要关闭的阀门，值为 1 的所有的管点即停水的管点，该管网子区即停水的区域。

（7）针对必须关闭的管网子区中某个阀门损坏或操作失灵而无法关闭时，就必须进行扩大关阀分析，假设必须关闭的管网子区 Z2 中阀门 N10 无法关闭，则扩大关阀方案为搜索阀门 N10 所在除管网子区 Z2 以外的所有管网子区，比如 Z3，同时更改阀门 N10 为管点，则新的关闭集合为 Z2 与 Z3 的新管网子区 Z2_1 中值为 1 的所有的阀门。新管网子区 Z2_1 中值为 1 的所有的管点即新的停水管点，该管网子区 Z2_1 即停水的区域。

（8）确定关阀方案后，根据管网子区管线与影响用户之间的供水关联基础信息，确定受影响的停水区域。

7.4　饮用水水质污染监测预警技术

7.4.1　供水管网水龄模拟分析技术

供水管网的水龄，指的是水从水源节点流至各个节点的流经时间，即水在管网中的停留时间。实际管网中，水龄过长会造成管网水的余氯含量下降，水质无法保证；水龄过短的话又可能引起管网水余氯过高，饮用水异味重，从而导致用户对供水服务的满意度下降。管网的腐蚀、结垢，以及管内微生物或者藻类的生长繁殖，都与水龄有着紧密的关联。研究供水管网节点水龄的变化规律有助于研究供水管网水质变化情况，进而为改善供水管网的水质提供依据。

供水管网水龄模拟是以水力模型为基础的，基于管网的水力计算理论，通过真实详细的管网数据资料（如管径、管材、长度、摩阻系数、节点需水量等）建立供水管网水力学模型。利用计算机模拟水质参数在管网流动过程中的时间、空间分布情况及发展变化的机理。利用供水管网水质模型能够计算水在管网中的停留时间，进行管道水龄分析。水在管网的停留时间对余氯的消耗影响很大，水龄越长，余氯衰减量越大。在管网末梢存在死水区，水力工况极差，水的停留时间一般很长，管道的细菌滋生严重，余氯浓度很低，水质模型可以模拟出水停留的时间，分析水质变化。

任意节点的水龄都等于水在该节点不同的供水路径所经历的不同时间的加权平均值，其表达式：

$$T_i = \frac{\sum_{n=1}^{N} q_{0i}^{(n)} T_{0i}^{(n)}}{\sum_{n=1}^{N} q_{0i}^{(n)}} \qquad (7-32)$$

式中　T_i——节点水龄（s）；

　　$T_{0i}^{(n)}$——到达节点 i 的第 n 条路径的水，其从水源到节点 i 的流经时间（s）；

　　$q_{0i}^{(n)}$——来自第 n 条供水路径的水量（L/s）；

　　N——流到节点 i 供水路径的集合。

一般认为，水龄在供水管网中的变化遵循如下方程：

$$\frac{\partial T_{ij}}{\partial t} = V_{ij} \frac{\partial T_{ij}}{\partial x_{ij}} + 1 \qquad (7-33)$$

式中　T_{ij}——水流从节点 i 至节点 j 所经历的时间（s）；

　　x_{ij}——节点 i 至节点 j 的连接管段的距离（m）；

　　V_{ij}——节点 i 至节点 j 的连接管段的流速（m/s）；

　　1——水流流经管段的时间对时间的增长速度，因此为1，可以认为水龄是管网水质零级反应模型。

水流首先到达较近的节点，同时该节点各时段的平均水龄都较短；水流流经不同路径到达节点的时间不同，后到达节点的水流水龄也较大，因此节点水龄前面一段呈现直线递增；一旦管网所有连通该节点路径水流都到达节点，此时节点的水龄具有周期性变化，且水龄的周期性受用水量周期性变化影响；管网各节点水龄值都会随着用水量的改变而发生变化，管网用水量变化情况具有瞬时性，因此节点水龄具有瞬变性特点。

7.4.2　饮用水源地水体放射性物质监测技术

不稳定原子核能够在其核衰变过程中释放出 α、β 和 γ 射线的这种性质即称为放射性。内陆水体中人工放射性污染主要来源包括：核电站排放的冷却水（主要放射性核素有 137Cs、131I 等）、工厂和医院排放的实验室废水（主要核素有 60Co、137Cs 等）、实验场地冲洗水、伴生矿和放射性尾矿产生的废渣（主要有铀矿、氡、锆矿等）、核武器试验研究和核潜艇试验研究等都会伴有 α、β 和 γ 射线的流出。放射性污染物可通过呼吸道、食物链等进入人体，对人体组织造成严重伤害，促成贫血、恶性肿瘤等各种病症，还会对人类的遗传产生不良影响。因此，测定饮用水中总 α、总 β 放射性活度具有重要意义，是生活饮用水的必检项目。

现阶段对水体放射性监测采用现场采样法、实验室 γ 能谱分析法。目前，测定生活饮用水中总 α、总 β 放射性活度的标准方法主要有：现行国家标准《生活饮用水标准检验方法 第 13 部分：放射性指标》GB/T 5750.13 和国际标准法（ISO 9696、ISO 9697）。然而由于所测量目标物质均是具有 α、β 放射性的各种核素放射性活度的总和（即总 α、总 β），而不是单一核素，因此所有方法都不具有特异性。

根据《水质. 总 α 和总 β 放射性. 使用液体闪烁计数的试验方法（第二版）》ISO 11704：2018 文件，国际标准使用液体闪烁计数对水体中核素进行测量，为了减少测量时间使用有 α、β 甄别选项的液体闪烁仪来进行水体放射性核素测量。这一标准对测量仪器提出了较高要求，即通过液体闪烁仪器对 α、β 进行甄别，同时通过对 α 和 β 进行能量谱分析来确定具体核素。而早期国内液体闪烁仪器还不能达到这个要求，所以即便是国家计量院，所使用的仪器依然是 PE 或者其他的国外液闪仪器公司。

清华大学基于低温浓缩及膜富集技术，率先研制出了国际首套无人值守水体放射性核素监测仪器，从制样到测量全过程无人参与自动运行。该设备采用水体放射性核素采集、富集、制样一体化总集技术，将样品制样时间从数日减少到几小时，既可监测总 α、总 β，也可单一监测 90Sr、3H、14C 等核素放射性水平。通过植入的先进算法，可实现辐射危险的早期预测，及时消除威胁，可用于饮用水、地表水、海水、核设施液态流出物以及伴生放射性矿冶液体等多种水质的监测。

第 8 章

排水安全风险监测预警技术与方法

8.1 排水安全监测方法概述

8.1.1 排水安全监测目标

加强城市排水设施的监测，对保护排水设施、健全城市信息化管理具有重要意义。在城市雨洪管理方面，更是保障城市水安全、减轻城市防洪压力、缓解水资源短缺以及改善水环境质量的关键环节，监测技术在排水管网运行管理中应发挥更为积极与重要的作用。与所有监测相类似，由于人力、物力、财力等都有所限制，监测点的布置目标是利用尽可能少的监测点，全面反映被监测对象的相关信息。

对排水管网进行监测的目的主要包括两大类：第一类是及时发现城市排水运行风险，辅助城市内涝或排水管网溢流事件的预警预报；第二类是积累排水管网的长期动态运行状况数据，用于城市排水管网运行情况的评估与诊断。针对不同的监测目的，在监测点布置时会有不同的侧重。

1. 排水管网运行诊断分析

在城市"智慧排水"概念提出后，排水管网的监测目标已不仅局限于暴雨时期对城市内涝的预警，而是将排水管网的监测常态化，在管网中选择最具代表性的节点，通过监测这些节点的情况，尽可能全面掌握整个管网的运行状态。为全面了解管网运行状态，不仅需要关注水量方面的信息，还需要综合考虑水质情况。

目前我国大部分城市缺少长时间的排水管网连续监测数据，不能客观分析排水管网的入流入渗情况，不能定量化分析雨污混流比例，不能客观分析污水处理厂运行效率低的症结所在。对排水管网进行长时间连续在线监测，可为排水管网评估诊断及污水处理厂运行能力提升提供有力的支撑数据，是保障排水管网及污水处理厂正常运行的有效手段。有降雨时，需要对不同降雨强度下，排水管网运行情况进行全面监测，了解管网运行负荷变化，定量化分析由于降雨导致的外来水增加比例，从而更加全面掌握城市非点源污染情况。

2. 城市排水防涝监测预警

受近年来气候变化的影响，暴雨的频率及强度呈显著增加的趋势，城市化背景下，硬质化地面的比例不断提升，使得"逢雨必涝""逢暴雨必瘫""城市看海"等现象时有发生，对排水管网易涝点、河道等进行监测，则可以随时了解城市各区域的积水情况，从而能及时预警，确保城市居民的生命及财产安全。但监测点位置如果布设不够合理，不仅会导致监测工作前功尽弃、浪费人力物力，还会对城市内涝管理及决策起到错误导向。

以城市排水防涝预警为目的的排水安全进行监测，主要关注水量方面的信息，以监测排水管网节点液位和流量为主。在监测点布置时主要考虑的原则包括：根据历史暴雨中实际内涝情况对监测点布置进行整体统一规划，保障代表性和均匀性；以现有排水管网设计方案为依据，在相对标高较高且确定不发生内涝的地段可适当减少布点，而在重点路段和内涝严重区域加强监测；监测设备可安装在内涝点路边和附近检查井内。

8.1.2　排水安全监测方法现状

目前，针对城市排水安全隐患的监测技术，主要包括线下检测技术和在线监测技术。线下检测技术是人工通过闭路电视、潜望镜、声纳等设备对排水管网进行线下巡查和检测，可以准确找出并定位排水管网的淤积、破损、混接错接等隐患，但排查周期长、效率低、成本高。在线监测技术是近年来在传感器、大数据、无线通信等技术快速发展的基础上研发形成的物联网监测技术，可对排水水位、流量、水质等关键运行指标进行在线、连续监测，动态感知排水安全运行状况。目前，线下检测技术与在线监测技术一般组合使用，相辅相成，充分保障城市排水管网设施的安全运行。

1. 线下检测技术

线下检测技术主要有人工法、闭路电视（CCTV）检测、管道潜望镜（QV）检测、声纳检测、水质采样检测等方式，如图 8-1 所示，这些检测技术在实际应用中一般相互组合，适用不同的管网检测场景，以确保能够准确评估管道内部缺陷、隐患。

（1）人工法

人工法主要是专业人员根据经验，直接对检查井内部和管道进出口进行测量与观察判

（a）　　　　　　（b）　　　　　　（c）　　　　　　（d）

图 8-1　排水管网隐患线下检测技术
（a）人工法；（b）CCTV 检测；（c）QV 检测；（d）声纳检测

断，或通过下井观察和人工测量，来评估排水管网基本情况。如管网拓扑连接关系、管网混接错接情况、管网上下游埋深、检查井底部高程和地面高程等相关信息。

（2）闭路电视（CCTV）检测

闭路电视（CCTV）检测是带有摄像头录像和照明功能的管道机器人，工作人员将其放入排水管道内部，通过在地面控制管道机器人的前进方向和行进速度，对管道内部进行照明、拍照和录像，并将管道内部画面实时展现在地面显示器终端，实现排水管网内部结构与运行状态的检测评估。CCTV 适用于管网低水位运行状态，若水位超过管道机器人则无法正常工作，一般可通过封堵上下游管道，将管道来水引流或抽送至他处以降低水位实现管道检测。

（3）管道潜望镜（QV）检测

管道潜望镜（QV）检测利用可调节伸缩杆将带有高放大倍数的摄像头与光源放入检查井或排水管道口处，获取排水管道内部清晰图像，并在地面显示器终端进行实时显示和储存。相对 CCTV 检测来说，QV 检测的优点是可便捷快速检测，成本较低；但缺点是一次性检测距离太短，不能深入管道内部连续检测。

（4）声纳检测

声纳检测以水为介质利用声纳设备对管道内壁进行扫描。声纳检测探头从管道一端进入，从另一端牵引而出，在此过程中连续采集信号，对管道空间及内壁进行扫描探测和定位。探测数据利用计算机配套专业软件进行分析处理获得排水管道的问题点与过水断面情况，包括识别排水管内堵塞淤积、管内异物等，但对管道结构性缺陷检测存在一定局限性，一般不作为缺陷准确判定和修复的依据。

（5）水质采样检测

水质采样检测是在排水设施关键节点（如管网主干节点、排口、泵站进水口、污水处理厂进出水口等）采集水样并送至第三方实验室进行化验，获取水样的相关水质指标，以评估管网运行状态。水质指标一般以化学需氧量（COD）、氨氮（NH_3-N）为主，根据实际情况可增加悬浮颗粒物（SS）、总氮（TN）、总磷（TP）及重金属离子等指标。通过水质指标浓度来分析管网地下水入渗、雨水入流、雨污混接、污染物负荷等情况。

2. 在线监测技术

在线监测技术在我国已有较长时间的研究和发展，尤其是近些年随着大数据、物联网等技术的快速发展以及传统排水行业的数字化转型，在线监测技术得到了大量应用。当前，城市排水在线监测指标以水位、流量为主，水质在线监测技术发展较快，虽然设备价格昂贵，但也已逐步应用于市政排水管网的水质监测，与人工取样至实验室线下化验方式配合使用。

（1）水位、水深在线监测

主要有电子水尺、压力式、超声波、红外光、雷达和激光等测量技术，对管网、河道、泵站、调蓄池、道路低洼易涝点的水位、水深等进行实时监测。电子水尺主要是利用电极来感应水位高度变化并输出不同的电信号达到测量的目的。压力式传感器是利用静水压力与水位高度的换算关系来获得水位高度数据，具体又可分为投入式和气泡式，前者固定于水下测量静水压力，后者则安装在液面以上利用气管进行水下固定位置水压力的测量。超声波、雷达、激光和红外光等非接触式传感器测量原理类似，均是利用某一发射对象（如声波、电磁波、激光等）对不同介质中的反射或散射现象进行测距。其中超声波和雷达传感器因有更好的适用性和经济性，在城市内涝监测中得到较广泛的应用。

（2）流量在线监测

主要有超声波、雷达、电磁等测量技术，对管网、河道、泵站的流量、流速等进行实时监测。其中电磁流量计多用于排水主干管满管条件下的测量，如泵站出水管。在市政排水管网中当前应用较多的是多普勒超声波流量计，其安装于管网中，可通过声信号反射时的多普勒效应测量探头所在深度的水中颗粒物流速，得到该水深处的水流流速，再利用速度面积法，根据水深与排水管网的截面积计算流量。

（3）排水水质在线监测

排水水质在线监测技术，目前可对 COD、氨氮、总磷、悬浮物、电导率等多指标进行取样和在线监测，取样分析方法主要采用电化学法、光谱法和流动注射—分光光度法。电化学法是基于 Nernst 定律，根据溶液中溶解物质的电化学性质，建立电流、电压、电导、电阻等电学量与被测物质某些量之间的计量关系，对水质相关指标进行定量与定性分析的一种方法。光谱法水质在线监测技术是根据特征波长下的光谱数据，通过建立模型对污染物进行定性与定量分析，设备结构简单、维护量小、无废液污染、实时响应速度快，易于实现远程在线分析，监测频率优势突出。流动注射—分光光度法是基于流动注射分析与分光光度法的组合技术，通过流动注射系统将样品和试剂混合，并将混合物引入分光光度计进行光谱测量。

在线监测技术可以自主、持续、实时地收集排水系统的运行信息，实现排水设施运行问题的定量分析和诊断，如图 8-2 所示。例如：通过对排污企业进行源头在线监测，可有效监管和发现其偷排漏排问题；通过在排水管网关键性节点进行水量在线监测，获取长期连续的在线监测数据，统计排水管网的运行规律，可有效识别异常排放，还能对排水管网入流入渗、水量平衡核算等问题进行定量诊断分析；通过对河道排口进行在线监测，可定量分析排口入河的污染负荷，实现排口的动态预警与监管；通过对城市下穿、低洼、涵隧等易积水点进行持续水位监测，结合排水管网、泵站设施的水位、流量监测，可对城市排水防涝进行监测预警。

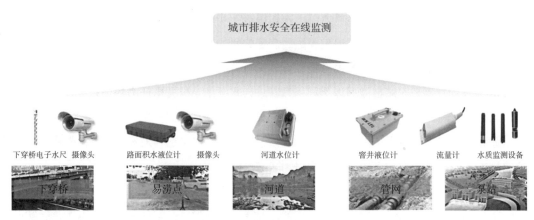

图 8-2　城市排水安全在线监测

8.2　排水安全监测技术与装备

8.2.1　排水安全监测技术

1. 排水安全监测内容

（1）降雨量监测

降雨量是防洪减灾和水情监测预报的重要水文要素，通过接入气象部门的雨量站点数据及自建雨量站点的数据，监测降雨信息的时空分布特征，在 GIS 地图叠加雨情实时数据，可对时间和区域进行筛选，便捷查看实时降雨量信息，并对站点进行超阈值预警和安全提醒。同时，为防汛指挥调度及模型应用提供基础数据支撑。

（2）易积水点监测

城市下穿隧道或地势低洼区域，在强降雨下易出现内涝积水，通过在易涝积水点的关键路段及位置布设易涝积水点水位计和视频监控，实时掌握内涝积水深度和现场情况，为应急指挥调度提供数据支撑，辅助管理部门对易涝积水点状态作出判断。

（3）排水管网监测

排水管道、检查井及排口是排水管网的重要监测对象，通过在排水管网系统的上中下游、各子系统交汇点、易发生溢流位置、雨污截流井等特殊构筑物、入河 / 海排口处等交叉布设流量计、液位计及水质监测仪，对可能出现或已经发生的管道错接、溢流、淤堵等问题进行监测诊断和研判分析。同时，对城市管网运行状态的实时在线监测，为防汛排涝预警模型提供基础数据支撑。

（4）泵站监测

在泵站前池、机电设备设施处、量水间、管涵等位置布设水位计、流量计和视频监控设备，接入泵站启用、故障、功率等运行状态数据，满足泵站日常运行远程监控的要求。根据水位、流量实时在线监测，反映前后主干管/渠箱/河道以及泵站内泵池的水位变化，为城市排水系统联合调度提供动态数据支撑，提升应急联动能力。

（5）污水处理厂监测

污水处理厂作为污水系统的控制终端，通过进、出水的水位、流量、水质监测，对进出水状况进行监测与预警，评估污水处理厂收水范围内的整体情况。现有污水处理厂已按环保部门要求，建设相应的入排口水量、水质监测设施，将其关键监测数据接入平台即可。

（6）河道水系监测

针对河道、河涌、调蓄湖因汛期水位高所导致的城市内涝、河涌倒灌等问题，通过对河道水位、流量进行在线监测，实时获取河道洪水信息，实现汛期洪峰过境及河道水位过高可能导致的城市内涝进行报警、预测预警与研判分析。

（7）其他监测

可根据排水管理部门实际业务需求，扩展泵站运行状态监测、智能井盖监测、可燃气体监测、管网水质监测、排口监测、视频监控等内容。

2. 排水安全监测布点方法

（1）污水系统（含合流制）监测布点方法

在监测布点方案制定过程中，采用分级监测的总体原则，根据污水系统风险评估结果、运行现状和实际监测需求，选择相应的监测级别，确定监测指标和布点位置。污水系统监测布点总体路线如图 8-3 所示。

1）首先，根据已有污水分区资料及管网高程、管径、流向等属性信息，梳理获得管网上下游拓扑关系；

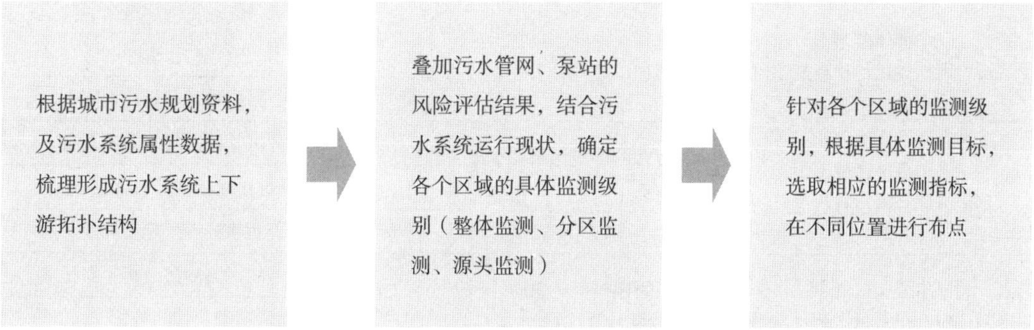

根据城市污水规划资料，及污水系统属性数据，梳理形成污水系统上下游拓扑结构 叠加污水管网、泵站的风险评估结果，结合污水系统运行现状，确定各个区域的具体监测级别（整体监测、分区监测、源头监测） 针对各个区域的监测级别，根据具体监测目标，选取相应的监测指标，在不同位置进行布点

图 8-3　污水系统监测布点总体路线

2）然后，根据项目资金预算和监测目标，以及管网风险评估结果和排水隐患、事故现状，确定各区域的具体监测级别，针对一般风险、低风险和不需重点关注区域，可以按照污水分区进行整体布点监测，针对较高风险、高风险和重点关注区域，可以将污水分区划分为更小的子分区进行布点监测，更进一步地，子分区可以精细至排水户，对排污源头进行监测；

3）最后，针对各区域的具体监测级别，根据具体监测目标，选择相应监测指标，在不同位置进行布点，最终形成脉络清晰、层级分明、目标明确的污水系统监测布点方案。

如图8-4所示，分级监测技术体系以区域监测目的为基础，包括整体监测、分区监测和源头监测3个层级，不同层级的监测位置不同，能实现的监测目的也有所差异，具体内容见表8-1。

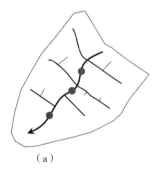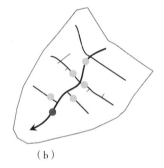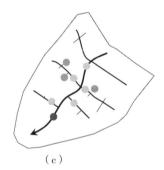

（a）	（b）	（c）
● 整体总量评估； ● 问题初步判断； ● 适用于一般风险、低风险、不需重点关注区域	● 分区量化诊断； ● 缩小排查区域； ● 适用于较高风险、高风险、需重点关注区域	● 加密溯源排查； ● 定位问题管网、排水户； ● 适用于高风险、需重点关注区域

图8-4 排水管网分级在线监测
（a）整体监测；（b）分区监测；（c）源头监测

排水管网分级在线监测 表8-1

监测层级	监测位置	监测目的
【整体监测】 区域管网整体运行状态持续监测	合流管网排口、泵站、污水处理厂进口、主干节点	污水系统整体运行规律掌握
		污水系统整体初步诊断
		指导污水、污水处理厂运行调度
【分区监测】 不同分区管网运行状况监测	合流管网排口、泵站、污水处理厂进口、主干节点、分支节点	易涝、冒溢区域管网的实时监测预警
		污水的局部量化诊断分析评估
		指导污水、污水处理厂运行调度
【源头监测】 区域内排水户及低影响开发雨水项目的动态监管	合流管网排口、泵站、污水处理厂进口、主干节点、分支节点、排水户	污水系统污染溯源分析
		污水问题精细化诊断分析
		排水户动态监管

（2）雨水系统监测布点方法

1）以雨水管网运行诊断为目标的监测布点方法

与污水系统监测布点的总体路线类似，以雨水管网运行诊断为监测目标的布点设计，同样采用分级监测的总体原则，根据雨水管网渗漏、溢流、淤积、综合风险评估结果、排口水质风险、管网运行现状和实际监测需求，选择相应的监测级别，确定监测指标和布点位置。

①根据已有雨水分区资料、排口位置及管网高程、管径、流向等属性信息，梳理获得雨水管网上游至下游排口的拓扑关系；

②根据项目资金预算和监测目标，以及管网风险评估结果和排水隐患、事故现状，确定各区域的具体监测级别，针对一般风险、低风险和不需重点关注区域，可对排口的汇水区域进行整体布点监测，针对较高风险、高风险和重点关注区域，可以将排口的汇水区域划分为更小的子区域进行布点监测，更进一步地，子区域可以精细至源头地块，对源头收水进行监测；

③针对各区域的具体监测级别，根据具体监测目标，选择相应监测指标，在不同位置进行布点，最终形成脉络清晰、层级分明、目标明确的雨水管网监测布点方案。

如表 8-2 所示，雨水管网的整体监测、分区监测和源头监测 3 个层级，分别实现不同的监测目的。

雨水管网分级在线监测　　　　　　　　　　　　表 8-2

监测层级	监测位置	监测目的
【整体监测】排口汇水区域整体运行状态持续监测	排口、主干节点	雨水管网问题总体初步诊断
		水文水动力模型总体率定
【分区监测】汇水子区域管网运行状况监测	排口、主干节点、分支节点	雨水管网分区域量化诊断分析评估
		水文水动力模型分区域率定
【源头监测】异常排放及低影响开发雨水项目的动态监管	排口、主干节点、分支节点、排水户、源头	雨水管网污染溯源分析
		雨水管网问题精细化诊断分析
		雨水源头控制项目达标分析
		水文水动力模型精细率定

2）以排水防涝为目标的监测布点方法

以排水防涝为目标的监测布点，主要是对雨、水、工、涝情的监测，包括气象、易涝点、下穿、管网、河道、湖泊、泵站、闸门等对象的监测。

①易涝点、下穿等低洼点的监测布点。原则上应对所有易涝点、道路下穿等低洼点布设监测点位，包括积水水深监测和视频监控，或选择部分重要易涝点进行优先布点，按照风险

级别高低，具体选择相应点位进行布设。

②降雨量监测布点。在建成区进行均匀布设，覆盖每个雨水分区，内涝预测数学模型建模范围内，可适当增加点位密度。

③河道、湖泊等水系监测布点。河道重要防洪断面处、水库泄洪汇入河道总口、重要支流汇入口、下流入江口及重要分流水道等断面位置布设水位监测点位，水库泄洪汇入河道总口、穿城河道的上游边界、数学模型建模范围内河道的上游边界等断面位置布设流量监测点位。

④雨水泵站、立交下穿泵站的监测布点。泵站前池布设液位（水位）监测点位，接入泵站的运行状态信息，包括开启、关闭、故障、离线、功率等，可叠加布设泵房的视频监控。

按照易涝点、排口、排水能力不足管道、调蓄池、源头地块的优先级，对雨水管网进行监测布点设计。

①易涝点及历史积水点区域（非下穿）的主要管点应优先布设监测点位，布设液位监测点位，可根据管网地面高程与井底高程（地面高程—井深）数据，首先满足主管最低点的布设，在项目预算较为充足的情况下，宜沿主管方向在上下游一定距离内再各布设 1 个液位监测点位；

②所有 DN800 以上排口位置均应布设监测点位，优先布设流量监测点位，若项目预算有限，可部分布设液位监测点位代替，若项目预算较充足，DN600～DN800 的排口可选择布设液位监测点位；

③结合雨水规划资料，根据其中的管网排水能力达标评估结果，针对 DN600 以上的、排水能力不足的管道，可部分布设液位监测点位；

④针对人工建设的、用于削减雨水径流峰值的调蓄池，应布设液位监测点位；

⑤在海绵城市项目建设的源头地块与市政雨水管网的接入井，应布设流量监测点位，可叠加布设水质监测点位。

8.2.2 排水安全监测装备

1. 排水管网液位计

排水管网液位计是对排水管网及附属设施内的水深、液位进行在线监测的物联网设备，通常安装在城镇排水干管、主干管、主要支管、泵站、蓄水池、重要排放口、闸门及其他附属设施内。按照监测原理，排水管网液位计可以分为压力式、超声波式、雷达式 3 种类型，其中压力式可与雷达式组合使用，如图 8-5 所示。

压力式液位计是通过压力传感器对静压力的监测及水力学原理实现液位的测量，是一种接触式测量方式，测量精度较高，量程宽，非满管、满管、管网溢流时均能准确测量，适用

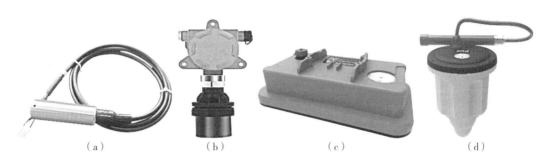

图 8-5　排水管网液位计

（a）压力式；（b）超声波式；（c）雷达式；（d）压力雷达组合式

于各种条件的排水井监测。

超声波式液位计通过发射超声波并接收反射回来的信号实现液位测量计算，是一种非接触式测量方式，设备与水面垂直安装，不受水体中的杂物覆盖、腐蚀等影响，测量精度高，但易受到温度、湿度、压力等环境影响，并且有效监测量程较小，管网溢流时无法测量，适用于液位变化较为平稳、液位不会满管或溢流、悬浮物和气泡少、不产生旋流、没有跌落、井室尺寸较大的排水井监测。

雷达式液位计采用电磁波作为收发信号实现液位测量，也是非接触式测量，设备与水面垂直安装，需较大空间，不受温度、湿度、压力等环境影响，测量精度在三者中最高，但在管网溢流时也无法测量。

为能同时满足非满管、满管和管网溢流状态下的液位准确监测，一般可采用组合监测方式，如将压力式与雷达式进行组合的方式，对溢流监测进行补盲。

2. 河道水位计

河道水位计是对河道水位进行在线监测的物联网设备，适用于水文测站、季节性河流、山洪预警等水位监测，如图 8-6 所示。按照监测原理，河道水位计一般采用超声波式和雷达式，监测原理与排水管网液位计相同。超声波水位计适用于温度变化较小、水面比较平稳、

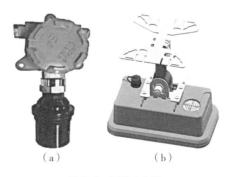

图 8-6　河道水位计

（a）超声波式；（b）雷达式

波浪比较小的场合，雷达式水位计不受温度梯度、气压、水中污染物以及沉淀物的影响，可实现毫米级的测量精度。

3. 积水点水位计

积水点水位计是对内涝积水点水深进行在线监测的物联网设备，适用于市政道路、立交下穿、涵隧、低洼点等地的水深测量，如图8-7所示。按照监测原理，积水点水位计可分为电子水尺、压力式和雷达式等形式。压力式、雷达式与排水管网液位计和河道水位计的相应形式原理相同。电子水尺是一种感应式水位计，具有测量精度高、不易受环境影响（如温度、湿度、泥沙、波浪、降雨等因素）等特点，在城市内涝积水监测方面应用最为广泛。

4. 流量计

流量计是对流量、水位、流速等进行在线监测的物联网设备，可用于渠道、河流、水电站及城市管网等对象的流速、流量、水位的测量，如图8-8所示。按照监测原理，流量计可以分为超声波时差式、超声波多普勒式和雷达多普勒式3种类型。超声波时差式流量计、超声波多普勒式流量计均采用接触式测量方式，对水平、竖直安装角度要求较高，不适用于有垃圾、易被遮挡及深度较浅的场景，超声波多普勒流量计的测量精度更高、检出限低，两者同时适用于河道、管网的流量监测，均适用于满管和非满管的测量；雷达多普勒式流量计采用非接触式测量方式，对水平安装角度要求高，自带一定的竖直角度补偿，测量精度高，测

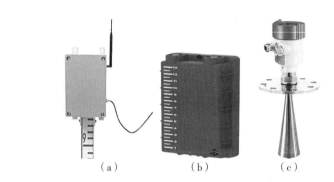

图8-7　积水点水位计
（a）电子水尺；（b）压力式；（c）雷达式

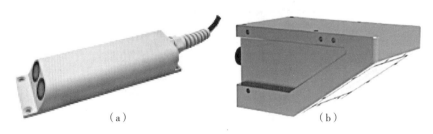

图8-8　流量计
（a）超声波多普勒式；（b）雷达多普勒式

量结果不受环境温度、气压、水面水汽、水中污染物及沉淀物的影响，主要适用于明渠、灌渠灌道、河道、排污口的流量监测，但不适用于没有表面流速、会进入盲区甚至淹没雷达的场景。

5. 水质监测仪

水质监测仪是对排水系统的水质特征指标进行在线监测的物联网设备，通常安装在城镇排水干管、重点排水户、泵站、污水处理厂、重要排放口及其他附属设施内，适用于生活污水、工业废水、地下水、地表水中多种水质污染物的监测，如图 8-9 所示。水质监测仪可通过传感器采集水体中的各种参数，按照测定参数的不同可分为单参数水质监测仪、多参数水质监测仪，主要包括 COD、氨氮、溶解氧、浊度、悬浮物、pH 等，适用于温度、流速稳定的环境，外界环境剧烈变化会导致水质监测数据质量下降。可与排水管网液位计、

图 8-9　水质监测仪

流量计等进行组合监测，实现更加全面的监测，结合排水管网水质水量监测的数据，可系统性诊断识别管网运行状况。

6. 雨量计

雨量计是对降水进行连续在线监测的物联网设备，安装方便、操作简单、结果可靠、应用广泛，是最基本的测雨设备。根据雨量计的测量原理，主要可分为翻斗式、称重式、虹吸式等多种类型，其中翻斗式雨量计应用最为广泛。雨量计对地表降雨量进行直接测量，故被认为具有较高的可靠性而成为其他降雨产品的评价基准。但雨量计只能提供特定点位的降雨信息，无法解决降雨空间描述的问题，不能充分反映降雨复杂的空间变异性，因此在实际布点时适当增加点位密度。

7. 视频监控设备

视频监控设备是对重点排口、易涝点、下穿道路等关键位置进行在线监测的物联网设备，如图 8-10 所示。按照智能化程度可分类为普通视频监控系统和智能视频监控系统，普通视频监控系统可用于排水安全日常维护，当排水事件发生时，如道路、下穿积水，可远程查看监控视频，判断事件严重程度，指挥运维人员处置事件。智能视频监控系统具备智能分析功能，可以进行物体识别、颜色识别、人脸识别，可

图 8-10　视频监控设备

根据不同的需求应用在不同的场景，实现用户的功能，具有事前预警、及时处理等特点，如智能视频监控识别出雨水口污水偷排造成的颜色突变、下穿道路积水的深度变化等。

排水前端监测设备及技术参数见表 8-3。

排水前端监测设备技术参数表   表 8-3

序号	设备名称	技术参数	
1	管网液位计	测量原理：雷达或压力测量原理	
		测量范围：0~20m	
		测量精度：±1%FS	
		远程通信：NB/4G 无线传输	
		供电方式：电池自供电	
		电池续航：3 年以上（按采集 5min/ 次，上传 30min/ 次计，1 年无需充电 / 换电）	
		防护等级：IP68、防腐、防爆	
2	管网流量计	测量原理：满管采用多普勒超声波原理，非满管采用多普勒雷达波原理	
		流速范围：-6.0~6.0m/s	
		测量精度：±1%FS	
		通信方式：NB/4G 无线传输	
		供电方式：电池自供电	
		电池续航：3 年以上（按采集 5min/ 次，上传 30min/ 次计，1 年无需充电 / 换电）	
		防护等级：IP68、防腐、防爆	
3	河道水位计	测量原理：非接触式雷达测量	
		测量范围：0~20m	
		测量精度：±1%FS	
		远程通信：NB/4G 无线传输	
		供电方式：支持市电 / 太阳能电池供电	
		防护等级：IP67	
4	易涝点水位计	立杆式	测量范围：0~10m
			测量精度：±1%FS
			远程通信：NB/4G 无线传输
			供电方式：支持市电 / 太阳能电池供电
			防护等级：IP68
			测量原理：压力
			测量范围：0~2m

续表

序号	设备名称	技术参数	
4	易涝点水位计	贴壁式	探测角度：360°
			测量精度：0.25%
			防护等级：IP68
			供电方式：电池或市电
			通信方式：NB-IoT
			采集周期：遇水则报，每隔 1min 上传有水数据
			传输周期：遇水则报，每隔 1min 上传有水数据
5	水质监测仪	测量参数：pH、COD、氨氮、溶解氧、浊度、电导率	
		远程通信：NB/4G 无线传输	
		供电方式：支持市电 / 太阳能电池供电	
		防护等级：IP68	
6	雨量计	测量范围：0.01 ~ 4mm/min	
		测量精度：± 0.1mm	
		远程通信：NB/4G 无线传输	
		供电方式：支持市电 / 太阳能电池供电	
		防护等级：IP68	

8.3　排水管网病害监测诊断技术

8.3.1　排水管网淤积监测诊断技术

管道淤积是导致排水不畅以及城市内涝的重要因素之一。排水管道淤积主要是雨水管网或者污水管网在排水过程中由于管理不善、设计不规范等形成的。对于管道的影响主要表现在堵塞、水力负荷减小、溢流、污染物质沉积。产生的原因主要包括两方面：一方面是旱天大气沉降和地表积累的颗粒物，经过降雨冲刷后，随着雨水进入到排水管道，在管道逆坡和低流速的影响下逐渐沉积，最终形成淤积；另一方面，生活污水中形成的杂质颗粒，随着时间的推移逐渐沉淀在管道内部，最终形成淤积。结合排水管网监测数据，可对排水管网淤积情况进行分析和诊断。

1. 排水管网淤积特征规律分析

排水管道淤积会导致上下游管网的水力学工况发生变化，对排水管网淤积的特征规律进行分析、总结。以某一区域的污水管网为例，当某处管道发生淤积时，根据其上下游的液位、流量等物联网监测数据，并结合管网一维水力学模型，对淤积前后的管网上下游水力学工况变化进行分析。如图 8-11 所示，淤积管段 CO-2 管径为 400mm，属于排水片区重要支管，其下游管道存在较大逆坡，属于淤积易发管段，淤积厚度约 200mm，下游的主管管径为 1000mm，污水管网管径的整体分布见图例所示，"△"表示下游排口（或污水处理厂），污水管网淤积监测剖面图如图 8-11 所示。

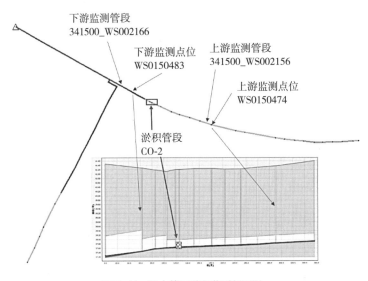

图 8-11　污水管网淤积监测剖面图

　　淤积管段 CO-2 上游监测点位 WS0150474 的水深变化及上游监测管段 341500_WS002156 的流量、流速变化如图 8-12（a）（b）所示，该淤积程度下，淤积前、后其上游的管点水深明显升高，平均水深由 54.3mm 升高至 87.8mm，升高幅度 61.6%；淤积前、后上游管段的流量无明显变化，流速明显降低，平均流速由 0.32m/s 降低至 0.12m/s，降低幅度 63.3%。上游管段流速降低主要是由于水深升高引发管道过水断面增大，在流量不变的情况下导致流速降低。

　　淤积管段 CO-2 下游监测点位 WS0150483 的水深变化及下游监测管段 341500_WS002166 的流量、流速变化如图 8-12（c）（d）所示，可以看出，虽然淤积程度加剧，但是淤积前后其下游的管点水深和上游管段的流量、流速仍然无明显变化。

　　此外，还对不同淤积程度、不同进水量、不同管道坡度等条件进行监测、模拟和分析，对淤积管段上、下游监测管点、管段的水深、流量、流速等模拟结果分别进行对比分析，获得管段淤积后的排水特征规律，总结如下：

　　（1）管道淤积后，淤积管道上游管网的管点水深升高，水深升高幅度与淤积程度、上游

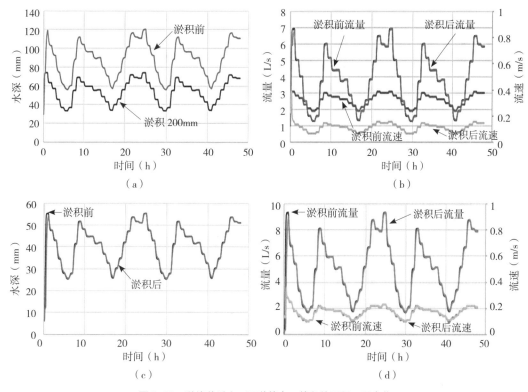

图 8-12　淤堵前后上、下游管点、管段的运行工况变化
（a）上游监测点位 WS0150474 水深变化；（b）上游监测管段 341500_WS002156 流量、流速变化；
（c）下游监测点位 WS0150483 水深变化；（d）下游监测管段 341500_WS002166 流量、流速变化

距离、管网入流量等直接相关。距离淤积管道越近，管点的水深升高越明显，距离越远，管
点水深升高的趋势降低并消失；管道淤积程度增大时，管点水深升高幅度随之增大，并且淤
积对上游管点的影响距离增大，管道淤积程度减小时，管点水深升高幅度降低，并且淤积对
上游管点的影响范围减小；管网入流量减小时，管点水深升高的幅度随之增大，呈现出了相
反的趋势。

（2）管道淤积后，一般情况下，淤积管道上游管网的管段流速降低，流速降低幅度与淤
积程度、上游距离、管网入流量等直接相关。距离淤积管道越近，管段流速降低越明显，距
离越远，流速降低幅度逐渐减小并消失；管道淤积程度增大时，上游管道流速降低的幅度增
大，并且淤积对上游的影响范围扩大，管道淤积程度减小时，上游管道流速降低的幅度减
小，并且淤积对上游的影响范围缩小；管网入流量减小时，一般情况下，上游管道流速降低
的幅度增大，表现出了相反的趋势。

（3）当淤积管道下游管网存在逆坡等特殊情况时，管道淤积一般不会导致上游管网的管
段流速明显降低，或降低幅度很小；并且，该特殊情况下，若管网入流量减小，上游管点水
深升高的幅度也随之降低甚至消失，这一点与顺坡管网的淤积特征十分不同。

（4）管道淤积后，不论距离远近，不论淤积程度大小，其上游管网的管段流量均无明显变化（淤积导致管点溢流等情况除外）。

（5）管道淤积后，不论淤积程度大小，其下游管网的管点水深及管段的流量、流速一般均无明显变化（淤积导致管点溢流等情况除外）。

类比污水管网，雨水管网也具有类似的淤积特征规律。

2. 排水管网淤积监测诊断

根据以上排水管网淤积特征规律的分析和总结，可按照以下诊断原则，以排水管网液位、流量、可燃气体浓度等长历时监测数据为基础，对排水管网淤积进行诊断、识别。

（1）管道淤积后，在不发生溢流的情况下，仅淤积管道上游一定范围内管网的部分水力工况会发生变化，淤积管道的下游管网的水力工况基本不变。

（2）管道逐渐淤积后，在无外来水入流情况下，上游管网一定范围内的管点水深随时间呈逐渐升高趋势，在未发生溢流的情况下，上游管网的管段流量基本维持不变；一般情况下，上游管网一定范围内的管段流速随时间呈逐渐降低趋势，在下游存在逆坡导致满管等特殊情况下，管段流速基本维持不变。

（3）管道突然淤积后，上游管网一定范围内的管点水深突变骤升，长时间不回落，在未发生溢流的情况下，上游管网的管段流量基本保持不变；一般情况下，上游管网一定范围内的管段流速突变骤降，在下游存在逆坡等特殊情况下，管段流速基本保持不变。

（4）污水管道淤积后，污泥杂质等沉积后，随着时间的积累，经微生物发酵会产生沼气，利用沼气浓度监测和报警，可以在一定程度上识别污水管道是否有长时间淤积。

图 8-13 所示为某一污水管点的旱天日均液位变化曲线，根据淤积的监测诊断原则，拟合 2022 年 5 月 1 日~6 月 6 日共计 37 天的旱天污水管网液位监测数据，拟合出关系为 $y = 0.0447x - 1997.5$，R^2 为 0.6881，大于 0.5，拟合度较好，旱天液位呈线性增加趋势，说明该监测点位下游管网可能正在逐渐淤积。

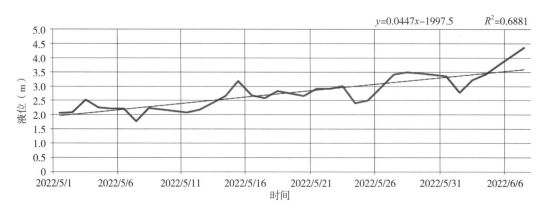

图 8-13　某污水管点的旱天日均液位变化及趋势分析

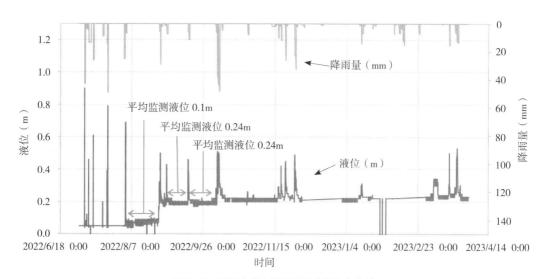

图 8-14　某雨水管点的液位变化及趋势分析

图 8-14 所示为某雨水管点的长历时液位监测和雨量监测数据。基于旱天实测液位变化的诊断方法，雨天无淤积正常状态下的管网液位，在降雨结束后会恢复到降雨前液位高度，而雨天淤积管道上游在降雨结束后会持续保持高液位，将降雨结束后液位与降雨前液位进行对比，判断是否异常，若降雨结束后液位较降雨前液位有明显升高且无法恢复到雨前液位高度，则说明下游管网可能存在淤积。

8.3.2　污水管网错接混接监测诊断技术

在当前分流制排水体制下，城市雨水管网收集雨水径流后直接排入城市自然水体，污水管网收集排水户污水，通过污水泵站进入污水处理厂，处理达标后排入水体。若排水管网存在混接的情况，将污水管网混接至分流制雨水管网，污水通过雨水管网及排口直接排入自然水体，导致城市河道污染，长期则形成黑臭水体，严重破坏城市水环境。诊断识别污水管网错接混接的隐患和风险具有重要意义。

根据《城镇排水管道混接调查及治理技术规程》T/CECS 758—2020，在混接预判时，旱天排水口或雨水泵站若存在下列现象之一，可判定相关排水口或雨水泵站的汇水区存在污水混接进行雨水管道：

（1）旱天排水口有水流出或雨水泵站集水井内有水流动，且水质浓度明显高于收纳水体水质；

（2）雨水泵站开启，且排放水质浓度明显高于收纳水体水质。

根据预判结果对混接区域进行调查，可采用以下技术手段：

（1）对预判存在污水混接的雨水管道，在旱天进行水质、水量检测；

（2）每个检测点的水质特征因子检测，取样频率不应小于4h一次，并应连续检测24h以上；

（3）水质检测点可同步开展流量测量，并连续检测24h以上。以上的"旱天"是指排水系统不受降雨径流影响的时间段，通常为至少雨停48h后的不降雨时期。

水质特征因子的选择应能反映混接水的特征，并且在排水管道中不应受降解、沉降的影响。对生活污水混接的判断，水质特征因子可包括重铬酸盐需氧量（COD_{Cr}）、氨氮、总氮、磷酸盐、钾、表面活性剂等，可选择其中一个或若干个水质因子。对工业污水混接的判断，可根据行业特点增加pH、电导率、钠、钾、氯化物、氟化物、重金属等其中一个或若干个指标作为水质特征因子，若雨水管道旱天下游检测点浓度高于上游检测点时，可进一步判定雨水管道中存在工业污水混接。

通过在雨水管网布设液位、流量、水质等在线监测点位，在地面配合布设雨量计在线监测点位，在雨水排口配合布设视频监控等监测点位，收集雨量、管网液位、流量、水质等长历时监测数据，基于大数据统计分析，筛选旱天时段，智能识别污水混接至雨水管网的数据特征，实现混接预判及混接区域的初步定位。旱天污水混接至雨水管网时，雨水管网的液位、流量、水质、排口视频监控将体现出以下数据特征：

（1）旱天时，雨水管网内存在一定液位（剔除液位计的测量误差），并且液位的在线监测数据在较长时间内表现出规律性波动，若是生活污水混接至雨水管网，那么每日的24h液位数据将呈现出生活污水的排放规律，基于旱天雨水管网液位的这一数据特征，可以对污水混接进行定性诊断；

（2）旱天时，雨水管网内有一定流量（剔除流量计的测量误差），若是生活污水混接至雨水管网，那么每日的24h流量数据将呈现出生活污水的排放规律，基于旱天雨水管网流量的这一数据特征，可以对污水混接进行定量诊断，通过24h流量数据的连续时间积分，可对日污水混接量进行统计；

（3）旱天时，雨水管网内的水质特征因子数据异常，达到污水排放标准；

（4）旱天时，雨水排口的视频监控可观察到水流。

通过大数据分析统计，识别旱天雨水管网液位、流量和水质监测的长历时数据特征，对监测点位上游管网是否存在污水混接进行预判，如图8-15（a）所示，其中A、B、D、H表示的是存在污水混接特征数据的监测点位，C、E、F、G表示的是未呈现出污水混接特征的监测点位。根据雨水管网的上下游拓扑关系及监测点位与管点的对应关系，可以对监测点位进行关联分析，判断上、下游监测点位之间的管网区域是否存在污水混接，对混接区域进行初步定位，如图8-15（b）所示的区域Ⅰ、Ⅱ、Ⅲ。混接区域初步定位后，即可针对性开展线下检测、调查，明确污水混接点。

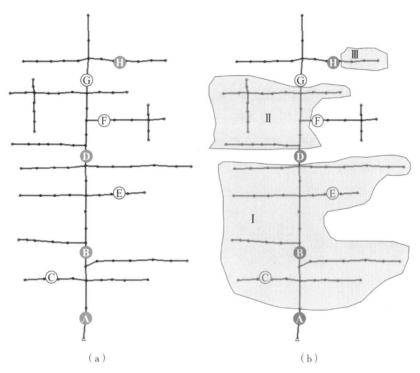

图 8-15　排水管网雨污混接分析技术
（a）污水混接预判；（b）混接区域初步定位

8.3.3　雨水入流入渗监测诊断技术

目前，大多城市在雨天常发生污水管道雨水入流入渗现象，大量雨水侵占污水管道空间，导致污水处理厂的进水流量提升，进水水质浓度降低，增加污水处理厂的负荷和运行费用，严重的则发生污水冒溢。即不应收进污水管道的雨水，降低了排水系统整体收集处理效能；应收进污水管道的污水，超负荷冒溢进入河道，污染发生转移。

根据《深入打好城市黑臭水体治理攻坚战实施方案》（2022 年）："到 2025 年，城市生活污水集中收集率力争达到 70% 以上。""到 2025 年，进水 BOD 浓度高于 100 毫克 / 升的城市生活污水处理厂规模占比达 90% 以上。"雨水入流入渗是导致污水收集率低、进水浓度低的主要原因之一，通过 CCTV 检测法对排水管网全面排查，是判断排水管网内是否存在入流入渗问题最直接的方法，可以安全、直观地检测管道内的裂缝、脱节等问题。但由于排水管网涉及范围大、检测耗时耗力，且管网检测结果具有时效性，因此，行业内利用雨水入流入渗监测诊断技术，识别重点区域后结合 CCTV 检测法，极大地提升了雨水入流入渗诊断效率。

1. 雨水入流入渗监测技术路线

雨水入流入渗监测诊断技术以整体、分区诊断为路线，基于在线监测数据，采用水质水量平衡分析法，以污水处理厂、泵站、管道分级，通过排水管网拓扑关系，逐级识别入流入渗重点区域，最终追踪问题源至管道级别，如图 8-16 所示。该技术要求监测数据质量高、历时长、监测点位布置合理。因此，要求在监测布点方案制定过程中，需按照顶层设计理念，采用分级监测的总体原则，确定监测指标和布点位置。根据入流入渗监测诊断的具体需求，雨水入流入渗监测诊断技术可分为定性诊断与定量诊断。

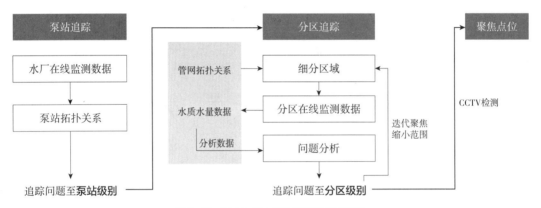

图 8-16　雨水入流入渗监测诊断技术路线

2. 雨水入流入渗定性诊断方法

通常，晴天污水管网日流量变化规律稳定，雨季流量可视为旱季流量和降雨入流入渗的总和，通过雨天条件下污水处理厂进水流量减去晴天进水流量则可以估算该降雨时段内的入流入渗量。再按照雨水入流入渗监测诊断思路，识别泵站所在污水分区的雨水入流入渗情况，进一步以分区为单位，细分区域溯源至入流入渗关键子区域，结合 CCTV 检测技术聚焦点位。定性诊断的水量平衡分析方法，计算公式如下：

$$Q_{RDⅡ} = Q_{WWF} - Q_{DWF} \qquad (8-1)$$

式中　$Q_{RDⅡ}$ —— 降雨入流入渗量（m^3/d）；

$\quad\quad Q_{WWF}$ —— 雨季流量（m^3/d）；

$\quad\quad Q_{DWF}$ —— 旱季流量（m^3/d）。

3. 雨水入流入渗定量诊断方法

定量计算雨水入流入渗量，可进一步评估该污水分区或管段的入流入渗程度，针对雨天条件下，入流进污水管网的雨水量和入渗进污水管网的地下水量，即雨水入流量和降雨入渗量，可以通过建立化学质量和水量平衡模型进行解析。与上述雨水入流入渗监测诊断思路

一致，最终溯源至入流入渗关键问题分区。定量诊断的水质水量平衡分析方法，计算公式
如下：

$$Q_e C_{ei} = Q_n C_{ni} + Q_f C_{fi} + Q_i C_{ii} + \sum Q_k C_{ki} \qquad (8\text{-}2)$$

$$Q_e C_{ej} = Q_n C_{nj} + Q_f C_{fj} + Q_i C_{ij} + \sum Q_k C_{kj} \qquad (8\text{-}3)$$

$$Q_e = Q_n + Q_f + Q_i + Q_k \qquad (8\text{-}4)$$

式中　Q_e——雨季下游监测点流量（m³/d）；

C_{ei}——雨季下游监测点第 i 种水质指标浓度（mg/L）；

C_{ej}——雨季下游监测点第 j 种水质指标浓度（mg/L）；

Q_n——雨季生活污水流量（m³/d）；

C_{ni}——生活污水第 i 种水质指标浓度（mg/L）；

C_{nj}——生活污水第 j 种水质指标浓度（mg/L）；

Q_f——雨水入流量（m³/d）；

C_{fi}——雨水径流第 i 种水质指标浓度（mg/L）；

C_{fj}——雨水径流第 j 种水质指标浓度（mg/L）；

Q_i——降雨地下水入渗量（m³/d）；

C_{ii}——浅层地下水第 i 种水质指标浓度（mg/L）；

C_{ij}——浅层地下水第 j 种水质指标浓度（mg/L）；

Q_k——雨季上游监测点流量（m³/d）；

C_{ki}——雨季上游监测点第 i 种水质指标浓度（mg/L）；

C_{kj}——雨季上游监测点第 j 种水质指标浓度（mg/L）。

8.4　城市内涝预警技术

8.4.1　基于监测的城市内涝预警技术

1. 排水管网溢流监测预警

基于排水管网液位监测设备，通过设置多级报警阈值方式，可对排水管网溢流进行实时监测、报警和预警。如表 8-4 所示，根据液位监测点位所在检查井井深，可设置三级报警阈值机制，三级报警级别最低，可设置为 60% 井深液位，二级报警级别次之，可设置为 80% 井深液位，根据三级、二级报警，结合雨量计的实时监测数据和气象部门的降雨预报

数据，可对检查井溢流进行提前预警；一级报警阈值级别最高，可直接设置为100%井深液位，当实时监测液位达到该阈值时，说明检查井即将发生溢流，应立即前往现场进行排查和处置。

排水管网液位监测多级报警阈值　　　　　　　　　　　　　表 8-4

报警类别	阈值设置		
	三级报警	二级报警	一级报警
雨水管网液位	60% 井深液位	80% 井深液位	100% 井深液位

此外，可对长历时、多场次降雨的雨量数据和液位监测预警数据进行统计，形成管网溢流案例库，基于大量的历史降雨监测数据和管网液位数据，通过神经网络、机器学习等数理统计类方法建立降雨与管网液位之间的非线性关系，从而实现排水管网液位的预测，可对雨天雨水管网的液位时间序列进行预测，也可以对雨天雨水管网的最大液位、平均液位或净升高液位等统计值进行预测，从而对排水管网溢流进行预警，如图 8-17 所示为基于神经网络方法对某监测点位净升高液位的预测结果。也可通过建立降雨径流模型和排水管网水力学模型，以降雨监测数据、预报数据作为实时输入数据实现管网液位的计算和预测，详见"8.4.2 基于模型的城市内涝预测技术"中关于排水管渠一维水力学模型和基于模型的排水管网溢流预测等相关介绍。

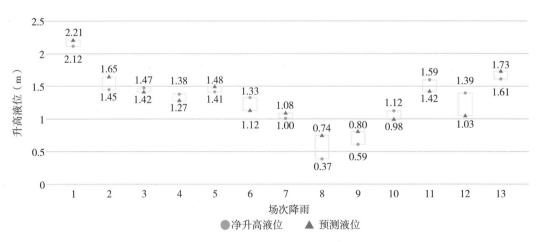

图 8-17　基于神经网络方法对某监测点位净升高液位的预测结果

2. 内涝积水监测预警

与排水管网液位监测的多级报警阈值机制相同，内涝积水监测预警也可采用多级报警阈值机制，根据在易涝点、下穿等低洼点布设的积水水深在线监测点位，对内涝积水深度进行实时监测、报警和预警。可设置三级报警阈值机制，三级报警级别最低，根据现行国家标准《城镇内涝防治技术规范》GB 51222、《室外排水设计标准》GB 50014 等标准规范，15cm 可作为内涝积水深度的最低标准，因此三级报警阈值可设置为 15cm（表 8-5），当实际监测数据达到三级报警阈值时，结合雨量计的当前实时监测数据和气象部门的降雨预报数据，可针对相应监测点位发布内涝积水预警，部署排涝人员和装备。二级报警、一级报警阈值可分别设置为 30cm、40cm，当实时监测数据达到该级别阈值时，说明现场已有较严重积水，应立即进行处置。

内涝积水监测多级报警阈值　　　　　　　　表 8-5

报警类别	阈值设置		
	三级报警	二级报警	一级报警
内涝积水深度监测	15cm	30cm	40cm

此外，也可对长历时、多场次降雨的雨量数据和内涝积水数据进行统计，形成暴雨内涝案例库，基于大量的历史降雨监测数据和内涝积水数据，通过神经网络、机器学习等统计类数学方法建立降雨与积水深度之间的非线性关系，从而实现内涝积水点的风险预警。也可通过管网、河道一维水动力模型与二维地表水动力模型构建耦合模型，以降雨实测、预报数据为输入，对城市内涝积水场景进行模拟预警，详见 8.4.2 节的相关介绍。

8.4.2　基于模型的城市内涝预测技术

近年来全球超大暴雨越来越频繁，极端天气带来的内涝灾害是很多城市面临的重大挑战。随着城市化的迅速发展，城市排水系统越来越复杂、越来越庞大，需要结合排水安全监测系统建立城市排水数学模型，利用模型技术系统地分析评估城市排水设施运行现状、内涝风险，提出科学合理的决策方案。

1. 城市内涝预测模型

目前，理论成熟，应用最广泛的城市内涝预测模型是城市排水水文水动力耦合模型。该模型涉及城市地表径流、排水管渠一维水动力、地表二维水动力以及一维与二维耦合等模型，这些模型的基础理论不同，具有不同的用途和应用场景。

（1）城市地表径流模型

城市地表径流模型包括产流模块和汇流模块。城市降雨发生后，降雨经过蒸发、植物截留、渗入地下、填充洼地后，形成净雨，经地表汇流至河槽、雨水口，如图 8-18 所示。城市地表建筑众多，不透水面积比例高且透水区和不透水区纵横交织，是其区别于其他地表类型的显著特征，因此，城市地表的产流模拟的核心问题在于透水面与不透水面的产汇流机制。现行的产汇流计算方法主要包括径流系数法、下渗曲线法、蓄满产流法、曲线法、初损后损法及线性水库法和非线性水库法等。常用的城市地表径流计算模型包括 SWMM 模型、InfoWorks 模型等。

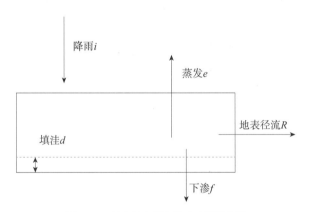

图 8-18 城市地表雨水流动路径示意图

（2）排水管渠一维水动力模型

暴雨产生的地表径流汇入排水管网后最终汇集到河道中，以降雨形成的地表径流作为边界条件，通过求解一维管网的圣维南方程组和管点质量守恒方程，对降雨径流—管网—排口—河道的全过程进行水动力学模拟，模拟排水管渠的运行情况，获得管道流量、流速、液位和检查井液位等水力工况参数。圣维南方程组建立在质量守恒和动量守恒的基础上，其表达式如下：

1）控制方程

质量守恒方程（连续性方程）：

$$b\frac{\partial h}{\partial t} + \frac{\partial Q}{\partial x} = 0 \tag{8-5}$$

动量守恒方程：

$$\frac{\partial(\beta\frac{Q^2}{A})}{\partial x} + \frac{\partial Q}{\partial t} + gA\frac{\partial h}{\partial x} - gAS_0 + gA\frac{Q|Q|}{K^2} = 0 \tag{8-6}$$

式中　b —— 水面宽度（m）；

h——管内水位高（m）；

t——时间变量（s）；

Q——流量（m³/s）；

x——沿管道正方向的长度变量（m）；

β——Bousinesque 系数；

A——水流横断面面积（m²）；

g——重力加速度（m/s²）；

S_0——管底坡度；

K——流量模数，由式（8-7）计算：

$$K = AC\sqrt{R} \qquad\qquad (8\text{-}7)$$

式中　C——谢才系数；

R——水力半径（m）。

2）方程数值求解

以排水管网雨水口的降雨径流流量过程为入流边界条件，以排口水位或河网下游水位为出口边界条件，通过有限差分法对圣维南方程组进行求解，输出管渠流量、流速、液位（水位）和节点液位（水位）等结果数据。

利用这种形式演算，能够在较经济的计算范围内客观反映的水流流态。当封闭管道满流时，可表示压力流，以便流量可以超过满流正常水流数值。当节点的水深超过最大可用深度时，即发生溢流；过载流量从系统损失，或者在节点顶部积水，并可重新进入排水系统。动态波演算可以考虑渠道蓄水、回水、进口/出口损失、流向逆转和压力流等状态。

（3）地表二维水动力模型

地表二维水动力模型对排水管网发生溢流、河道洪水发生漫堤后积水在城市地表的扩散演进过程进行模拟计算。模型基于质量守恒和动量守恒建立描述地表水流扩散演进的二维浅水方程，以城市地形高程及道路、建筑、水系等下垫面类型为基础数据，以排水管网溢流或河道洪水漫堤水量作为二维边界条件，通过有限体积法对二维浅水方程进行离散求解，最终获得管网溢流水量或河道洪水漫堤水量在城市地表的淹没区域、范围、深度、流速及其随时间的动态演进过程。

地表二维水动力学模型的控制方程和计算求解形式如下：

1）控制方程

内涝的冲击波影响范围广，淹没水深相对其影响范围比较小，水流在水深方向上的变化可以忽略，具有典型的浅水波特性，通常采用浅水波二维连续方程和动量方程描述洪水的演进过程，表达形式如下：

$$\frac{\partial z}{\partial t} + \frac{\partial(uh)}{\partial x} + \frac{\partial(vh)}{\partial y} = q \tag{8-8}$$

$$\frac{\partial u}{\partial t} + u\frac{\partial u}{\partial x} + v\frac{\partial u}{\partial y} + g\frac{\partial z}{\partial x} + g\frac{n^2 u\sqrt{u^2+v^2}}{h^{4/3}} = 0 \tag{8-9}$$

$$\frac{\partial v}{\partial t} + u\frac{\partial v}{\partial x} + v\frac{\partial v}{\partial y} + g\frac{\partial z}{\partial y} + g\frac{n^2 v\sqrt{u^2+v^2}}{h^{4/3}} = 0 \tag{8-10}$$

式中　　　　z —— 水位（m）；

h —— 水深（m）；

u —— x 方向的水流流速（m/s）；

v —— y 方向的水流流速（m/s）；

q —— 源、汇项；

n —— 曼宁糙率系数；

$g\dfrac{n^2 u\sqrt{u^2+v^2}}{h^{4/3}}$ —— x 方向的水流运动阻力；

$g\dfrac{n^2 v\sqrt{u^2+v^2}}{h^{4/3}}$ —— y 方向的水流运动阻力。

2）模型计算求解

当前针对上述公式已有多种求解方法，可选用有限体积法进行离散后求解，离散方法包括网格离散以及时间离散，将连续的时间与空间分成有限的小段，然后用数值方法求解每个小段的值，获取整个水体的运动状态。

（4）一维与二维耦合模型

管网与地表的一二维耦合模型是管网一维水力学模型与地表二维水动力模型的耦合，对城市排水管网因排水能力不足导致的内涝积水过程进行模拟计算，一般还可在耦合模型中纳入河道，与排水管网连接，可以模拟河道水位对管网排水的顶托作用。管网与地表的一二维耦合模型是将管点与二维离散网格进行竖向连接，在管网与二维地表之间进行水量交互，实现管网一维水力学与地表二维水动力的耦合求解，如图 8-19 所示。

河道与地表的一二维耦合模型是河道一维水动力模型与地表二维水动力模型的耦合模型，对河道洪水漫堤导致城市地表的淹没范围和演进过程进行模拟计算。河道与地表一二维耦合模型通过河道断面与二维地表的正向连接以及河道两岸与二维地表的侧向连接两种方式实现，以河道水位、流量与二维地表水位作为河道与二维地表之间交换水量的条件，实现河道一维水动力模型与地表二维水动力模型的耦合求解，如图 8-20 所示。

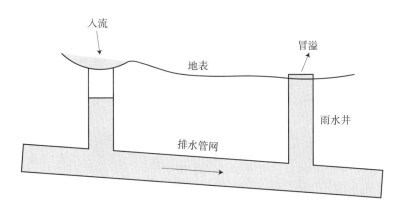

图 8-19　一维管网与二维地表耦合方式示意图

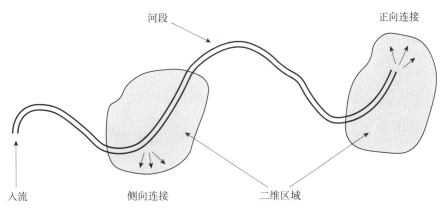

图 8-20　河道地表一二维模型连接耦合示意图

2. 城市内涝预测

通过搭建城市排水水文水动力模型并与排水应用系统深度融合，可以实现排水管网溢流预测、排水管网能力评估、城市内涝预测、城市内涝风险评估等业务功能，具体内容如下：

（1）排水管网溢流预测技术

基于城市地表径流模型及管网、河道一维水力学模型，以降雨实测数据和降雨预报数据为输入，结合泵站、闸门等工程设施的控制规则，通过模型实时滚动计算，可以输出排水管网的流量、流速、液位、充满度等水力学工况结果数据，提前对排水管网的运行负荷进行预测，获得排水管网设施针对暴雨预警的应对能力，对可能超载管网、溢流管点、溢流量等进行预测和统计，指导排水防涝部门和管养单位提前做好处置应对工作，如图 8-21 所示。

此外，可以对城市排水管网的排水能力现状进行分析评估，获得排水能力薄弱管段，并提出更新改造建议，指导管网规划改造与评估。以 1 年、2 年、5 年、10 年、20 年、50 年一遇等城市典型重现期降雨作为模型输入条件，模拟这些典型重现期降雨下排水管网的运行负荷情况，如图 8-22 所示，根据充满度运行结果数据，统计满管、倒虹管等薄弱管段，结

图 8-21　基于模型的排水管网溢流预测

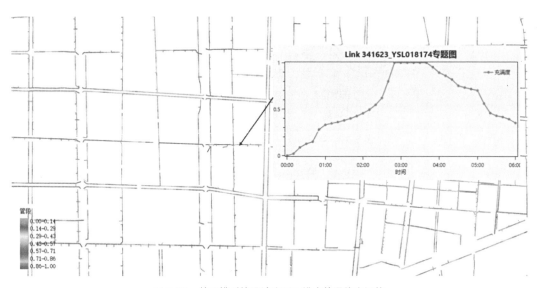

图 8-22　基于模型的设计降雨下排水管网能力评估

合现行国家标准《城镇内涝防治技术规范》GB 51222、《室外排水设计标准》GB 50014 等标准规范，通过改变管网管径、高程、连接方式等属性数据对多方案下的管网运行工况进行模拟计算，获得最经济、有效的管网更新改造方案。

（2）城市内涝预测技术

　　基于管网、河道与地表的一二维耦合模型，对城市内涝积水的精细化场景进行及时预测预警，支撑排涝调度处置。模型可采用定时触发、滚动计算的方式，根据采集的预报降雨、实况降雨、河道上下游水位与流量、泵站与闸门状态等实时感知数据，在暴雨来临前或雨中，通过模型计算可以对管网液位、流量及管网溢流导致周边积水的淹没范围、区域、深度和演进过程等进行实时预测，如图 8-23 所示，预测结果可关联周边重点防护目标和危险源，如涵隧、地下商场、地下停车场、医院、学校、政府等重点目标，通信、电力、燃气、供水、路网、综合管廊、地铁等关键基础设施，以及危化品生产企业、加油、加气站等危险源，针对高风险内涝积水点及时发布预警信息；预警信息可以关联排水系统下游的河道、闸门、泵站，提前做好管网降水、河道水位腾空等工程调度工作，并关联附近的排水防涝物资、装备和人员队伍，提前做好排涝准备工作。模型可支持降雨、河道水位、闸站运行状态的手动输入模拟，对多方案下的内涝积水场景进行提前模拟仿真和预演对比，进一步指导详细排涝预案的制定。

图 8-23　基于模型的城市内涝预测示意图

　　此外，可以对典型重现期降雨下的城市内涝积水精细化场景进行模拟，叠加城市重要承灾载体，获得典型重现期下的城市内涝风险分布，指导城市内涝防治与治理工作。以 1 年、2 年、5 年、10 年、20 年、50 年一遇等城市典型重现期降雨作为模型输入条件，模拟这些典型重现期降雨下城市内涝积水淹没与演进过程，获得城市内涝积水区域、范围、最大水深、平均水深、积水时间等灾害危险性数据，叠加城市重点防护目标、危险源等承灾载体数据，如涵隧、地下商场、地下停车场、医院、学校、政府等重点防护目标，通信、电力、燃气、供水、路网、综合管廊、地铁等关键基础设施，以及危化品生产企业、加油、加气站等危险源，实现城市内涝风险的定量评估，获得城市内涝风险图，如图 8-24 所示。

水深（二维）（m）
0.01～0.09
0.09～0.18
0.18～0.26
0.26～0.35
0.35～0.43
0.43～0.52
0.52～0.60

图 8-24　基于模型的城市道路内涝风险示意图

第 9 章

水环境安全风险
监测预警技术与方法

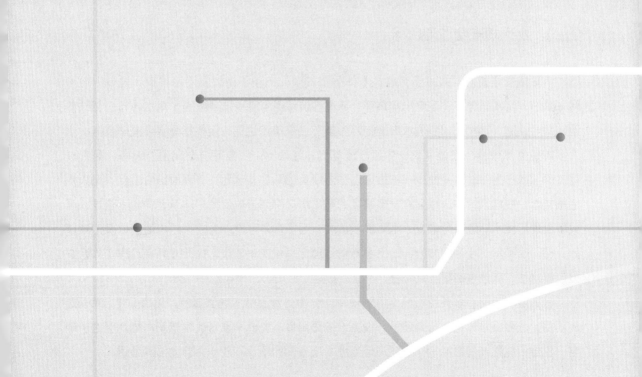

9.1 水环境安全监测方法概述

水是城市生产生活的重要资源，维持着城市生态平衡，并且与城市的历史文化共生共融，反映城市特有文化内涵，是决定城市发展水平的关键因素之一。水环境是指围绕人群空间及可直接或间接影响人类生活和发展的水体，及其正常功能的各种自然因素和有关的社会因素的总体。水域生态和人类发展协调过程中，由于水资源时空分布不均或人类过度挤占生态用水，会造成水环境的破坏，引起水量短缺、水质污染等问题。因此，需要对城市水系统中的环境风险、城市水环境的关键节点，开展水质、水量监测，并通过信息化手段及时发现问题、应急处置，避免环境事故发生。

9.1.1 水环境安全监测目标

水环境安全监测对象主要为各类水体的干支流、上中下游以及沿河排口、排口上游管网、泵站、污水处理厂、重点排水户等。通过在流域河道重点监测断面、重点排口、泵站前池、截污设施、污水处理厂进水口、管网关键节点等重点位置布设多指标水质监测仪器、水质多特征监测仪器、液位水质一体机、流量计、液位计、视频等自动化监测设备，可形成污（雨）水产生—转运—处理—排放全过程全要素信息的监测能力，同时结合卫星、无人机遥感技术，形成天、空、地全方位多维度的城市水环境综合监测监控体系，科学、合理、高效地实现区域水环境风险筛查、水质现状监测、污（雨）水产—运—排过程监管以及治理成效评估，明确水环境治理方向，输出水环境治理合理化决策建议，提升水环境治理工作系统性、针对性、高效性和精细化程度。

根据监测目的、水质特点确定监测项目，分为必测项目和选测项目，见表9-1。对于选测项目，应根据水体特征污染因子、仪器设备适用性、监测结果可比性以及水体功能进行确定。仪器不成熟或其性能指标不能满足当地水质条件的项目不应作为自动监测项目。

地表水水质自动监测站必测、选测项目　　　　　　　　　　　　　表 9-1

水体	必测项目	选测项目
河流	常规五参数（水温、pH、溶解氧、电导率、浊度）、氨氮、高锰酸盐指数、总氮、总磷	挥发酚、挥发性有机物、油类、重金属、粪大肠菌群、流量、流速、流向、水位等
湖、库	常规五参数（水温、pH、溶解氧、电导率、浊度）、氨氮、高锰酸盐指数、总氮、总磷、叶绿素 a	挥发酚、挥发性有机物、油类、重金属、粪大肠菌群、藻类密度、水位等

9.1.2　水环境安全监测方法现状

目前，水环境安全监测方法主要有：在线自动连续测定法；快速测定的半自动或手动测定法，即利用各种仪器进行手工操作；实验室分析；现场调查等。此外，水环境监测方法还包括非在线水体水质检测，主要是对某些特定污染物，在特殊条件下，通过特殊采样和分离过程获得数据，以判断其在水中存在状况。例如：根据不同植物根部分泌物，可以判断水中氮的含量；根据土壤微生物分解作用，可以判断氨氮的存在；根据水生动物体内排泄物的颜色，可以确定重金属情况等。此外，还可以采用一些间接方法，比如用生物降解试验，或者将样品放在特定环境中，经过一定时间后看是否能够被完全分解，从而推断该种污染物含量。

目前，我国水污染治理工作在水环境监测技术辅助下已取得明显成效。当下，我国建立了全国性综合水质自动站网，实现了对全国主要江河、湖泊的水质连续自动检测，基本满足了国家重大项目对水质的各项要求，完成了长江流域重点水域的常规污染物（包括氨氮、总磷等）和持久性有机物（包括石油类）的在线监控，并已在全国逐步推广。开展了饮用水水源地及集中式供水单位水质现场快速监测，以及城市污水排放口监督性监测等。近年来，随着技术进步，一些新兴技术和方法也被应用于水环境安全监测，如人工智能、大数据分析、传感器网络等，以提高监测的准确性和效率。针对不同应用场景，需根据具体情况选择合适的监测方法，同时结合多种方法综合评估水环境安全性。

9.2　水环境安全监测技术与装备

9.2.1　水环境安全监测技术

我国水质监测手段从最初的化学滴定分析到仪器分析；从小型单项仪器分析到大型精密

仪器分析，分析项目从无机分析到有机分析，在现代技术支持下水污染监测技术逐渐实现了多样化、高效化发展，如现在常用的水质理化监测、生物监测、遥感技术监测等，均能准确收集水污染信息，为下一步水污染监测与治理提供有效的数据支持，具体内容见表 9-2。

常见水质指标　　　　　　　　　　　　　　　　　表 9-2

指标类型	举例
物理指标	嗅味、温度、浊度、色度
无机化学指标	硬度、pH、氨氮
有机化学指标	石油、生化需氧量、总有机碳、耗氧量
微生物指标	耐热大肠菌群、总大肠菌群、菌落总数
毒理指标	铅、汞、镉、铬（六价）、砷
放射性指标	α、β、γ 放射性

水质指标监测：我国地表水常规监测标准有现行国家标准《地表水环境质量标准》GB 3838、《渔业水质标准》GB 11607、《污水综合排放标准》GB 8978 以及近 20 多个行业的污水排放标准。其中电化学分析法、紫外—可见分光光度法、气相色谱法、离子色谱法、气相色谱—质谱联用法都是物质分析中常用的方法。

遥感技术：利用航空摄影、卫星遥感等技术获取大范围的水体信息，使用多光谱、高光谱、遥感图像、热红外图像等，可以识别并监测水污染、藻类水华等问题。现阶段国内对于水环境的遥感监测研究主要集中在单一的指标监测上，如叶绿素 a、悬浮物、有色有机物等方面。

生物监测：在线生物监测技术利用不同水平的生物指标体系，如浮游植物、浮游动物、底栖生物等的物种组成、数量和生态学指标等，对生物因水质污染所产生的各种应激反应进行体现。当前，国内地表水在线监测系统中，应用发光菌法产品主要型号为荷兰 TOX control、美国 US Almightier、深圳朗石 Lumifox 8000、杭州聚光 TOX-2000 等。此外还有细菌数量分析法、藻类分析法以及鱼类分析法等。

水体放射性核素监测技术：目前，测定生活饮用水中总 α、总 β 放射性活度的标准方法主要有：现行国家标准《生活饮用水标准检验方法 第 1 部分：总则》至《生活饮用水标准检验方法 第 13 部分：放射性指标》GB/T 5750.1～5750.13 和国际标准法 ISO 9696、ISO 9697。

9.2.2　水环境安全监测装备

针对城市水污染产生的各个环节，如存在异常排放、雨污混接问题的重点排水户，管网关键节点（行政区界、汇水分区区界、高溢流风险点等），雨污水泵站前池、污水处理厂进水口、入河排口、重点关注河段、河道跨区县断面，以及其他关键截流、调蓄设施等，应充分结合水体风险评估程度选择水环境安全监测设备，表 9-3 为水环境安全监测设备及其技术参数。

水环境安全监测设备及其技术参数　　　　　　　　　表 9-3

监测指标	监测设备技术参数
水质多特征指标 （荧光光谱 COD—氨氮等）	荧光光谱检测方法：三维荧光法
	信噪比：大于 250（P–P）
	分辨率：2.5nm
	光谱重复性：–8%～+8%
	强度：0～10000
	COD 检测方法：紫外光谱法
	氨氮检测方法：氨气敏电极法
化学需氧量 （COD$_{Cr}$/COD）	检测方法：重铬酸盐法
	测量范围：0～100/200/500/1000/2000mg/L
	精度：≤ 5%
	检测方法：紫外光谱法
	测量范围：0～500/1000mg/L
高锰酸盐指数	检测方法：高锰酸盐法
	测量范围：0～5/15/50mg/L
	精度：± 5%
氨氮、氨根离子	检测方法：纳氏试剂分光光度法或水杨酸法
	测量范围：0～1/5/10/25mg/L
	精度：2% 或 0.5mg/L
	检测方法：离子选择法或氨气敏电极法
	测量范围：0～10/20/100/1000mg/L
总磷	测量方法：分光光度法
	测量范围：0～1/5/10/25mg/L
	精度：2% 或 0.5mg/L
总氮	测量方法：分光光度法
	测量范围：0～10/100mg/L
	准确度：≤ ±5%
雨量	测量范围：0.1～4mm/min
	测量精度：≤ ±4%
	防护等级：IP67

续表

监测指标	监测设备技术参数
流量	非接触式：雷达测速范围：0.03 ~ 20m/s
	雷达测速精度：±1%FS
	雷达测速频率：24GHz
	雷达测距范围：0 ~ 50m
	测距精度：±2mm
	测距分辨率：0.1mm
	测距频率：120GHz
	接触式：流速测量
	原理：双波束超声多普勒
	流速测量范围：0.03 ~ 10.00m/s（双向）
	流速测量精度：±2% 全量程
	流速分辨率：1mm/s
	最低淹没水深：0.05m
	水位测量原理：超声测深仪 / 静压式
	水位传感器类型：超声波型 / 压力传感器
	水位测量范围：0 ~ 6m，0 ~ 10m 可选
	水位测量精度：±3mm，水位分辨率：1mm
液位	量程：0 ~ 50m
	盲区：雷达 10cm，压力无盲区
	测距精度：±1mm
	测距分辨率：0.1mm
	工作频率：120GHz
	波束角：3°
	续航时间：≥ 18 个月
透明度	检测方法：分光光度法
	测量范围：0 ~ 4/10/50mg/L
	检出下限：≤ 0.1mg/L
	重复性：≤ 3%
	零点漂移：≤ 5%
	量程漂移：≤ 5%
河道流量	测量范围：0.01 ~ 5.00m/s
	测流准确度：1.0%±1cm/s
遥感影像	检测方法：卫星遥感及无人机遥感
其他指标	水温、pH、溶解氧、电导率、浊度、SS、磷酸盐、硝酸盐、钾离子等

9.3　水环境安全风险预警技术

城市水体水质依赖于城市生活的方方面面，主要受城市工业企业以及生活污染点源、面源，排水系统中存在的雨污混接、入流入渗，污水处理厂处理效果等各环节要素影响，因此对于城市水环境安全风险的识别需要综合考虑"源—网—站—厂—河"系统化运行情况，主要包含以下内容。

9.3.1　水污染预警溯源技术

1.　水环境风险预警技术

流域水环境风险预警主要通过实时和历史监测数据对风险及其变化趋势进行预判，从而提出应急响应措施。一般可分为两类：一类是累积式预警，即对污染物长时间积累，对从量变引起质变的过程进行预警，如水体水华爆发风险预警；另一类是突发污染事件预警，如污染物泄漏或工业企业偷排漏排。而按照风险预警模式，可分为监测指标预警、统计分析预警及模型预警。监测指标预警是指通过对监测指标设定异常状态触发上下阈值，当前端感知设备实时在线监测数据触发阈值，对水质的异常状态进行实时预警；统计分析预警是根据历史数据，基于多元统计分析方法，对实时监测数据及未来可能发生的风险变化进行预警；模型预警是通过建立水质迁移转化模型，模拟污染物在地表水或管网中的迁移、转化和扩散过程，根据模拟结果对水环境风险进行预警，如图 9-1 所示。

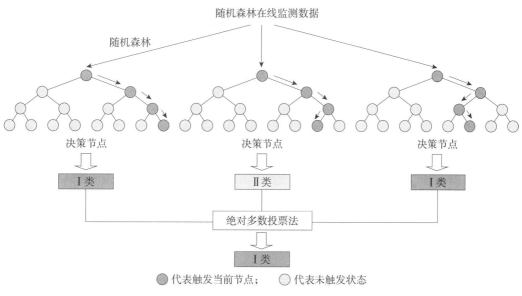

图 9-1　风险识别模型

2. 水污染溯源技术

（1）水质多特征溯源技术

水质多特征溯源体系指基于水质指纹识别技术、紫外—可见吸收光谱技术、深度学习等技术开发的具有污染物检测、预警、污染源溯源和污染留证功能的体系，可以计算水质参数以及水样与所属区域污染的标准水样库匹配程度，主要由采集、传输、存储、主机显示等硬件设备及污染源数据库、自动测量控制系统组成，在水环境监测和管理中具有重要意义，可以为水污染事件的调查和追踪提供科学依据及支持。

1）三维荧光光谱比对技术

如图 9-2 所示，三维荧光光谱是通过在不同的激发波长上扫描发射荧光谱，获得激发—发射矩阵，基于三维数据以三维立体图或等高线的形式形象地描绘出来，以其丰富的信息含量凸显了荧光分析法选择性好、灵敏度高的优点。鉴于水体中部分有机物能在激发波长下产生荧光，通过测定其不同激发波长下的发射波长，可对水体中发荧光物质进行分析，这样测得的光谱就像指纹一样与水样一一对应，被称为水质指纹。由于不同行业、不同企业工艺及材料使用的不同、中间产物及最终产物的差异，水质指纹存在明显区别。利用水质多特征污染溯源仪，通过深度算法，可实现水质预警和污染溯源。

2）水环境安全云溯源技术

采用基于人工神经网络的溯源分析算法及技术支持系统，通过云端部署方式，提前收集各行业水质多特征数据，利用水污染溯源核心技术及水环境大数据分析模型，可实现污水样品精准定位到排污行业/企业、企业排污行为规律深度分析识别，为线下排查提供专业的溯源分析服务、方案指导、专业评估报告，形成基于云溯源技术的水污染溯源服务模式，如图 9-3 所示。

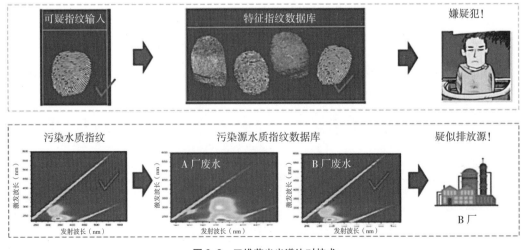

图 9-2　三维荧光光谱比对技术

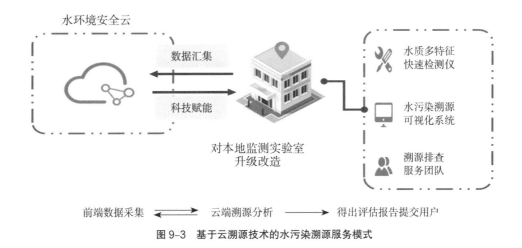

图 9-3　基于云溯源技术的水污染溯源服务模式

水质多特征指纹溯源技术的应用可以提高水环境监测的精准度和效率，辅助环境管理及决策，对水污染源头管控、污染事件应急响应等具有重要意义。同时，还需要不断完善和优化该技术，在样本采集、数据模型建立和算法设计等方面进行深入研究，提高技术的可靠性和实用性。

（2）同位素溯源

利用水体中存在的放射性同位素，如氚、锶、铯等，通过对同位素的测量和分析，可以确定水体污染物的来源和迁移路径。不同污染源产生的放射性同位素比例有所差异，可以通过比对已知样本和未知样本的同位素比值，进行污染源识别。王锦国等在奎河徐州段两岸对浅层地下水进行了研究，通过对 $\delta^{15}N\text{-}NH_4^+$ 和 $\delta^{15}N\text{-}NO_3^-$ 进行分析，得出了地下水 NH_4^+ 和 NO_3^- 的来源。由于不同来源同位素特征值存在一定重叠，双同位素或多同位素技术逐渐发展起来并越来越广泛地应用到水环境污染溯源中。如 Archana 等利用 $\delta^{15}N\text{-}NO_3\text{-}\delta^{18}O\text{-}NO_3^-$ 示踪技术，研究了珠江口下游到开阔海洋盐度梯度下污水、大气沉降、固氮和地下水的 NO_3^- 来源，并借助双同位素分析模型得出了各来源以及 NO_3^- 转化过程（同化、硝化和反硝化）的贡献。

（3）化学分析溯源

通过对污染源特有的化学物质、元素特征或特定有机物的测定，可以对水体中的污染物进行源解析和追踪，如利用 GC-MS、重金属分析等手段进行污染溯源。夏豪刚将 GC/MS 仪器应用于一次突发水污染事故溯源中，采集污染水样和疑似排污企业排污口废水水样，将水样浓缩进行 GC-MS 测试，通过比对查出非法排污工厂。

（4）微生物溯源

微生物溯源技术主要利用水体中微生物的群落结构和遗传特征来确定污染源。通过对水样中微生物 DNA 或 RNA 的分析，可以识别特定污染源特有的微生物群落或菌株，从而确定污染物的来源。目前，常用 MST 主要有非库依赖法和库依赖法，非库依赖法主要以聚合酶链式反应（Polymerase Chain Reaction，PCR）技术为主，通过扩增特异性生物标记基因识别粪便污染的排放源，具有时效强、成本低等特点；库依赖法则主要以高通量测序技术为基础，通过基于贝叶斯思想开发出的 Source Tracker 源解析程序、最大化微生物源跟踪工具和随机森林等识别特定的微生物群落结构，提供污染源信息，具有通量高、微生物信息全面等优势。

（5）GIS 技术和水文模型溯源

结合地理信息系统（GIS）和水文模型，可以对水体污染进行定量分析和模拟。通过收集和整合水文地理数据、水质数据和污染源数据，利用数值模拟和空间分析方法，可以模拟污染物在水体中的传输与迁移，并帮助确定其来源。李杨以聊城市郊区的浅层地下水为研究对象，利用氮、氧双同位素对水中的硝酸盐污染成分展开溯源，结合物质平衡混合模型的源贡献率结果完成分析；林斯杰面向北京市平谷区地下水，基于连续八年的地下水监测信息，利用主成分分析法与自组织映射策略，识别水质指标因子与污染物空间分布，追溯水污染源。

综上所述水污染溯源技术可以单独或结合使用，根据具体情况选择合适的技术方法进行溯源分析，以帮助环境监管部门和相关机构更准确地了解水污染物的来源和迁移路径，制定相应的防治措施和管理策略。利用水质指纹对比模型和污染贡献分析模型，建立污（雨）水产生—转运—处理—排放全过程全要素信息的对应关系，结合水质多特征分析及管网拓扑结构，实现异常排放源快速定位，协助监管部门缩小排查范围，提高工作效率。

9.3.2　水环境风险识别诊断技术

水环境风险识别诊断技术是根据水体用途按照一定的评价参数、质量标准和评价方法，对水域水质或水域综合体的质量进行定性或定量评定的过程。评价目的主要是准确地反映当前水体质量和污染状况，弄清水体质量变化发展的规律，找出流域主要污染问题，为水污染治理、水功能区划、水环境规划以及水环境管理提供依据。

1. 水质风险评价

20 世纪 50 年代开始，我国逐步开展了水质评价的相关工作，1972 年发布的《北京西郊环境质量评价研究》对北京西郊的水质进行了系统的评价，成为我国水质评价历史上的一个里程碑。随后，我国在水质评价方法上取得了丰硕的成果，如"水质质量系数""有机污染综合评价""水域质量综合指标"等观点的提出，以及叠加型指数法的应用等。我国历史上的首次水质分级评价于 20 世纪 70 年代末在广州市进行。1981 年我国开始了全国范围内的水质评价工作，此后大概每隔 5 年组织评价一次，评价范围基本包含我国境内的所有流域，并成为水资源公报内容向全社会公布。第一次评价时由于还没有制定全国范围内的水质分级标准，因此第一次评价我国专家对水质分级进行了划分，使用的是单因子评价法进行评价。之后全国的水质评价基本上都沿用了这种方法，现在水质评价几乎存在于所有的环境质量评价中，是环境质量评价不能缺少的主要内容。

由于水环境的复杂性，在评价时，评价指标的选取、相应指标的无量纲化处理方法、水环境因子与水质级别之间复杂的非线性关系等因素都会导致评价结果的不同，导致至今为止还没有一个标准通用的、被大家所公认的、具有可比性的水质综合评价模型或方法。单就评价方法而言，当前常用的几类水环境质量评价方法包括单因子评价法、污染指数评价法、模糊评价法、灰色评价法、物元分析法、人工神经网络法、地理信息系统。

2. 城市"源—网—站—厂—河"精细化风险评估

黑臭水体不仅影响市容市貌，降低空气质量，还对周围居民生活造成极大不便，消除城市黑臭水体是打赢污染防治标志性战役之一，党中央和国务院对此有明确要求。"黑臭在水里，根源在岸上，关键是排口，核心是管网"，目前我国城市水环境受工业废水不达标纳管、污水直排、河湖水倒灌、雨污错接混接、地下水等外水入渗、溢流污染等一系列问题影响，致使各种类型污水通过各种途径直接或者间接排入城市水体。因此须采用"源—网—站—厂—河"系统性思维，将各类排水户、排水管网、河道、调蓄池、污水泵站、污水处理厂与进行综合考虑，统一运营，实现智能化管控。不仅能提高管理部门工作效率、降低管理成本、加快反应速度，还能提升城镇排水系统的运行效率和管理效率，减少内河水环境污染，解决内涝问题，改善生态环境，"源—网—站—厂—河"精细化监管体系如图9-4所示。

通过对城市水污染产生—运移—处置—排放等各个环节，在线水质、水量监测和视频监控，建立指标科学、实时在线、因地制宜的，分层级、分功能、可追溯、可监管的综合一体

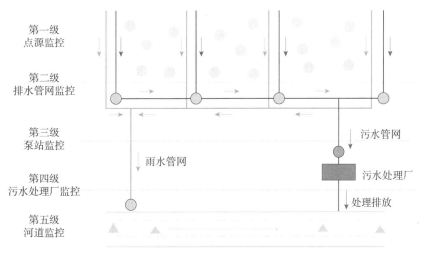

图 9-4 "源—网—站—厂—河"精细化监管体系

化监测网络。对于城市排水系统常态化运行和突发污染问题，基于监测感知网的在线监测和预警数据，结合管网拓扑关系，为污染成因诊断、雨污混接区域识别、入流入渗程度识别等问题分析诊断提供决策建议，为泵闸联动调度和溯源排查提供支撑。

（1）污染成因诊断：利用入河排口及河道断面水质、水量监测数据，以及旱季/汛期水质水量变化特征，根据旱季/汛期污染程度，综合运用水质水量变化趋势及相互关系，量化分析排口、河道旱季/汛期污染因子（如面源/内源污染、工业废水、生活污水等）及其占比，为旱季/汛期污染整治提供治理方向及思路。

（2）雨污混接诊断评估：结合监测点位基础信息、流量监测数据以及上游汇水面积、用地类型、常住人口数据以及区域降雨数据，利用晴雨天排水管网实际流量与综合设计污水量偏离程度，识别雨污混接风险，定量评估雨污混接严重程度，结合序列水质水量数据可定量评估管网水质来源分布及占比，分析区域监测点雨污混接时空分布变化情况，为区域排水系统雨污混接整治方向提供数据支撑。

（3）入流入渗诊断评估：利用在线流量监测，累积污水管线旱季/汛期的监测数据并进行统计分析，结合监测点位基础信息、上游汇水面积、供水量数据以及区域降雨数据，利用外来水量诊断方法（表9-4），评估入流入渗严重程度，分析区域监测点入流入渗时空分布变化情况，结合序列水质数据可定量评估管网水质来源分布及占比，为区域排水系统整治方向提供数据支撑，定量识别由降雨和地下水引起的污水管网入流入渗问题。

外来水量预诊断方法
表9-4

序号	评估方法	评估精度	适用范围
1	水量平衡法	m^3/a	整个系统
2	夜间最小流量法	m^3/d	子汇水区
3	三角形法	m^3/a	整个系统
4	移动最小流量法	m^3/a 或 m^3/d	整个系统
5	化学质量平衡法	m^3/d	整个系统，子汇水区

（4）污水处理厂提质增效评估：结合污染成因诊断、雨污混接诊断、入流入渗诊断等功能，综合评估污水处理厂运行状态，为污水处理厂提质增效提供决策建议。

（5）泵闸联动调度机制风险评估：根据历史监测数据和气象数据，汛前指导排水设施的运行部门提前消解雨水泵站前池、污水处理厂进水管残留污染量，消解汛期污染负荷。在污染事件发生时，根据水质及流量监测数据分析污染类型、影响范围、污染总量，输出泵站联动调度建议。

第 10 章

供热安全风险
监测预警技术与方法

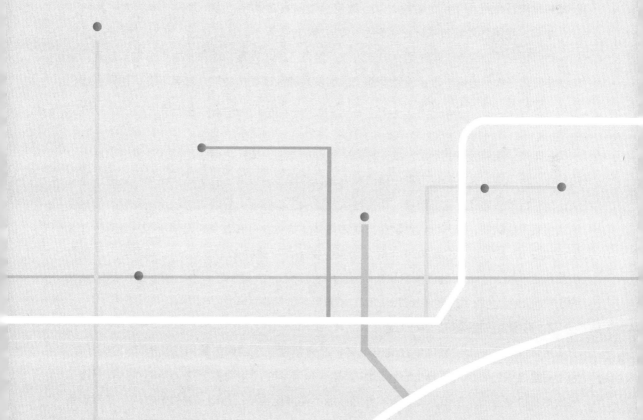

10.1　供热安全监测方法概述

10.1.1　供热安全监测目标

1. 供热管网发展现状

城市供热以蒸汽或热水为介质，经供热管网向城市或其中某一地区的用户供应生活和生产用热，是城市能源建设的一项基础设施，在居民日常生活和现代工业建设中广泛应用。我国集中供热行业经历了四个阶段，从分散供热走向集中供热。第一阶段，中华人民共和国成立之初，我国各地城市基础设施落后，以分散供热为主；第二阶段，热电厂建设逐步增加，热力行业仍旧缺乏长期规划；第三阶段，经过几十年发展，城市集中供热得到普及，集中供热需求增大；第四阶段，原建设部、国家发展和改革委员会等八部委下发文件停止福利供热，实行用热商品化、货币化，集中供热市场化进程正式启动，城市集中供热得到快速发展。

近年来，随着经济的不断发展、城市化进程的加速、人民生活水平的逐渐提高，城市供热行业发展迅速，尤其是城市集中供热需求量日益增多，推动了我国城市供热行业的快速发展；同时随着我国经济重心南移、南方地区能源供应保障能力显著增强以及新时期人们对供暖温度有了新认知，南方城市供暖能力显著提升。根据住房和城乡建设部发布的最新统计数据，如图 10-1 所示，截至 2020 年底全国集中供热面积达约 122.66 亿 m^2，其中城市集中供热面积达 98.82 亿 m^2，县城集中供热面积达 18.57 亿 m^2，建制镇、乡、镇乡级特殊区域共约 5.27 亿 m^2，全国供热管道长度达 507348km，总供热高达 50 亿 GJ。

2. 影响供热管网安全运行风险

城市供热历史上主要集中在北方地区，北方早期建立的供热管网最长时间可达 50 年，余下后建的供热管线大部分也已经工作了 20～30 年，处于老化期状态；早期供热管网设计施工标准相对落后，供热管网质量和性能已经不能满足当下日益增长的供热需求，在供暖季一直处于超负荷的运行状态；热力管网运输的介质具有高温高压特殊属性，易加快管网设备的损耗，降低管线寿命；外界环境长期对管道的腐蚀侵蚀以及各种人为因素的破坏，会提高管道发生泄漏、穿孔和断裂的概率；地下管网基础资料缺乏，导致管网定位不清，因外力施

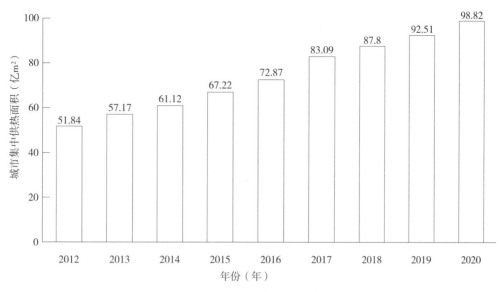

图 10-1　城市集中供热面积变化图

工挖断管线的事故时有发生，上述情况都极大地增加了供热管道的运行风险。

管道事故一方面造成能源大量浪费，导致较大损失，另一方面还直接影响民生工程，威胁居民的生存环境并引发恐慌，造成极大的社会影响。近年来典型事故有：2018 年 11 月 30 日 4:10 左右，位于河南省郑州市经三路和农科路附近的卡萨公寓发生热力老旧管网爆管事故，造成 3 人死亡，1 人受伤；2012 年 4 月 1 日，北京市西城区车公庄大街附近路面由于热力管道腐蚀破裂漏水导致路面突然塌陷，行经此地的一女子意外落到坑里，被热力管道渗漏的热水烫伤，经医院全力抢救无效死亡；2016 年 8 月 11 日，湖北省当阳市马店矸石发电有限责任公司热电联产项目在试生产过程中，2 号锅炉高压主蒸汽管道上的一体焊接式长径喷嘴裂爆，导致发生一起重大高压蒸汽管道爆裂事故，造成 22 人死亡，4 人重伤，直接经济损失约 2313 万元；2018 年 10 月 23 日，陕西省西安市阎良区境内热力换热站管井内发生供热管道泄漏事故，大量水蒸气弥漫空中，可见度极低，致使多名群众受伤。因此，感知把控供热管网运行态势，及时判断供热管网运行风险，对事故进行分析预警，确保供热管线安全运营，是供热领域当前迫切需要解决的问题，具有极为重要的现实意义和紧迫性。

3. 供热管网监测对象

城镇常见的集中供热系统热源有热电厂、区域锅炉房和集中锅炉房，如图 10-2 所示，将热源厂产生的蒸汽或热水送入到一次管网，然后经过换热站的换热器把一次管网的蒸汽或热水的热量传给二次管网，最后通过二次管网把热量送到热用户，热用户再通过室内散热器把热量散发到室内，保证在冬季室内保持一定的温度，以满足人们的生活、生产需求。由于一次管网输送的介质温度高、压力大、流速快，在运行时会给管道带来较大的膨胀力和冲击

图 10-2　居民集中供热示意图

力,因此是热力管网安全运行关注的重点。

目前,根据输送介质的不同,集中供热系统一次管网一般分为蒸汽管网和热水管网。为实时感知热力管网运行状态,需要对蒸汽和热水管网运行的实时温度、压力、流量等要素进行在线监测;同时需辅以热力管网周边空间内介质温度监测,从而对热力管道的运行状态进行评估,及时发现热力管道的泄漏并对泄漏位置进行分析,克服人工巡检难以及时发现的问题,避免长时间泄漏出现爆管、塌陷等重大事故。

10.1.2　供热安全监测方法现状

1. 国外发展现状

国外发达国家的大城市基本实现了利用"互联网+物联网"的方式实时感知城市地下管网的运行状态,并利用在管网模型构建、管网漏损评估、管网爆管定位等方面的研究,通过优化 SCADA 系统保证运行的安全性。为适应管线系统特别是城市地下管线工程的发展,降低公众对于管线安全的担忧,美国联邦政府于 2002 年通过了《管道安全改进法》,以法律形式明确要求管线从业者执行管线完整性管理方案。法国作为科技发达的工业国家,近年来也在筹划将一些高新技术应用在地下管线管理当中。目前巴黎市政府正在加快建立城市地下管线数据库,以便对城市地下管线的实时状态进行管理。欧洲研究发展委员会和美国学者相继提出利用市政管网的漏损、腐蚀、运行压力等数据,通过智能化的预测算法来评估管网的运行状况,并据此制定管网维护改造计划的系列实施方案。

目前欧美国家对城市供热管网运行安全监测系统的研究较早。由于北欧地区处于高纬度区域,冬季非常寒冷,地理环境条件驱使北欧各国重视集中供热;欧美各国属于较早进入工业化社会的区域,经济发展条件为欧美各国发展集中供热提供了经济基础,因此,诸如英国、挪威、芬兰、德国、荷兰、俄罗斯等欧洲国家集中供热系统发展趋于成熟,在供热质量、供热安全、管理水平方面均强于中国。不论是从供热设备上、技术上,还是供热运行合理等许多方面上,这些国家的集中供热的发展都处于世界顶尖的水平,基本上已经全面实现了温度的自动调节控制以及分户热计量管理,且大部分都建立起了智能化水平较高的热网监控系统,对热力管网实时状态进行动态监测,通过智能化的预测算法来评估管网的运行状况。欧洲形成了统一的供热管道一系列相关标准 BS/EN13941、BS/EN15632、BS/EN15698

等，制造商基本严格按照欧洲标准制造和供货，材料质量有保证，制造安装工艺较为先进。即使如此，在大部分欧洲国家的供热管道建设中，已然把泄漏监测系统作为管道的标准配置，管道不分大小甚至包括入户管道都标准配置泄漏监测系统，已经成为供热管道的有机组成部分，并形成了管网安全运行监测系统的相关标准 BS/EN14419—2009。经过数十年积累，管道安全运行监测已趋于成熟，在业内有多家较有代表性的公司，如丹麦 EPC 公司的 EMS 系统（European Monitoring System）、瑞典 PG Monitoring System AB 公司的 PGMS 系统（PG Monitoring System）等。

2. 国内发展现状

在我国，由于历史原因，国外政府贷款项目如牡丹江供热项目、大连供热项目、秦皇岛供热项目等在建设时进行了供热管道安全运行泄漏监测系统的配套，但大部分监测系统并没有正常运行。除此之外，由国内投资的供热管道极少在建设时进行监测系统的安装。相比于国外，我国的供热管道质量、工程建设质量、管道运行维护管理水平、使用寿命等都有着较明显差距，在线监测系统更为必要。近期，由于智慧热网的建设热潮，一些地方已经开始进行在线监测系统的建设，并形成了一些技术规程如现行行业标准《城镇供热监测与调控系统技术规程》CJJ/T 241、《城镇供热直埋热水管道泄漏监测系统技术规程》CJJ/T 254 等。另外，对于供热管网的监控国内已有一些相应的标准，如现行国家标准《热力输送系统节能监测》GB/T 15910 等，一些地方如北京、黑龙江等也出台了相关的地方标准，如现行地方标准《供热管网节能监测》DB11/T 1535、《黑龙江省城镇智慧供热技术规程》DB23/T 2745 等。相比于国外，这些标准和技术不够丰富，且更多是从热网节能、调控、调度管理的角度出发，而从安全保障的角度对热力管网运行开展监测还缺乏顶层引领。

在具体技术方面，针对管道在日常运行中泄漏事故频发问题，自 20 世纪 70 年代以来，国内外研究者利用理论分析、实验研究以及数值模拟等方法对管道泄漏检测技术和方法进行研究，基于管道泄漏导致的管内流体介质压力、流量、声波以及周边介质温度场等参数的变化，国内外专家学者研发出多种检测管道泄漏以及定位泄漏点位置的技术方法，并在实际检测中得到成功应用。

（1）泄漏导致声音和磁场异常

压力管道泄漏后，管内流体介质在流出泄漏口时与管道以及周围介质发生摩擦，管道声波和磁场将发生异常，针对该现象，可通过相关设备检测管道泄漏状况并对泄漏点位置进行定位。在利用声波技术检测管道泄漏方面，目前我国管道巡检人员大多基于听音法与人工巡检法判定管道泄漏状况，该方法具有操作简单等优势，但测量精度低，易受外界环境因素与检测人员专业素质影响。

（2）泄漏导致压力异常

与管道稳定运行（压力梯度为斜直线）相比，管道发生泄漏后，泄漏点上游位置处流量和压力梯度均变大，漏点下游处流量和压力梯度变化趋势与之相反，同时泄漏管段压力随泄漏时间的延续呈现下降趋势，下降速率与管道运行压力与泄漏量相关，因此，可通过管道压力参数的变化判定管道泄漏状况。目前，利用压力信号检测管道泄漏技术主要为负压波法和压力梯度法。

（3）泄漏导致温度异常

热力管道泄漏后周边介质温度将发生变化，针对该现象，可基于管道周边介质温度场分布变化情况判定管道泄漏状况，进而定位泄漏点位置，一般是利用分布式光纤传感器、热红外成像技术等进行管道周边介质温度感知。

10.2　供热管网安全监测技术与装备

10.2.1　供热安全监测技术

在热力管网上及周边安装各种传感器，形成前端监测物联网，监测管网运行的状态，实现对管网运行状态的实时感知。按照不同区域的供热管道将供热管网划分为多个子系统，根据每个子系统的介质流向和管网拓扑结构设计监测位置，在供热管网及其支路上的必要点处安装温度计、压力计和流量计、土壤温度计等设备。由前端部分来完成对监测因子的监测采集与汇总、转换、传输等工作，这些监测因子由测控终端使用不同的方法进行测量，从而获得准确的测量数据，此结果通过数据处理转换后经由网络向热力公司现有的监控中心传输数据，监控中心来实现数据的接收、过滤、存储、处理、统计分析并提供实时数据查询等任务，并增加运行状态、指标参数等数据，这些状态、指标数据根据采集的数据实时计算，并存入数据库，使系统更加完善与优化。当某项指标超过设定阈值时，系统自动开启报警功能。

由于热力管网为带压管道，为减少感知设备施工及运行带来的风险，避免在主管道上开孔，对于不同输运介质的热力管网，需选取不同的手段进行监测。

1. 蒸汽管网监测

对于蒸汽管网，优先选择疏水箱进行压力、温度监测以及土壤温度监测。

（1）由于蒸汽管道在运行过程中不可避免地会产生蒸汽凝结水，因此需安装疏水箱可以起到阻汽排水的作用，可使蒸汽管道均匀给热，充分利用蒸汽潜热，防止蒸汽管道中发生水锤。

由于蒸汽管网内疏水箱压力值可以直观地反映主管道内部实时压力情况，在疏水箱内部管道中安装压力传感器主要实现以下功能：

1）在管网发生故障时，能实时通过压力值的变化对故障进行报警及预警。

2）此方案施工方便，不用大批量破复开挖、不用在主管道开孔。

3）通过安装压力传感器，在对管网切换及关送气时，能够实时对管网各关键节点进行全方位的直观监控。

4）由于蒸汽温度与蒸汽压力存在必然联系，在监测压力的同时，也能监测出主管道的蒸汽温度。

（2）依据对疏水箱中疏水器疏水次数的统计，对管道内积水量进行判断，从而可以对管道的运行风险进行预测与预警。在疏水箱管道中安装温度传感器，根据温度的变化来判断疏水次数，进而对管网积水风险进行分析。

（3）热力管道补偿器主要是用来补偿管道因受环境温度变化的影响而产生的热胀冷缩，在管道设计中必须考虑管道自身所产生的热应力，否则它可能导致管道破裂，影响正常生产的进行。对于热力管道的泄漏情况统计，最大的风险点就在补偿器位置，当蒸汽发生泄漏时，外套管温度升高，所以，在补偿器附近安装土壤温度传感器可以监控到补偿器及周边范围内蒸汽是否发生泄漏，以达到监控蒸汽管线运行状况的目的。

2. 热水管网监测

对于热水管道，优先选择压力计、温度计、流量计以及土壤温度监测。

（1）由于热水管道一般运行压力、温度、介质输运速度等比蒸汽管道要低，因此其危险性较蒸汽管道为小。如果经过专业设计机构研判校核，在压力、温度、管径等参数较低的主管道上进行开孔作业处于安全范围内，则可直接在主管道上安装压力计。而一般情况下，为避免对主管道进行破坏，需尽量选择管道上已有的开孔进行压力计的安装，如图 10-3 所示。放风阀一般安装在管线的隆起部分，使管线投产时或检修后通水时，管内空气可经此阀排出。平时用以排除从水中释出的气体，以免空气积在管中，恢复系统正常压力值和热效率；

图 10-3　热水管道压力计安装示意图

在管线的最低点须安装泄水阀，它和排水管连接，以排除水管中的沉淀物以及检修时放空管内的存水。因此，可选择在放风阀或泄水阀后接三通接头，三通后两边各连接压力计及新的放风阀或泄水阀，在新装测量设备的同时保留功能。由于原有阀常开，压力计与主管道相连，压力值可以直观地反映主管道内部实时压力情况。

（2）如果经过专业设计机构研判校核，在压力、温度、管径等参数较低的主管道上进行开孔作业处于安全范围内，则可在主管道上安装插入式温度计，直接测量介质温度。而一般情况下，为避免对主管道进行破坏，需选择非插入外贴片式温度传感器，在主干管道外壁安装。安装时先拆除局部保温层，将温度传感器安装捆扎于管道外壁，使用不锈钢抱箍捆扎，再对保温层进行恢复，恢复时选用原材质相同的保温材料，并做保温面层处理。

（3）如果经过专业设计机构研判校核，在压力、温度、管径等参数较低的主管道上进行开孔作业处于安全范围内，则可在主管道上安装插入式流量计，测量流量。而一般情况下，为尽量降低可能造成的风险，减少管道开孔，采用非插入式外夹超声波流量计，即主干管道外壁双轨道夹持安装。安装时先拆除局部保温层，将双轨道加持安装在主干管道的两侧，然后用不锈钢抱箍紧抱，再将流量传感器安装固定于管道外壁，使用不锈钢抱箍捆扎，再对保温层进行恢复，恢复时选用与原材质相同的保温材料，并做保温面层处理。

（4）热水作为介质进行供热时，热水温度可达到120℃。热水泄漏后会直接进入土壤中，且有可能在地下形成空洞而在地上不受察觉，所以具备较高的危险性。根据维修记录得知，热水管道泄漏主要位置是焊缝以及补偿器的位置，在焊缝及补偿器旁布设温度传感器，以土壤作为介质进行温度探测，可以直接反映出热水管网的运行状态。当温度传感器发生报警时，可以预测到周边焊缝及补偿器发生泄漏，管网发生了故障。

10.2.2　供热安全监测装备

根据上节的供热管网监测技术要求，供热管网前端监测设备包括温度传感器、压力传感器、流量计、土壤温度传感器等。热力管网监测对象及监测设备主要指标见表10-1。

热力管网监测对象及监测设备主要指标　　　　　　　　　　表 10-1

监测对象	监测指标	监测设备技术要求
疏水阀	温度	量程：0～250℃
		精度：±0.5%FS
		使用寿命：不少于 5 年

监测对象	监测指标	监测设备技术要求
疏水阀	温度	采集频率：不低于 1 次 /5s
		环境适用性：应具有 WF1 级防腐、IP68 级防护等抗恶劣环境性能
	压力	量程：0 ~ 2.5MPa
		精度：±0.2%FS
		使用寿命：不少于 5 年
		采集频率：不低于 1 次 /5s
		环境适用性：应具有 WF1 级防腐、IP68 级防护等抗恶劣环境性能
土壤	温度	量程：0 ~ 150℃
		精度：±0.5%FS
		使用寿命：不少于 5 年；采集频率：标准模式下不低于 1 次 /6h，触发报警时不低于 1 次 /30min
		环境适用性：应具有 WF1 级防腐、IP68 级防护等抗恶劣环境性能
热力管道	流量	量程：0 ~ 10000m³/h
		精度：±0.5%FS
		使用寿命：不少于 5 年
		采集频率：标准模式下不低于 1 次 /h，触发报警时不低于 1 次 /10min
		环境适用性：应具有 WF1 级防腐、IP68 级防护等抗恶劣环境性能
		电磁流量计应符合现行行业标准《电磁流量计》JB/T 9248 的规定
		涡街流量计应符合现行行业标准《涡街流量计》JB/T 9249 的规定
		超声流量计应符合现行行业标准《超声流量计检定规程》JJG 1030 的规定
	压力	量程：0 ~ 2.5MPa
		精度：±0.2%FS
		使用寿命：不少于 5 年
		采集频率：不低于 1 次 /5s
		环境适用性：应具有 WF1 级防腐、IP68 级防护等抗恶劣环境性能
	温度	量程：0 ~ 250℃
		精度：±0.5%FS
		使用寿命：不少于 5 年
		采集频率：不低于 1 次 /5s
		环境适用性：应具有 WF1 级防腐、IP68 级防护等抗恶劣环境性能

10.3 供热管网风险预警方法

10.3.1 供热管网泄漏预警方法

1. 热水管网泄漏预警方法与定位

当管道发生泄漏时，泄漏处立即产生因流体物质损失而引起的局部液体密度减小。出现瞬时的压力降低，这个瞬时的压力下降作用在流体介质上就作为减压波源通过管道和流体介质向泄漏点的上、下游以一定的速度传播。以发生泄漏前的压力作为参考标准时，泄漏时产生的减压波就称为负压波。利用漏水附近流量计的变化情况，可以给出上下游关系，同时对负压波法的准确性提供验证。

利用设置在漏点两端的压力传感器拾取压力信号。根据两端拾取的压力信号变化和泄漏产生的负压波传播到达上下游的时间差，利用信号相关处理方法就可以确定漏点的位置和漏口的大小。

负压波法示意图如图 10-4 所示。

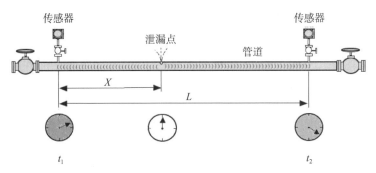

图 10-4 负压波法示意图

计算两个测压点负压波法漏水定位公式为：

$$X = \frac{(L - \Delta t \times V)}{2} \tag{10-1}$$

式中 X——泄漏点至第一个压力传感器的距离（m）；

  L——第一个报警压力计与第二个报警压力计之间的管道距离（m）；

  Δt——第二个压力传感器报警时间 t_2 与第一个压力传感器报警时间 t_1 的时间差（s）；

  V——负压波在管道中的传播速度（m/s），一般取值 1500m/s。

管道正常运行时，管内流量可认为是恒定的，当管道发生泄漏时，上游流量增大，下游流量减小，差值即泄漏量。泄漏量计算公式如下：

$$Q_{\mathrm{L}} = Q_1 - Q_2 \qquad (10\text{-}2)$$

式中　Q_{L}——漏损流量（$\mathrm{m^3/s}$）；

　　　Q_1——泄漏后管道上游流量（$\mathrm{m^3/s}$）；

　　　Q_2——泄漏后管道下游流量（$\mathrm{m^3/s}$）。

2. 热力管网泄漏扩散动态预警

（1）管道小孔泄漏模型

管道小孔泄漏模型假定管内气体压力恒定并忽略管道沿程阻力影响，近似将泄漏过程视为定熵过程。针对蒸汽热力管道，建立管道小孔泄漏模型，如图 10-5 所示。点 1 为上游管道入口截面中心点；点 2 为泄漏口入口点；点 3 为泄漏口出口截面中心点。

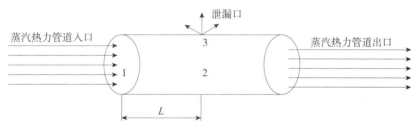

图 10-5　管道小孔泄漏模型

埋地蒸汽热力管道发生小孔泄漏时，管道泄漏口孔径远小于管道直径，管内蒸汽介质输送量不变，因此可将管道泄漏过程近似视为稳态泄漏，即：$P_1 = P_2 = P_3$。小孔泄漏量计算模型为：

$$\beta = \frac{P_{\mathrm{a}}}{P_{\mathrm{c}}} = \left(\frac{2}{\kappa+1}\right)^{\frac{\kappa}{\kappa-1}} \qquad (10\text{-}3)$$

当泄漏口绝对压力小于临界压力时（$P_3 < P_{\mathrm{c}}$），泄漏量表达式为：

$$q_{\mathrm{m}} = \frac{\alpha \pi d^2}{4} \frac{P_3}{\sqrt{RT_2}} \sqrt{\frac{2\kappa M}{\kappa-1}\left[\left(\frac{P_{\mathrm{a}}}{P_3}\right)^{\frac{2}{\kappa}} - \left(\frac{P_{\mathrm{a}}}{P_3}\right)^{\frac{\kappa+1}{\kappa}}\right]} \qquad (10\text{-}4)$$

当泄漏口绝对压力大于等于临界压力时（$P_3 \geqslant P_{\mathrm{c}}$），泄漏量表达式为：

$$q_{\mathrm{m}} = \frac{\alpha \pi d^2}{4} \frac{P_3}{\sqrt{RT_2}} \sqrt{\kappa M \left(\frac{2}{\kappa+1}\right)^{\frac{\kappa+1}{\kappa-1}}} \qquad (10\text{-}5)$$

式中　β——临界压力比；

　　　P_{a}——大气压（Pa）；

P_c——泄漏孔处的临界压力（Pa）；

κ——等熵系数；

q_m——泄漏质量流量（kg/s）；

α——孔口流量系数，大小与泄漏孔形状、面积以及流速有关，通常取 0.90 ~ 0.98；

d——泄漏孔当量直径（m）；

M——相对分子质量；

P_3——图 10-5 中泄漏点 3 位置处蒸汽介质绝对压力（Pa）；

T_2——图 10-5 中点 2 位置处蒸汽介质温度（K）；

R——蒸汽介质气体常数 [J/（kg·K）]。

（2）热力管道泄漏实验系统

清华大学合肥公共安全研究院针对蒸汽供热管道泄漏等问题建立城市生命线综合管道实验平台，热力管道泄漏实验系统如图 10-6（a）所示。基于实验平台可开展在不同泄漏位置、朝向、流量以及不同土壤环境等工况条件下有关蒸汽管道全尺寸泄漏扩散实验，并通过研究蒸汽在土壤中泄漏扩散规律为定位蒸汽供热管道泄漏点提供技术依据。

热力管道泄漏实验系统主要由蒸汽发生器、实验池、热力管道和热力控制柜四部分组成。蒸汽发生器如图 10-6（b）所示，内置锅筒，同时通过保温材料对其进行保温，利用加热管基

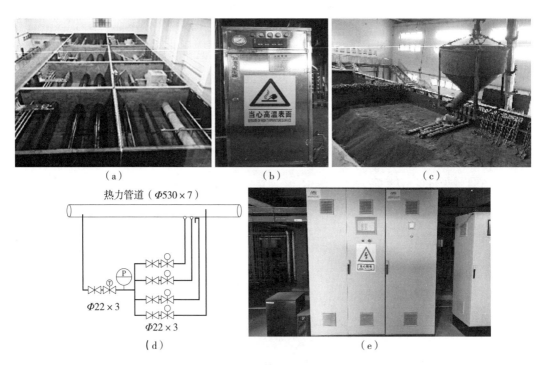

（a）　　　　　　　　　（b）　　　　　　　　　（c）

（d）　　　　　　　　　（e）

图 10-6　热力管道泄漏实验平台

（a）热力管道泄漏实验系统；（b）蒸汽发生器；（c）土壤施工填埋；
（d）热力管道设计图；（e）热力管道泄漏实验系统控制柜

于电加热方式将锅筒内冷水加热至蒸汽介质并输运至热力管道中。为确保实验安全性，蒸汽发生器一方面设置水位以及压力等连锁装置实时监控设备运行，另一方面安装排污阀排除实验后锅筒内残余积水。全尺寸热力实验平台设置 8 个实验池，在实验池内填埋土壤，现场施工如图 10-6（c）所示。热力管道设计图如图 10-6（d）所示，在管道末端接出镀锌钢管，通过设置调节阀控制蒸汽介质泄漏流量，然后将其连接至热力主管道各个朝向（正上方、正左侧、正右侧和正下方），以模拟管道泄漏。热力管道系统操作复杂，基于实验安全性与操作便捷性，采用电控 PLC 系统将热力管道系统中相应阀门、流量计、温度计、压力表等仪表连接至热力系统控制柜中，如图 10-6（e）所示。通过热力控制柜一方面可控制热力管道系统中阀门启闭以及开度，另一方面可监测管道运行参数（蒸汽介质流量、温度以及压力）。

与其他类型供热介质相比，蒸汽介质具有压力高、温度高以及在迁移过程中易发生冷凝相变等特性，因此蒸汽在土壤中渗流扩散涉及复杂的传质传热过程。为确保实验安全性以及数据准确性，每次实验时间间隔应大于 3d（确保土壤充分冷却），同时实验必须按照以下操作流程严格进行：

1）在开展蒸汽热力管道泄漏实验前，按照设计方案将温度传感器在热力管道周围土壤区域内进行布置，以监测管道泄漏后周边各测点位置处土壤温度变化情况。

2）将布置温度传感器后的土壤静置一段时间（应大于 24h），以使土壤与周边环境达到相对热平衡状态。

3）开启蒸汽发生器，利用热力管道系统控制柜启闭相应阀门，一方面排除管内冷凝水，降低水击风险，另一方面对热力管道进行预热，最终使得热力管内充满蒸汽介质，同时蒸汽温度和压力均须满足实验需求。

4）热力管道系统须在预先设计的压力工况下稳定运行一段时间（应大于 2h），确保热力管道周边土壤温度场达到相对稳定状态（所有测点位置处土壤温度变化不偏向一方且温度值变化量不超过 1℃）。

5）开启热力管道正下方泄漏阀门，同时控制阀门开度，利用温度传感器和数据采集仪对管道周边各测点位置处土壤温度进行监测并记录。

6）在管道泄漏过程中，管道周围土壤达到稳定状态（土壤与周边介质之间传热达到相对平衡状态，即各测点位置处土壤温度变化不偏向一方，且温度值变化量不超过 1℃）时，停止实验。

7）收集相关实验数据，对其进行分析并总结规律。

（3）热力管道泄漏仿真分析

计算流体动力学（Computational Fluid Dynamic，CFD）是近代流体力学、数值数学以及计算机科学等多种学科领域结合产物，其核心原理为，将流体力学中控制方程转化为离散代数方程组，并在此基础上，利用计算机求解方程组得出时间与空间上的数值解。与实验方法相比，CFD 数值模拟技术在研究相关流体问题时具有运行周期短以及经济便捷等优势，因此该项技术得到广泛应用，也适合用于分析热力管道泄漏问题。

热力管道在实际运行工况下泄漏涉及的传质传热过程具有复杂性，为简化计算，在建立埋地热力管道实际泄漏模型时，需作出如下假设：①蒸汽热力管道发生小孔泄漏（泄漏口孔径不超过 20mm）时，管内蒸汽介质输送量不变，因此忽略管内蒸汽介质流动问题并将管道泄漏过程近似视为稳态定熵泄漏过程。②管道泄漏后，与管道相距一定距离的土壤温度不受影响，选取 15m×15m×6m 立方体土体作为计算区域。③在模拟管道泄漏过程时采用多孔介质多相流，即将计算区域内土壤简化为连续均匀（各向同性）的多孔介质，并忽略土壤性质的变化。

基于以上假设，利用 UG 软件建立埋地热力管道和周围土壤区域三维几何模型，并对该模型采用结构化网格划分，其中管道泄漏口附近区域网格须进行加密处理。埋地热力管道物理模型径向截面如图 10-7 所示，计算区域内土壤上表面与其他面分别采用对流换热面与压力出口条件，管壁采用壁面条件，管道泄漏口采用压力入口边界条件，同时将土壤初始温度设置为环境温度。

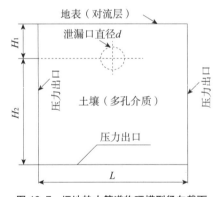

图 10-7　埋地热力管道物理模型径向截面

图 10-8、图 10-9 为采用 Fluent 软件进行模拟计算，热力管道向上泄漏、向下泄漏以及向左泄漏时经过 60min 后的土壤温度场分布图。可以看出：热力管道泄漏后，在压差与供热介质自身惯性作用下，在初始阶段，蒸汽在管道泄漏口附近土壤区域内将朝各个方向扩散，导致该区域土壤温度快速上升，最终与蒸汽介质温度相近。与高温区相邻的土壤温度梯度区内，温度变化剧烈，热力管道轴向和径向截面水平方向上土壤温度梯度近似可达 60K/m。位于温度梯度区外侧土壤自然温度区内，土壤温度与环境温度相近，并趋于稳定。随泄漏时间的延续，蒸汽在土壤渗流扩散距离增大，管道周围土壤高温区和温度梯度区范围亦增大，同时近似沿管道中心对称分布。一定时间后，土壤热力影响区范围扩大趋势以及土壤温度上升速率变缓，最终达到相对稳定状态。

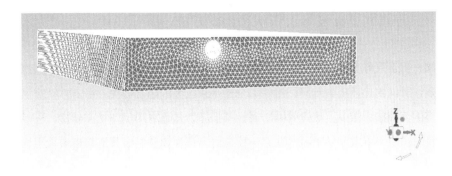

图 10-8　土壤温度场分布图 1

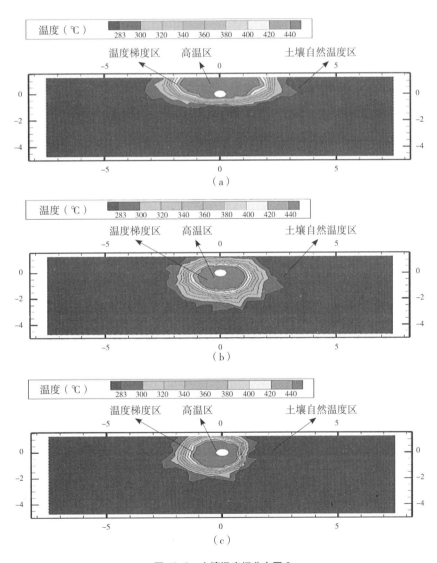

图 10-9　土壤温度场分布图 2
（a）向上泄漏；（b）向下泄漏；（c）向左泄漏

10.3.2 供热管网基础设施工作状态预警方法

疏水阀、保温层作为蒸汽管网的重要附属设施会给供热管道带来巨大的安全隐患，一旦损坏将会使蒸汽管网的热量损失升高，给供热企业带来巨大的经济损失。目前，针对供热蒸汽管网附属设施的监测技术较少。蒸汽管网附属设施损坏，如疏水阀工作状态异常，可能会导致冷凝水不能及时排出，引发大量冷凝水聚集；管道保温层失效会导致蒸汽管道大量蒸汽冷凝，产生大量冷凝水。聚集的冷凝水如不及时排出，将会给供热管道带来巨大的安全隐患。如果供热管道压力骤然变化，将会使管道出现水击现象，破坏供热管网的结构，为供热管网的安全运行带来巨大的风险，同时也会造成热损增加，给供热企业带来经济损失。供热企业一般通过人工巡检方式，发现疏水阀损坏。但人工巡检具有一定的周期性，不仅耗费了大量的人力物力，而且无法及时发现疏水阀故障。此外由于地下环境复杂，供热管网长期处在地下潮湿环境，极易引起管网保温材料损坏，进而使得管网热损上升，仅依赖人工巡检的方法并不能发现此类漏热现象，只有采用一些外部检测手段如红外热成像等方法进行探查检测管道保温异常，但这类方法也无法及时发现管网保温损坏的问题，进而会引起巨大的热量损失。

针对这些缺点，在不破坏蒸汽供热管网主体结构的基础上，通过合理地布置传感器的安装位置，实现实时监测蒸汽供热管网附属设施（疏水阀、保温层）工作状态的异常情况，及时发现供热管网的安全隐患，实现预警蒸汽管网积水风险和水击风险，为蒸汽管网健康安全运行提供保障，图 10-10 为疏水阀处传感器安装示意图。

由前端感知系统对温度、压力指标进行实时监测，通过网络传输系统将前端数据利用物联网技术传输到采集平台，最后由业务系统对数据进行分析处理并结合下面的流程进行分析与判断，及时将上传数据与预警信息进行展示。

（1）获取疏水阀出口温度传感器的数值，将其与理论疏水温度阈值比较，识别疏水阀故障。

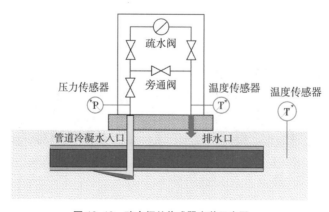

图 10-10 疏水阀处传感器安装示意图

（2）利用疏水阀出口温度传感器获取一段时间内的疏水频次，将其与理论疏水频次对比，识别疏水阀是否处于异常疏水状态。

（3）获取布设在管段附近土壤温度传感器的数值，将其与理论土壤温度值比较，识别蒸汽管道保温层异常工作状态。

（4）获取该管段疏水支路的压力数值及该管段上游疏水支路的压力数值，将二者对比，识别管段是否处于异常压力状态。

（5）结合上述判断结果，综合研判蒸汽供热管网是否存在积水风险或者水击风险。

10.3.3 供热管网泄漏次生衍生灾害预警方法

通过调研国内外历史上发生的热力管道泄漏事件，确定热力管道可能引发的次生衍生灾害链。对常见的泄漏安全事件，利用动力学方法分析不同介质的热力管道泄漏速率，从而确定灾害范围和危险性。

1. 次生衍生灾害链

（1）高温伤亡

由于地下供热管道是以热水或者蒸汽的形式通过管道系统输送给用户，这就决定了其与普通自来水供水管道相比具有高温的特殊性。供热管道一旦发生失水事故，如管道爆裂等，就有可能对周边居民或过往行人造成高温烫伤等。

（2）建筑物损毁

高温供热管道具有压力高的属性，供热管道一旦发生爆裂事故，高温介质在高压的推动作用下从断裂口喷出，对周围建筑物形成强大冲击力，若供热管道安装质量不好，则也容易因高温热水喷出形成反作用力而对周围物体造成破坏。

（3）引发火灾

供热管道正常情况下管外均包有保温层，保温层一旦破裂，其管道内热媒的高温热量将通过管道壁破损处往外界散发，若此时存在易燃、可燃物覆盖该处，则很容易由于散热不良和温度升高而引发火灾；供热管道入户后，居民将通过散热器进行取暖，若散热器上随意覆盖易燃可燃物，导致通风不畅，温度升高，同样也容易引发火灾。

（4）其他灾害

供热管道当中的高温热水为高价软化处理水，已改变了原自来水的水质，再加上管道防腐剂等化学药剂的使用等，管道水中对人体有害元素较多，滥用容易对身体健康产生不利影响，可能导致污染附近水源。此外还包括路面塌陷、管沟水灾和危害其他管道等。

热力管道泄漏事故导致的灾害链事件图如图 10-11 所示。

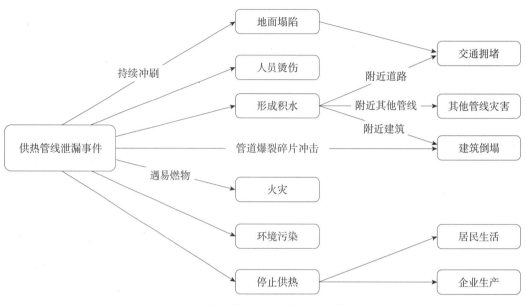

图 10-11　热力管道泄漏导致的灾害链事件图

2. 热力管道泄漏次生衍生灾害动力学分析

（1）热水泄漏动力学分析

热水泄漏可用流体力学的伯努利方程计算，其泄漏速率为：

$$Q = CA\rho\sqrt{\frac{2(P+P_0)}{\rho} + 2gh} \tag{10-6}$$

式中　Q——泄漏速率（kg/s）；

　　　C——泄漏系数，按表 10-2 取值；

　　　A——小孔面积（m²）；

　　　ρ——介质密度（kg/m³）；

　　　P——管道内压力（Pa），灾害分析时应考虑爆管压力为平时运行压力的数倍；

　　　P_0——环境大气压力（Pa）；

　　　g——重力加速度（m/s²）；

　　　h——小孔上液位的高度（m）。

不同裂口形状和雷诺数下泄漏系数 C 的取值　　　　　　　　表 10-2

雷诺数 R_e	裂口形状		
	圆形（多边形）	三角形	长方形
> 100	0.65	0.60	0.55
≤ 100	0.50	0.45	0.40

（2）蒸汽泄漏动力学分析

首先要根据热力管道压力，判断气体泄漏是否为临界流，判断公式如下所示：

$$\frac{P_0}{P} \leqslant \left(\frac{2}{k+1}\right)^{\frac{k}{k-1}} \qquad (10\text{-}7)$$

式中　P_0——大气压力（Pa）；

　　　P——管道压力（Pa）；

　　　k——气体绝热指数，即定压比热容和定容比热容的比值。

满足上式，气体泄漏为临界流，否则视为亚临界流。

按以下公式计算蒸汽泄漏速率：

$$Q = YCAP\sqrt{\frac{Mk}{RT}\left(\frac{2}{k+1}\right)^{\frac{k+1}{k-1}}} \qquad (10\text{-}8)$$

式中　Q——泄漏速率（kg/s）；

　　　C——泄漏系数，取值规律见表 10-2，小孔视为圆形时取 1.0；

　　　A——小孔面积（m^2）；

　　　P——管道内压力（Pa）；

　　　M——相对分子质量，这里取 18；

　　　R——气体常数，8.314J/（mol·K）；

　　　T——管道内蒸汽温度（K）；

　　　Y——泄漏系数，临界流的情况下取 1.0，亚临界流时按以下公式计算：

$$Y = \sqrt{\left(\frac{1}{k-1}\right)\left(\frac{2}{k+1}\right)^{\frac{k+1}{k-1}}\left(\frac{P}{P_0}\right)^{\frac{2}{k}}\left[1-\left(\frac{P_0}{P}\right)^{\frac{k-1}{k}}\right]} \qquad (10\text{-}9)$$

（3）热力管道泄漏次生衍生模型构建

计算得到热力管道不同介质的泄漏速率后，结合周围环境危险源和重要防护目标等信息，即可确定泄漏事件造成的次生衍生灾害范围和危险性。

第 11 章　城市地下空间安全透视技术与方法

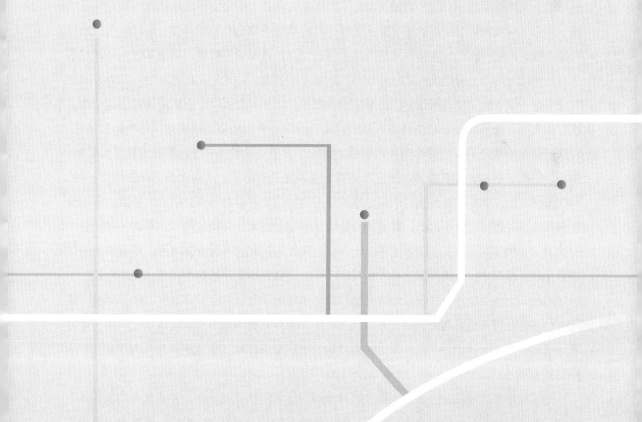

11.1 城市地下空间探测现状

随着人口的增长以及城市土地资源的短缺，人类正面临前所未有的可持续发展挑战，为了应对这一局面，各国纷纷采取"向地下寻求空间和资源"的战略，将地下空间的开发融入现代城市化进程的核心，这已经演变为一项国际性的前沿战略和科学问题。地下作为城市的"生命线"和重要载体，受到了越来越多的重视和关注，关于城市地下空间的规划已经逐渐成为城市在建设时所要面对的重要问题，地下轨道交通、综合管廊建设、海绵城市规划等都与地下空间的规划和利用密切相关。为了能够更加高效、安全、充分地开发和利用地下空间，深入了解城市地下空间的情况至关重要，对城市地下空间的地质条件、地层结构以及相关地质情况进行详查，成为实现城市地下空间开发利用透明化的关键，同时掌握相关详细信息有助于明确地下空间建设的方向和目标。随着多年的发展，地下工程逐渐融入国内各城市的建设中，城市化进程不断深化，城市的地质勘测、供水调查以及工程实施环境得到全面发展，但在地下空间的探测和监测等方面仍然面临一系列关于地面沉降问题、活动断裂问题、岩溶问题和地裂缝问题的理论与技术挑战。此外，很多涉及城市安全的基础设施（如排水、供水、供电、石油、燃气管道、通信线路等）常年埋设于地下，其中许多已超过服役年限，存在渗漏、爆炸和塌陷等风险。未来城市地下空间的建设将朝着综合化的方向发展，必须全面考虑城市的整体发展，因此，需要使用更先进的探测技术，并提高技术水平对于支持这一发展方向至关重要。目前，我国的城市地下空间开发主要利用多种探测技术，根据不同的探测数据和深度需求，选择的探测技术会有所不同。钻探是最常用的探测技术，但由于城市中的道路和人为建筑物覆盖了许多地方且勘探资金等限制，可能还会破坏原有的地下结构，因此有很多的城市不适合利用钻探技术。与之相比，地球物理探测方法具有成本低、施工速度快、对城市环境干扰小和无损探测等优势，可用于获取城市地下空间的信息，为开发和利用提供重要参考。

地球物理技术是使用先进的仪器来测量地质目标体的物理场分布，并将其与均质条件下的物理场进行比较，从中找出异常部分，进而研究与探测目标之间的关系，以解决地质或工程问题，可在城市地下构筑物探测、隐患排查、灾害评估等方面具有广泛应用。因此，地球物理探测技术实质上是测量和研究地质目标体与周围介质的物理特征参数之间的差异，地球物理勘探方法主要包括重磁电法以及地震勘探等技术。

其中，重磁电法主要包括探地雷达技术、高精度重力法、高精度电磁法以及高密度电法，其在城市地下空间探测方面各具独特优势。探地雷达技术是近几十年发展起来的一种探测地下目标的有效手段，与常规的地下探测方法相比，具有探测速度快、分辨率高、操作方便等优点。探地雷达技术利用电磁波的原理，通过向地下发送脉冲电磁波并接收反射信号来获取地下结构的详细信息，被广泛地应用于空洞探测、管网探测、管道漏水位置测定及垃圾填埋区域探测等方面。高精度重力法通过测量地球重力场的微弱变化，能够迅速获取有关地下岩石、洞穴和地下水的密度分布信息，有助于揭示区域的构造分布特征，圈定塌陷边界以及检测地下空洞等地质特征，适用于城市基础设施规划和地下水资源勘探。高精度电磁法则包括广域电磁法、时间域电磁法和频率域电磁法，通过测量电阻率、电磁感应和磁场变化，提供详细的城市地下空间结构和土壤性质信息。其可广泛应用于浅层的管道定位和地层分层、地下水监测、地下空洞和采空区探测和中深层破碎带或岩溶发育带以及岩土分界面。高密度电法采用密集的电极布设，通过测量高密度电压和电流，获得精准的地下电阻率分布信息。其在探测浅层地下的地下水、天然洞穴和地下建筑物方面特别有效，尤其适用于城市地下空间中的管道定位、地下建筑物检测和城市基础设施规划。

地震勘探技术主要分为反射地震勘探技术、面波勘探、弹性波干涉成像技术以及全波形反演技术等技术。反射地震勘探技术是利用地震反射波进行人工地震勘探的方法，具有工作方法简单、生产效率高等优势，在勘探精度、分辨率和勘探范围等方面都具有其优越性，在地质灾害调查、城市活动断层探测等方面发挥了重要作用。随着经济社会的不断发展，人们对于地面至地下几米、十几米或数百米的地球浅地表地下空间的探测需求日益增加。在实际工程应用中，主要体现在较发达城市的地铁施工工程地质检测等，其主要的目的就是探测地下空洞和速度结构，确保工程能够安全有效进行。面波最显著的特征是具有频散特性，即速度与频域具有强相关性，这也就意味着面波在不同介质中传播速度不同，因此对地球的浅层结构和震源的低频特性具有很好的约束，利用这种性质便可以很好地模拟出浅层地表的速度结构。此外，面波勘探具有分辨率高、能量衰减慢等特性，常用于勘探浅层地表，高频面波勘探方法目前已成为浅层勘探最常用的勘探方法之一。弹性波干涉成像技术是通过连续记录天然源或主动源地震数据来获取其频域内幅度谱随频率的变化特征，识别干涉信号对应的共振频率，利用共振频率及其与地层速度的关系反演地下层位的埋深，以求取地下结构信息，实现对城市地下结构的无损高分辨率地质结构勘探。该技术已在地铁地质勘察、道路下方缺损勘察、城市活断层勘察等方面获得了良好应用。全波形反演（Full Waveform Inversion，简称 FWI）方法在城市地下空间安全透视中扮演着关键角色。通过比较观测到的地震波形与模拟生成的波形，FWI 方法能够提供高分辨率、高精度的地下结构信息，揭示出城市地下空间中复杂的地质构造、岩性分布和地下水体情况。在城市规划和建设中，这些准确的地质数据对于地下管道、隧道、桥梁等基础设施的设计和施工至关重要。FWI方法的应用不仅提高了勘探效率，降低了勘探风险，还为城市发展提供了科学依据，确保了工程的安全性和可持续性。

然而，与传统的油气和矿产资源勘探不同，城市地下空间的地球物理探测技术仍然面临许多挑战，例如，不规则的持续噪声会导致数据的信噪比降低，交错的地下管网容易产生误导，而密集的建筑和硬化路面会影响数据采集。为了更好地对城市地下空间资源的开发和建设，必须在规划、建设和运维阶段选择适当的地球物理勘探方法。此外，由于城市区域存在大量人为干扰，场地环境也异常复杂，这给地球物理探测的施工和数据分析带来了重要挑战。因此，在解决城市浅层地下空间精细探测问题时，选择具有抗干扰能力、较大探测深度和较高分辨率的地球物理手段至关重要，这也是地球物理探测技术在城市地下空间应用中的主要发展方向。本章在介绍了高精度重力法、高精度电磁法、高密度电法、探地雷达技术、反射地震成像法、面波勘探、弹性波干涉成像法和全波形反演法等技术方法的基础上，通过研究不同地球物理探测技术在城市地下空间应用方面的实例，分析了这些方法在城市地下空间探测中的效果和可行性，并总结了地球物理探测技术在城市地下空间安全透视方面的应用前景。

11.2　重磁电法

科学合理开发和有效利用城市地下空间不仅是优化城市空间结构和管理格局的关键因素，更是实现地下与地面空间有机联系、推动城市整体同步发展，以及缓解城市土地资源紧张状况的必要手段。目前，城市地下空间探测已成为当前研究关注的热点问题，运用高精度的地球物理方法，包括高精度重力法、高精度电磁法和高密度电法等技术，是进行城市地下空间探测、开展地下地质结构调查以及地下空间填图不可或缺的重要手段。

11.2.1　高精度重力法

高精度重力通过在小范围布设密集测点对地下介质密度不均匀引起的微弱重力异常变化进行测量，通过数据处理确立异常区深度和尺度，并转化为合理的地质解释。相对常规重力方法，高精度重力法探测范围一般较小，但测点密度和探测精度较高。

1. 高精度重力法处理流程

高精度重力勘探包括数据预处理和数据处理流程。

数据预处理：数据预处理主要包括正常场改正和布格改正。

数据处理：数据处理主要包括野外获取的重力数据经过零点漂移校正、固体潮校正、纬度校正（正常场改正）、布格校正（高度改正和中间层改正）和地形校正等预处理，得到反映地下密度异常体分布的布格重力异常。由于布格重力异常是地下所有的密度不均匀体引起的叠加异常，重力数据处理的目的是从叠加异常中分离或突出目标体引起的重力异常，使其产生的信息更易于识别和辨认。重力数据处理和反演是后期地质解释的关键。

2. 高精度重力场法技术现状

随着重力场测量设备的精度提升和数据处理技术的不断优化，高精度的重力测量方法应用范围逐渐扩大，不仅限于城市地面测量，还可用于城市地下空间竖井、隧道乃至建筑内部。在处理重力数据时，除了需要进行传统的高度校正、中间层校正和地形校正之外，还可以加入建筑物以校正。这通常是通过正演来建立一个等效模型，以消除建筑物的影响。

路瀚等采用地面移动式高精度重力仪（精度达到 $0.001 \times 10^{-5} \mathrm{m/s^2}$），能够识别城市级异常（ $\pm 0.050 \times 10^{-5} \mathrm{m/s^2}$ 以内）。如图 11-1 所示，结合新兴的高精度重力技术识别了高精度重力在城市地下空间探测工作中常见的人文活动、城市建筑活动、交通道路、地下建筑及城市管道等客观影响因素，通过实际模型正演校正的方法消除假异常，获取探测真实微重力异常值，从而获得城市地下空间的隧道、采空区、空洞、塌陷区、管廊等空间位置信息，为城市物探工作者提供了一个微重力探测技术方法支撑。

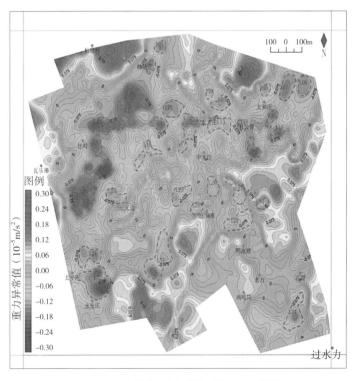

图 11-1　广州地下空间剩余重力异常示意图

高精度重力无需打孔布设电极或检波器，具有数据采集便捷、成本低、绿色环保、抗干扰等优点，在城市地下空间、考古探查、空洞探测、地下水迁移等方面广泛应用，在一定条件下具有不可替代性。

11.2.2　高精度电磁法

高精度电磁法主要分为广域电磁法、时间域电磁法和频率域电磁法。

广域电磁法（Wide Field Electromagnetic Method，简称 WFEM）是我国地球物理学家何继善院士在可控源音频大地电磁（Controlled Source Audio-frequency Magneto Telluric，简称 CSAMT）的基础上发展起来的，与 CSAMT 仅用于远区测量相比，WFEM 可以精准计算全域视电阻率同时用于远区和过渡区测量，能够在保持较小的收发距的情况下进行大深度探测。在城市复杂干扰环境开展测量时，仅测量电场数据而无需测量磁场数据，可以避免城市复杂磁场信号的干扰，在一定程度上增加了该方法的抗干扰能力。

时间域电磁法，主要包括瞬变电磁法（Transient Electromagnetic Method，简称 TEM）。它利用不接地回线（线圈）向目标地质体发射脉冲式电场作为场源（一次场），地下介质在一次电流脉冲场激励下会产生涡流，在脉冲间断期间涡流不会立即消失，在其周围空间形成随时间衰减的二次磁场，由此通过接收线圈测量的二次场空间分布形态，了解地下异常体的空间分布。瞬变电磁法具有对低阻体敏感的特点，容易受到城市中的电磁干扰影响。

频率域电磁法主要包括大地电磁法（Magnetotelluric Method，MT）、音频大地电磁法（Audio Frequency Magnetotelluric Method，AMT）和可控源音频大地电磁法（Control Source Audio-frequency Magnetotelluric Method，CSAMT）。它是一种主动探测方式，发射装置向地下辐射交变磁场，在供电期间，地下介质目标体产生涡流，进而产生稳定的交变二次磁场，通过接收二次磁场信号并利用地下介质层导电导磁性在不同频率下的差异特性来反演不同物质的分布特性，从而推测出地下结构特征。

高精度电磁法勘探包括数据预处理和数据处理流程。

数据预处理：数据预处理主要包括分离环境噪声、去噪和解密处理。其中，环境噪声处理是指为了提高数据质量，需要对环境噪声进行有效的分离。这通常可以通过使用带通滤波器或均值滤波器等方法来完成。去噪处理是指需要对包括稳态噪声、漂移、零值等噪声进行有效去除。解密是指将经过加密处理的数据转换为可读的格式。

数据处理：数据处理主要包括数据校正、反演、二次处理和数据解释。数据校正是为了消除因系统误差或环境噪声引起的数据误差，提高数据的精度和可靠性主要包括校正时间偏移、电压偏移以及补偿地球电场等。反演就是从测量数据中反演出地下介质模型。在反演之后，需要进行二次处理以得到更具体的地下介质特征。二次处理的方法包括数据剖面处理、数据叠加、数据分析等。数据解释是高精度电磁法勘探的最终目的，将反演和二次处理得到的数据集与现场地质资料相结合，得到地质结构和储层的定量描述。在进行数据解释时，需要综合考虑地质环境的各种因素，深入挖掘信息，并加以正确的分析和解释。

11.2.3　高密度电法

高密度电法（Electrical Resistivity Imaging，简称 ERI）是基于不同地层岩石间存在导电性能差异，集电剖面法和电测深为一体的地学层析技术。如图 11-2 所示，通过一组电极向地下供电，另一组电极测量电压、电流并引入装置系数，得到视电阻率值，从而推断解释地下地质结构，达到勘探目的。

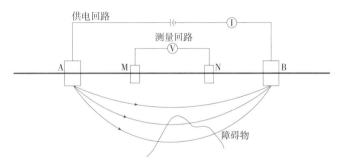

图 11-2　高密度电法勘探原理示意图

1. 高密度电法处理流程

高密度电法处理流程和高精度电磁法处理流程类似，主要包括数据预处理和数据处理流程。

数据预处理：数据预处理主要包括分离环境噪声、去噪和解密处理。

数据处理：数据处理主要包括数据校正、反演、二次处理和数据解释。

2. 高密度电法现状

高密度电法道数越来越多，道数的增加促进该技术走向实用化，同时高密度电法处理解释技术也在逐步前进。龙慧等利用高密度电阻率法对雄安新区 0~200m 第四系地层内发育的砂层透镜体、隐伏裂隙和塌陷等进行了探测研究。如图 11-3 所示，从高密度电阻率测深结果来看，雄安新区起步区 200m 以浅地层视电阻率分层特征明显，纵向上表现为"低—高—低"三个明显电性结构特征。结果验证高密度电阻率测深不仅提供了起步区浅层地—电结构特征，结合工程地质孔和地下水矿化度资料，划分了含水层有利区段为 15~30m 和 40~80m，还定量表示了地下水矿化度（TDS）与视电阻率之间的关系，为调查区咸淡水分界面的划分提供现实依据。

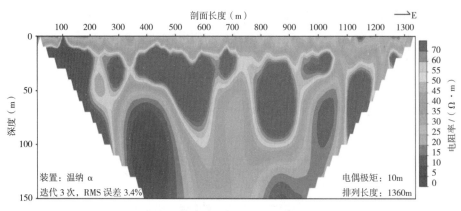

图 11-3 雄安新区高密度电法反演结果图

相比于传统电阻率法，高密度电法具有较多优点：①可一次性完成电极布设，操作快捷方便，避免多次布设的误差；②可高效测量多种电极排列方式，实现多参数测量；③自动化完成数据采集和收录；④可现场实时处理数据，效率高。

高密度电法在城市应用中面临的问题包括：城市环境电磁干扰对高密度电法不利，高电磁干扰下不宜采用；存在电极与硬化地面耦合问题，需有效改善接地条件，以确保正常供电和探测数据的可靠性；测线受建筑物及场地限制等。

11.2.4 方法对比

目前，城市地下空间地球物理探测方法及效果对比见表 11-1。高精度重力场法适合浅部小规模地质体的精细探测，可对地下异常体进行快速圈定；广域电磁法抗干扰能力强，可根据不同的探测目标进行局部频率加密，实现高精度探测；时间域电磁法（瞬变电磁法）工作效率高，地形影响小，对低阻异常体敏感，适合浅部水层，盖层厚度圈定；频率域电磁法探测深度大，对低阻异常体明显，适合大深度的地下空间探测，但抗干扰能力较弱；高密度电法可实现半自动化采集，效率高，能获取丰富的地质信息，但探测深度在 100m 以内。这些方法的探测深度与精度各有独特优势，因此建议在实际应用中根据工程任务采用多种方法进行联合勘探，避免单一方法的多解性。

城市地下空间地球物理探测方法及效果对比　　　　　　　　　　　表 11-1

方法	勘探深度（m）	探测效果	相对局限性	城市地下空间探测应用范围
高精度重力场法	10~300	探测重力异常；横向分辨率较高，定性为主	探测范围小，测点密度和测量精度要求高	可快速获取区域构造分布特征，圈定塌陷边界，探测地下空洞等

续表

方法	勘探深度 （m）	探测效果	相对局限性	城市地下空间 探测应用范围
广域 电磁法	＞1500	抗干扰能力强，探测精度高， 工作效率高	浅部分辨率相对较低	中深部破碎带或岩溶发育带 以及岩土分界面
瞬变 电磁法	500	工作效率高，对低阻体敏感， 地形影响小；分辨能力强	易受电磁及周边金属结构 干扰，横向、垂向分辨 率低	适用浅部盖层厚度、地层分 层和富水性、岩溶、地下空 洞和采空区探测
频率域 电磁法	＞200	对低阻层敏感；横向分辨力 强；勘探深度大，施工方便	抗电磁干扰能力差，纵向 分辨率低，探测精度有限	适用于大深度的地下空间资 源探测
高密度 电法	10～100	半自动化采集，节省人力， 获取的地质信息丰富	抗干扰能力差，浅部存在 盲区、体积效应	地下水、不良地质体、污染、 天然洞穴和地下构筑物等 探测

11.3　探地雷达

11.3.1　探地雷达技术

探地雷达（Ground Penetrating Radar，GPR）技术是勘探地球物理界广为接受的一项探测技术。图 11-4 为探地雷达系统框图，探地雷达向地下发射宽频带窄脉冲形式的电磁波，电磁波在地下介质传播过程中，遇到存在电性差异的地下目标体，如空洞、分界面等，电磁波便发生反射、透射等效应，返回到地面的电磁波被接收天线所接收。根据接收天线获取的

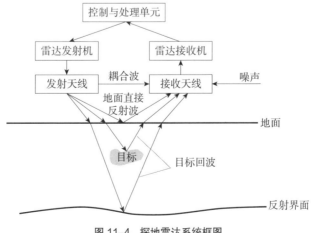

图 11-4　探地雷达系统框图

雷达波形、振幅强度、双程旅行时间等参数便可推断地下目标体的几何形态、空间位置和电性参数等信息，从而实现道路塌陷预防、管网探测、管道泄漏位置探测等目的。

探地雷达的主要技术参数分辨率和探测深度直接影响着探地雷达的性能和应用效果。分辨率是指分辨最小异常体的能力，可分为垂向分辨率和横向分辨率。垂向分辨率是指在探地雷达剖面中能够区分一个以上反射界面的能力，一般情况下，把 1/4 波长厚度作为垂直分辨率的下限。探地雷达在水平方向上所能分辨最小异常体的尺寸称为横向分辨率，通常用第一菲涅尔带说明。对于两个同等埋深的相邻目标体而言，两个目标体的横向距离要大于第一菲涅尔带半径才能区分出两个目标体。此外，横向分辨率与地下媒介衰减常数、目标体深度以及雷达天线的测点密度有关。

探地雷达有多种中心频率的天线，不同中心频率的天线的穿透深度不同，低频天线的探测深度较大，但分辨率低；高频天线的探测深度较小，但分辨率较高。表 11-2 为各种频率的雷达天线可达到的探测深度和应用领域。

各种频率的雷达天线可达到的探测深度和应用领域　　　　　　　表 11-2

天线中心频率（MHz）	探测深度（m）	应用领域
80 以下	5 ~ 25	地质、环境
100	3 ~ 20	地质、环境、工程、考古
300	1 ~ 9	浅层地质、环境、工程、考古
500	0.5 ~ 3.5	环境、工程、建筑、公路
900	0.1 ~ 1.5	混凝土、公路、建筑、桥梁

由于探地雷达采用高频电磁波的形式进行地下介质的探测，其运动学规律与勘探地震方法类似，因此可以将勘探地震的数据采集方法借鉴到探地雷达数据采集当中，其中包括剖面法、宽角法和透视探测法。

剖面法中发射天线和接收天线以固定间隔沿测线方向移动。图 11-5 为剖面法示意图及雷达图像剖面，剖面法采集方式简单，采集过程中即可监视雷达记录，从而及时发现异常或目标体。

宽角法根据发射天线及接收天线的移动方式，可以得到相当于地震勘探中的共炮点、共检波点以及共中心点记录，如图 11-6 所示。宽角法测量可以求取地下介质的雷达波速度，为时深转换或数据解释提供资料。

透视探测法能够提供更大探测范围，主要有两种采集方式：零偏移距剖面和多偏移距剖面，如图 11-7 所示。零偏移距剖面探测发射天线和接收天线逐步同步移动，可获得天线间的速度信息。多偏移距探测可获得多个穿透角度的数据，是层析成像的基本探测模式。

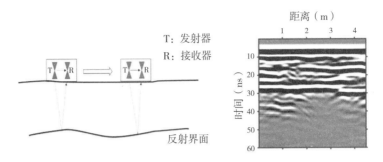

图 11-5　剖面法示意图及雷达图像剖面

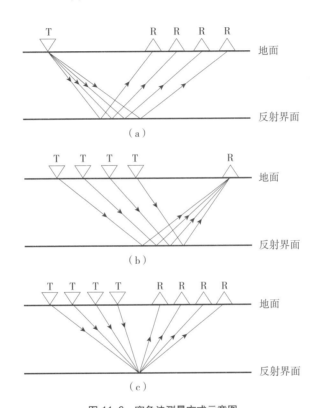

图 11-6　宽角法测量方式示意图

（a）共发射点测量；（b）共接收点测量；（c）共中心点测量

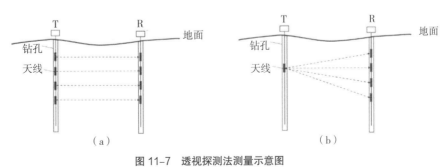

图 11-7　透视探测法测量示意图

（a）零偏移距剖面；（b）多偏移距剖面

11.3.2 探地雷达数据处理与解释

1. 探地雷达数据处理

（1）数据编辑

在野外数据采集时，由于电池电量不足、测线长度过长、测线方向不同以及原始数据中包含错误数据等因素导致数据不便于处理，数据编辑就是针对这一问题对原始数据进行修正、整合。此外，有时在雷达剖面上出现正负半周不对称的情况，这时的数据中含有直流分量，需要对波形进行处理，以确保每道数据的平均值接近于零。

（2）增益

探地雷达对地探测时，电磁波幅值在短时间内迅速衰减，深、浅部电磁波信号强度差别巨大，给显示、分析、解释带来一定的困难，需要对深层信号进行校正处理才可能与浅层回波信号同时显示出来。常用的增益方法包括：指数增益、分段线性增益、包络增益、人工智能增益等。

（3）滤波处理

滤波处理是数据处理的关键，由于原始数据中包含有效信号的同时也夹杂着干扰信号，需要结合适当的滤波处理，对干扰波进行压制突显出有效信号。

滤波可以简单分为两类：时域滤波和空域滤波，时域滤波针对每道随时间变化的数据进行处理，空域滤波对多道数据沿着横向距离进行处理。典型的时域滤波包含：简单平均、简单中值、频域滤波（低通滤波、高通滤波、带通滤波、带陷滤波）。空域滤波与时域滤波有着相同的处理方式，只是空域滤波对应于雷达剖面的横向距离，常用的处理方法包括：简单滑动平均、减平均、减背景、波数域滤波。

时域滤波和空域滤波通常被组合起来形成二维滤波技术，以实现对雷达数据在时域和空域的同时处理。典型的二维滤波技术为频率—波数滤波，利用有效信号与干扰波在视速度上的差异使有效信号所在的视速度范围得到加强，对其他区域进行压制。目前，常用的二维滤波器有 4 种，如图 11-8 所示。

（4）反褶积

反褶积也叫反滤波，是滤波的一种逆过程。探地雷达通过发射天线发射雷达波，雷达波信号在地层传播的过程中，大地对雷达子波具有滤波作用，相当于一个低通滤波器，使尖脉冲变成了具有一定延续时间的波形。该技术将雷达记录的子波压缩为窄脉冲形式来提高记录剖面的分辨力，探地雷达数据反褶积效果如图 11-9 所示。常见的反褶积技术包括：最小平方反褶积、预测反褶积、最小熵反褶积等。

（5）偏移

偏移技术通过将探地雷达数据中的每一个反射点移动到其原来的空间位置来获得地下介

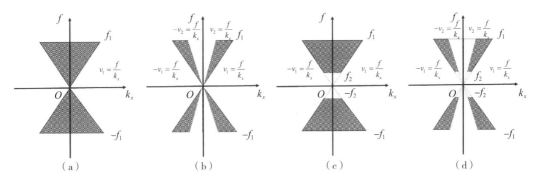

图 11-8　常用的二维滤波器
（a）扇形滤波器；（b）切饼式滤波器；（c）带通扇形滤波器；（d）带通切饼式滤波器

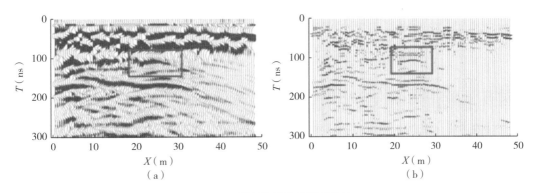

图 11-9　探地雷达数据反褶积效果
（a）反褶积前；（b）反褶积后

质真实形态的成像方法。实际上的偏移技术有两类：一类是以射线理论为基础的偏移方法，另一类是波动方程偏移方法。基于射线理论的偏移方法有波前模糊法、绕射扫描叠加法和偏移叠加法等，但是射线理论只是近似描述电磁波的传播规律，在速度变化平缓的情况下能获得较好的效果。基于波场方程的偏移方法，如有限差分法、Kirchhoff 积分法、波场外推的 F–K 方法、逆时偏移法等。即使在地质条件复杂的情况下，基于波动方程的偏移方法也能够在偏移归位过程中保持反射波的特征，成像精度较高。

2. 探地雷达资料解释

（1）反射波的拾取与同相轴追踪

探地雷达资料的解释基础是反射波的拾取和同相轴追踪。只要地下介质存在电性差异，就可以在雷达剖面上找到相应的反射波与其对应，不同道上同一个反射波相同相位连接起来称为同相轴，根据同相轴的变化就可以在雷达剖面上拾取反射层。

（2）雷达波速度的求取

雷达波速度的求取是探地雷达资料解释的重要内容。雷达波速度求取的是否准确直接关系到解释结果的准确程度。常用的电磁波传播速度获取方法包括公式计算法、几何刻度法、介电常数法、CDP 速度分析法等。

（3）时间剖面的解释

探地雷达的时间剖面主要表现如下特征：

雷达反射波同相轴发生明显错动。破碎带、裂缝以及含水量变化大时会造成雷达剖面上反映地层界面的同相轴发生明显错动。

雷达反射波同相轴局部缺失。地下裂缝、地层性质以及不均衡的风化发育对雷达反射波进行吸收和衰减，造成雷达反射波同相轴局部缺失。

雷达反射波波形畸变。地下裂缝、不均匀体对于雷达波的电磁弛豫效应和衰减、吸收造成雷达反射波在局部发生波形畸变。

雷达反射波频率发生变化。土壤成分含量会影响雷达波的电磁弛豫效应及衰减、吸收作用，在对雷达波形改造的同时造成雷达反射波的频率变化。

11.4　高精度浅层反射地震成像

11.4.1　反射地震勘探技术

地震勘探是利用地下地层体的弹性差异来探测地下地质构造的一种极为重要的地球物理勘探方法。在勘探精度、分辨率以及勘探范围等方面都具有其优越性。地震勘探技术被广泛地应用于空洞、断层等目标的探测。地震勘探是采用人工的方法激发地震波，沿测线不同位置用地震勘探仪器检测大地的振动，并对这种携带了地层信息的振动进行加工处理和解释，以此来推断地下的结构及岩性。

地震波传播的规律与几何光学所遵循的规律极为相似，地震波在传播的过程中遇到弹性分界面时，将产生反射、折射和透射，接收不同的波，就形成了不同的地震勘探方法，不同地震波的传播方式如图 11-10 所示。

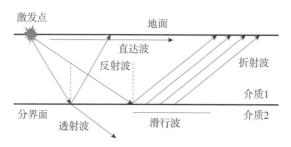

图 11-10　不同地震波的传播方式

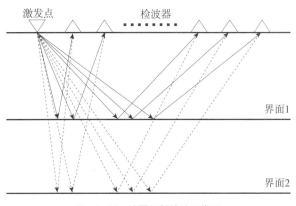

图 11-11　地震反射波法示意图

反射波法利用记录到的反射波信号来描述地下的地质构造等情况，是地震勘探中使用最为广泛的一种方法。它在靠近震源的不同位置上，观测地震波从震源到不同弹性分界面上反射回地面的地震波动，如图 11-11 所示。

11.4.2　高精度浅层反射地震采集技术

对于地震数据的采集工作而言，合理的观测系统是获得高品质地震数据体的前提。根据观测系统的不同，可将地震勘探分为二维地震勘探与三维地震勘探方法。通常在二维地震勘探中垂直测线以外构造走向上的信息在偏移时不能正确归位，存在较大的局限性。而三维反射地震勘探，可以较好地考虑三维菲涅尔带的影响，成像偏移归位准确。因此，在本节中主要讲述高精度三维浅层反射地震采集技术。

常规的三维地震勘探观测系统是多种多样的，如图 11-12 所示，根据炮检点的分布情

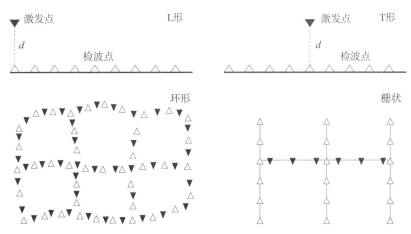

图 11-12　不同的三维地震勘探观测系统

况主要包括 L 形、T 形、十字形、环形状、线束状、栅状观测系统等。由于装备和技术等问题，造成常规三维地震勘探成果验证准确率较低。目前，常规三维地震勘探存在观测系统设计依据不充分、测量资料不准确、纵向及横向分辨率不够、长波长静校正等问题。

高精度三维浅层反射地震勘探技术通过加密地震采集的空间采样率，减少数据采集时激发和接收组合等方式有效提高地震分辨率和保真度。高精度三维反射地震资料处理对于三维观测系统的设计提出了更高的要求，在设计观测系统时主要需要考虑以下几点：

（1）方形小面元有利于静校正计算、高分辨率成像。

（2）浅层要求足够的覆盖次数，以利于成像。

（3）要有足够的偏移距，以利于偏移成像和 AVO 分析。

（4）空间对称采样、连续采样、均匀采样。

（5）小道距单检波器接收，高密度空间采样。

（6）高时间采样率以满足反褶积、叠前反演等技术的基本要求。

（7）选择恰当的总体覆盖次数，有利于压制干扰，提高信噪比。

针对高精度浅层反射地震技术在城市地下空间探测中的应用，充分利用先进的地震数据采集仪器、采集方法能够获得更为理想的探测结果。如图 11-13 所示，节点仪器相对于传统有揽仪器具有无道数限制、无连接线缆、无布设限制等特点，适合于城市高密度地震数据采集。高密度节点采集具有保真度高、波场信息丰富、宽频带的特点，配合高精度地震数据处理技术，成像剖面的纵、横向分辨率均有较大提高。

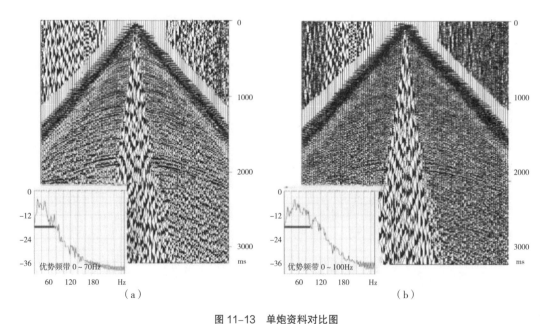

图 11-13　单炮资料对比图
（a）常规检波器组合单炮资料；（b）节点检波器单炮资料

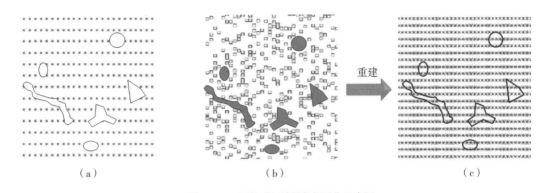

图 11-14　压缩感知地震数据采集示意图
（a）常规采集；（b）压缩感知非规则采集；（c）重建高密度采集

　　随着高密度采集所需要的采集时间和成本逐渐增加，如何提高勘探效率成为业界关注的话题。如图 11-14 所示，压缩感知地震数据采集技术改变了传统的采集方式，通过优化设计非规则稀疏观测系统提高勘探效率。节点仪器与压缩感知地震采集技术相结合，能够适应城市复杂条件下地震观测系统布设问题，实现浅层地下空间的均匀照明及成像。

11.4.3　高精度地震资料处理技术

1. 静校正处理

　　静校正是消除由于地形起伏、近地表速度横向变化快对地震波传播造成的影响，使地震反射波时距曲线能够满足于动校正曲线方程的一种技术。静校正问题会降低地震资料的垂向分辨率、出现假构造、影响速度分析，降低地震勘探的成功率。在高精度地震勘探中，静校正尤为重要。

　　在地震勘探中常用的静校正解决方法分为两类：一次静校正和剩余静校正。一次静校正主要包括高程静校正、初至波层析静校正等。剩余静校正包括地表一致性剩余静校正、非地表一致性剩余静校正、蒙特卡罗剩余静校正以及最大能量剩余静校正等。

2. 噪声压制技术

　　地震数据噪声压制是提高地震资料信噪比的重要步骤，去噪效果的好坏直接影响后续地震数据的效果。按照噪声在地震记录里的特征，可将噪声分为规则噪声和不规则噪声。规则噪声具有一定的频率和视速度，如面波、交流电干扰、声波、浅层折射波等。不规则噪声主要指在地震记录里面杂乱无章，没有一定频率和传播方向的波，也叫作随机噪声。

　　噪声的种类复杂多样，因此压制噪声的方法也要根据有效信号与噪声的特点有所不同。对于规则噪声而言，常采用的压制方法主要有频率—波数滤波、倾角滤波等技术。对于不规则噪声，由于其频谱范围广、振幅范围广、视速度不稳定，需要通过相干加强、多项式拟

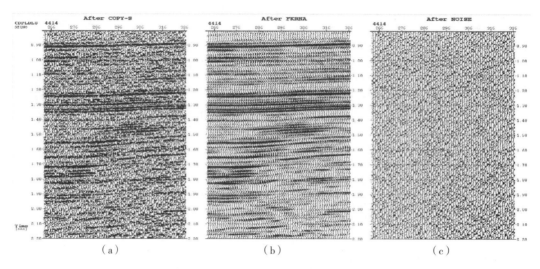

图 11-15　随机噪声压制前后数据及压制的噪声
（a）随机噪声压制前数据；（b）随机噪声压制后数据；（c）压制的噪声

合、频率—空间（f-x）域随机噪声衰减、稀疏变换、压缩感知及智能去噪等处理技术对随机噪声进行最大程度的压制。图 11-15 为随机噪声压制前后数据及压制的噪声，地震资料的信噪比有了很大提升。

3. 提高分辨率处理技术

由于地层的吸收衰减作用，地震波从地面激发，经过大地滤波作用后被布设在地面的检波器接收，不同地层对地震波不同频率成分的吸收衰减作用不同，造成地震资料中的高频成分损失。地震资料的频率成分是否丰富，直接影响其对地层的分辨能力。高分辨率处理技术可以提高地震资料的主频，拓宽频带，提高描述更小、更薄地质体的能力。提高分辨率处理技术主要有反褶积、反 Q 滤波、盲源分离、压缩感知、谱白化、谱反演等。利用压缩感知拓频技术对地震数据进行高分辨率处理，得到的处理结果如图 11-16 和图 11-17 所示，可明显提高地震剖面的分辨率。

4. 偏移成像技术

偏移成像是地震资料处理的重要环节之一。地震偏移的目的是获取地下构造与反射系数，即在一定的数学物理模型基础上，将检波器接收到的地震记录进行反传播，消除地震波传播效应影响获取地下构造图像的过程。地震偏移方法分为射线类和偏移类两种，射线类偏移方法利用几何射线理论来计算波场信息，具有较高的计算效率。波动方程类方法以波动方程数值解法为基础，通过递归波场进行成像，具有更高的成像精度。

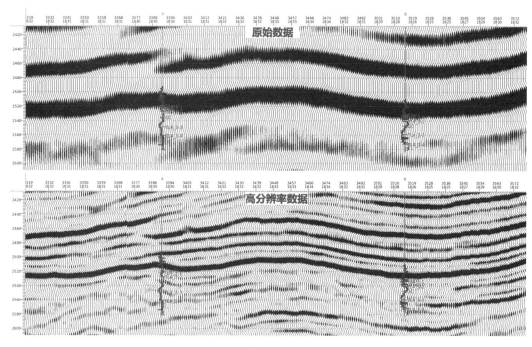

图 11-16　提高分辨率处理前后对比

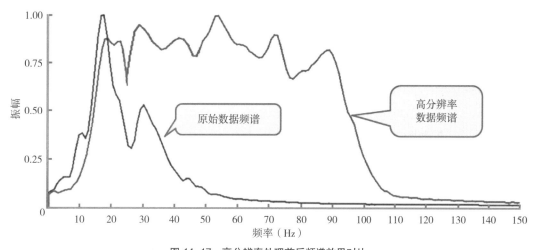

图 11-17　高分辨率处理前后频谱效果对比

11.5　面波勘探

作为浅层勘探的重要方法之一，面波勘探常用于城市地下空间结构的探测。高频面波方法作为当前应用较广的面波勘探手段，可以反演地下横波速度结构，进而划分浅地表的地层结构，辅助岩土力学研究，并评估工程可行性。例如，在地下商业建筑、地下停车场以及地铁施工等领域，面波勘探可以在工程前期地质勘察中清晰地描绘施工深度地层的地质结构，以防止在后续施工过程中出现大型地下空洞等问题，从而保障地下建筑的安全。此外，面波还可以用来确定路面的抗折、抗压强度以及路基的载荷能力和地层结构，实现对公路的实时监测。作为一种有效手段，面波勘探有助于在不同领域中进行地下结构的准确分析和评估，从而提高工程建设的质量和安全性。

11.5.1　面波勘探方法研究现状

地表面波主要分为瑞雷波和勒夫波。1973 年，美国的 Chang、Ballard 等学者在国际地球物理勘探年会上首次提出了应用瞬态瑞雷波法来解析浅层地质问题。这一成果的发表引发了对瑞雷面波勘探的理论和技术方法研究的热潮，同时也催生了许多创新性成果。1983 年，Nazarian、Stokoe 等学者首次提出了面波波谱分析方法（SASW）。通过分析面波的频散曲线，该方法可以建立浅地表的横波速度结构剖面。这一方法的提出促使瞬态瑞雷波勘探在工程领域得到广泛应用，为实际生产带来了很多便利。然而，瞬态面波方法局限性较多。1999 年，美国堪萨斯地质调查局的 Park 和夏江海等学者提出了瑞雷波多道分析法（MASW）。他们的研究对瑞雷波勘探方法的推广产生了深远影响。随着 Park 和夏江海团队的持续深入研究，勒夫波多道分析法（MALW）、基于空间互相关的被动源面波多道分析方法相继被提出，使得面波勘探方法更加完善。高频面波方法也成为当前主要的浅层面波勘探手段，极大地推动了浅层地震勘探技术的进展。

11.5.2　面波勘探方法及流程

根据介质中质点运动规律和波的传播性质，地震波可以被分为体波和面波，这里主要讨论面波。面波可以分为两大类型：瑞雷波和勒夫波。瑞雷波主要分布在自由界面附近，是由 P 波和 SV 波相互干涉所形成。勒夫波的生成需要地下介质存在波阻抗分界面，主要由 SH 波相互干涉而形成。

面波的频散特性是面波非常重要的特性，也是高频面波勘探研究的重点。面波在非均匀介质中具有频散特性，而在均匀介质中不表现出频散特性。不同频率的谐波会以不同的速度传播，这会导致脉冲波形随着传播距离的增加而发生变化，这种现象就是频散现象。频散是表面波勘探的基础，通过在某一点激发出具有多种频率的表面波，并利用其不同波长进行深度探测，达到频率测深的目的。

高频面波勘探方法主要分为三个流程：数据测量、频散分析和反演分析，如图 11–18 所示。

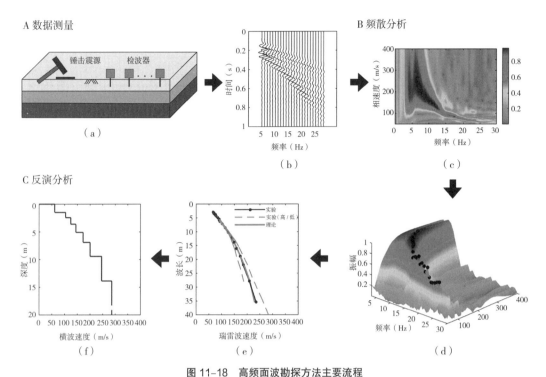

图 11-18　高频面波勘探方法主要流程
（a）现场设备布置；（b）道集记录；（c）频散能量图；（d）基阶频散曲线提取；
（e）实验和理论频散曲线；（f）横波速度剖面

　　首先需要激发震源并测得实际的面波道集数据［图 11-18（a）、图 11-18（b）］，然后作频散分析得到面波频散曲线［图 11-18（c）、图 11-18（d）］，最后根据面波频散曲线来反演地下横波速度结构［图 11-18（e）、图 11-18（f）］。

11.5.3　实际数据采集方法

　　对于数据的采集，通常分为主动源法与被动源法，主动源法即人为主动激发震源，而被动源法则以背景噪声作为震源，这里以主动源为例，主动源面波勘探采用单炮激发多道检波器接收的方法。其中瑞雷波采用震源垂向激发，垂向检波器接收；勒夫波采用震源横向激发，横向检波器接收。在采集过程中，需要记录三个关键参数，分别是最小偏移距（震源与第一个检波器之间的距离，如图 11-19 中的 A）、道间距（相邻检波器之间的距离，如图 11-19 中的 B）和检波器排列长度（第一个检波器到最后一个检波器之间的距离，如图 11-19 中的 C），这些参数后续会用于面波频散分析。

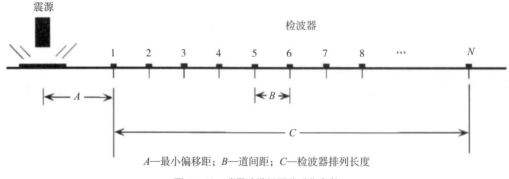

A—最小偏移距；B—道间距；C—检波器排列长度

图 11-19   瑞雷波勘探野外采集参数

11.5.4   面波频散分析方法

对于频散分析，一旦获取了面波道集数据，接下来的步骤就是提取面波的频散曲线。目前常用的方法包括 τ-p（时间—慢度）变换法、f-k（频率—波数）变换法、相移法。

τ-p 变换法由 McMechan 和 Yedlin 于 1981 年提出的变换方法，其主要原理是拉东变换的离散形式；f-k 变换法则本质上是一种二维的傅里叶变换；相移法是由 Park 等人在 1998 年提出的一种提取面波频散曲线的新方法，该方法伴随着 MASW 方法一起提出，主要原理是通过频谱分离和相位谱叠加。

11.5.5   反演分析方法

在面波勘探中，反演分析是至关重要的步骤，其中面波频散曲线的反演是一个高度复杂的非线性问题，且涉及多参数、多极值的地球物理反演。反演的基础是正演，反演需要通过不断地更新正演的模型参数，寻找到拟合实际数据的最优解。面波的理论频散曲线可以通过多种算法计算得出，Thomson 和 Haskell 首次提出利用传递矩阵算法计算瑞雷面波频散曲线，后续也出现了一系列相应的改进算法，诸如 Schwab-Knopoff 方法、反射透射法、刚度矩阵法、广义反射—透射系数算法等，刚度矩阵法和广义反射—透射系数算法应用相对较为广泛。

在选择完合适的正演算法后，便需要进行反演分析，通常，反演方法可分为两类：局部搜索和全局搜索。局部搜索主要基于迭代，从反演参数的初始估计开始，通过迭代逐步优化，生成一系列改进的模型，常用的局部搜索方法包括最小二乘法、Levenberg-Marquardt 算法（阻尼最小二乘算法）和 Occam 算法。全局搜索方法试图在整个解空间中搜索目标函数的极值，通过先验信息和优化方法来引导搜索以找到解空间中高概率密度分布区域。常见的全局搜索方法包括蒙特卡罗算法、遗传算法和模拟退火算法等。

11.5.6　应用实例

近年来，高频面波方法广泛应用于城市地下空间透视探测，这里展示部分应用实例。陈淼等人在 2022 年发表的文章中利用多道面波分析方法，开展趵突泉边界地质结构探测，获得了浅层地层结构特征，推测了泉水边界径流通道方向，为济南轨道交通建设和地下空间资源开发利用提供了新的技术支撑。

该工作的测线位于济南泉城东边界历山路—佛山路段，如图 11-20 所示，南北向布设，测线长 252m。采用拖缆式数据采集方法，落锤震源，50 道 45Hz 低频单分量检波器接收，道距为 4m，最小偏移距 52m，单炮排列长度 196m，炮间距为 4m。

图 11-20　泉水分布与测线布置相对位置图

由于测线位于济南市中心地段，白天施工、车辆和人为活动等环境噪声较为复杂，不具备施工条件，因此选择夜间进行施工的方式降低环境噪声干扰。图 11-21 为城市数据采集过程图和野外原始单炮记录。得到主动源面波多道数据后需要对数据进行处理，即作频散分析和反演分析，如图 11-22 所示。相关操作包含提取实际数据面波记录［图 11-22（a）］、面波频散曲线拾取［图 11-22（b）］、反演一维横波速度［图 11-22（c）］和绘制二维横波速度剖面图［图 11-22（d）］。

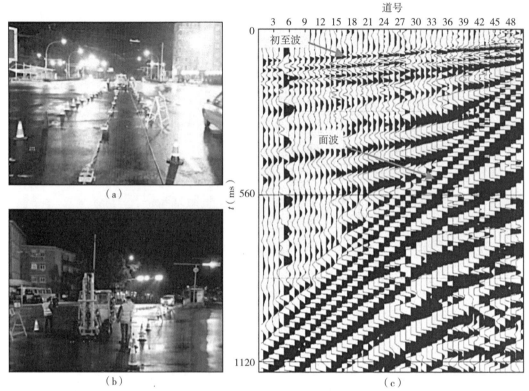

图 11-21　城市数据采集过程图和野外原始单炮记录
（a）检波器排列；（b）震源激发装置；（c）原始单炮记录

　　然而，由于传统的主动源面波勘探方法在人口密集的城市地区的应用受到限制，故被动源面波方法得以快速发展。被动源面波勘探具有弥补主动源方法勘探深度的不足、节省野外施工成本和能够在工程应用尺度上进行地下介质结构演变的长期监测等优点，为目前城市地下空间探测的研究热点。

　　另一实例为 2022 年江苏省南京市某地拟建一过江隧道，遇到地下地质情况不明、施工条件不确定的情况，此时要求对施工区域的场地土类别进行划分、圈定地层中软弱层的埋深及分布范围、明确地下岩溶和断裂构造的分布情况等，中南大学的周兆城等人利用主动源与被动源面波联合勘探对此过江隧道进行了检测。工区构造地质简图如图 11-23 所示。

　　本次作业采用 12 道 12Hz 检波器进行线性排列，道间距为 5m，采样间隔为 4ms。主动源面波采用重锤激发，偏移距为 10m，被动源采集时间为 20min。此次共布置两条测线：测线 L1、测线 L2。主动源频散分析方法采用相移法，被动源频散分析方法采用空间自相关法（SPAC），最终反演得到 L1、L2 测线的二维横波速度剖面图如图 11-24、图 11-25 所示。

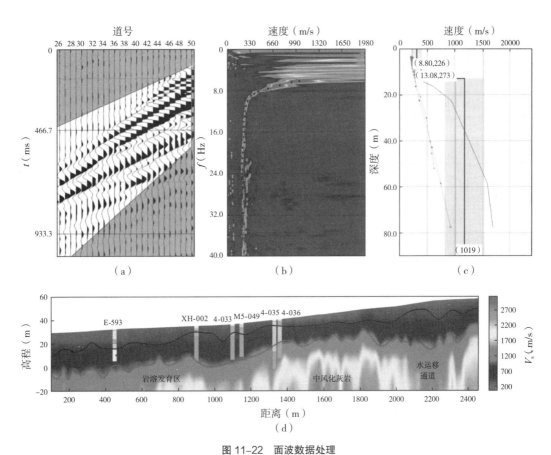

图 11-22　面波数据处理

（a）面波记录；（b）频散谱；（c）速度模型反演前后对比；（d）二维横波速度剖面图

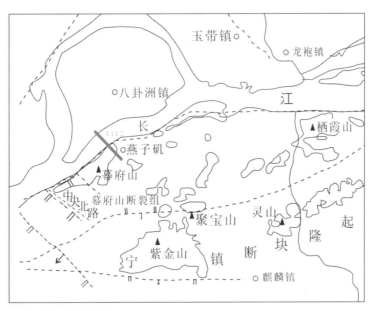

图 11-23　工区构造地质简图

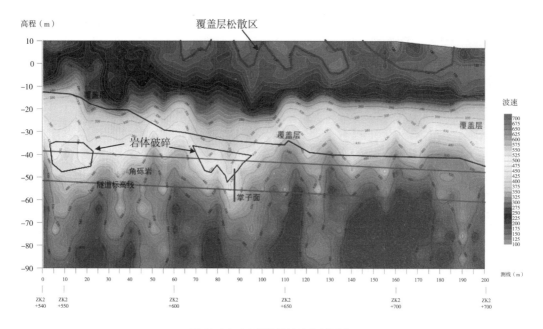

图 11-24　L1 测线横波速度剖面图

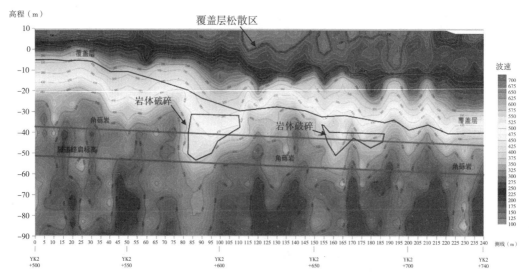

图 11-25　L2 测线横波速度剖面图

　　由图 11-25 中横波速度图像可知，探测区域内地层层状特征明显，由浅至深速度变化趋势明显从小变大。根据横波速度分布范围，可以把测区内覆盖层及以下相邻地层大概分为 3 层，自上而下，随深度增加横波波速逐渐增大。从图中可知，第 1 层为人工填土层，主要由建筑垃圾、混合黏性土等组成，埋深约在地上 10m 到 0m；第 2 层为粉质黏土夹粉土，埋深约在 0m 到地下 30m；第 3 层为基岩，主要由灰岩含砾砂岩、角砾岩等组成。L1 和 L2 测线平面图中隧道洞附近有两处波速低速异常区，推测为岩石破碎带。未见明显低速异常，即判断不存在断层、岩溶等不良地质情况，完成该物探工作后与钻孔资料对比分析，与实际地下情况大致吻合，为后续城市地下过江隧道施工提供地质条件。

以上实例表明，面波勘探方法对于划分地层，查明岩溶、断层等不良地质体，场地稳定性评价等方面十分有效，且通过实例证明该方法行之有效，广泛应用于城市地下空间探测。

11.6　弹性波干涉成像

11.6.1　主动源干涉成像技术

1. "impact-echo" 方法（冲击—回波法）

主动源共振频率成像的思想最早来自于 "impact-echo" 方法。在 20 世纪 80 年代早期，美国的国家标准和技术研究所（NIST）根据先前已有的声波识别的 NDT 方法开始发展一种用于混凝土评估的新方法。1990 年，康奈尔大学的桑萨隆博士开发出了一种被称为 "impact-echo" 的专利方法。该方法主要用于简单混凝土结构内部的缺陷检测。

"impact-echo" 方法假设在研究材料表面引发的机械冲击会产生瞬态压缩波（P 波），P 波会在缺陷界面与自由表面之间形成多次连续反射。缺陷界面是混凝土内部的裂缝或分层，它可以被看作是第二个自由表面。同时，每次反射的瞬态波信号极性被反转，这会导致表面检波器记录到具有相同极性的多次反射。

"impact-echo" 方法的基本概念如图 11-26 所示。在对表面进行激励施加瞬态信号后，一个位于激发点附近的检波器会记录到时域内的质点位移。使用快速傅里叶变换（FFT）得

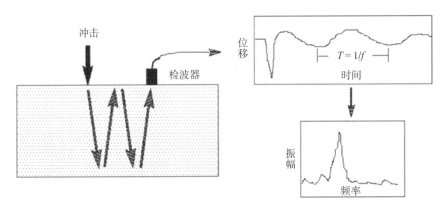

图 11-26　冲击回波法示意图

到时间记录的频谱，根据频谱分析识别出共振频率进而得到多次反射波的周期。

材料的厚度 H 可以通过地震 P 波传播速度 V 和双程旅行时间 T 来进行评估。假设激发源点和接收点位置之间的距离可以忽略不计，即波垂直入射下的自激自收情形，可以考虑 $T = t_{\text{down}} + t_{\text{up}}$，且 $t_{\text{down}} = t_{\text{up}}$，而"$T$"所对应的频率为 $f = \dfrac{1}{T}$，同时真实的地震速度应采用 0.96 的校正系数对材料表面实测速度进行校正得到。故可得到如下的厚度关系式：

$$H = \frac{VT}{2} = \frac{V}{2f} \rightarrow H = \frac{V}{2f \times 0.96} \tag{11-1}$$

式中　H —— 材料厚度（m）；

　　　V —— 地震 P 波传播速度（m/s）；

　　　T —— 双程旅行时间（s）。

2. "TISAR"方法

"impact-echo"方法出现后，陆续有许多研究人员开展工作试图将"impact-echo"方法扩展到包括地表沉积层的地质环境中进行应用。

1999 年以后，蒙特利尔理工学院进行的研究考虑了地质层的共振现象，以扩展冲击回波法的原理。在数据采集和数据处理操作方面，"TISAR"方法不同于冲击回波法。"TISAR"方法允许处理一个随深度增加，各层波阻抗随之可能增加或减少的多层模型。"impact-echo"方法中的厚度关系式可以被变换并扩展适应于多层模型：

$$H_n = V_n \left[\frac{1}{2k_n f_n} - \sum_{i=1}^{n-1} \frac{H_i}{V_i} \right] \tag{11-2}$$

式中，k_n 为一常数因子，其取值与第 n 和 $n+1$ 层地层的波阻抗 Z_n 和 Z_{n+1} 的差异有关。当 $Z_n > Z_{n+1}$ 时，反射系数为负，$k_n=1$；当 $Z_n < Z_{n+1}$ 时，反射系数为正，$k_n = 2$。Arsenault 和 Chouteau 使用二维有限差分软件（FLAC）进行了模型测试，验证了常数因子 k_n 的正确性。

与"impact-echo"方法的修正系数（0.96）类似，第 n 层的实测速度可以用 $\dfrac{\sqrt{12\left(1-\sigma_n^2\right)}}{\pi}$ 作为校正系数进行修正，其中 σ_n 为第 n 层的泊松比，由于松散介质的泊松比通常在 0.3～0.45 范围内，修正系数将在 0.985～1.052 之间变化。从实用的角度来看，修正系数可以被假设为 1 从而可以被忽略掉。

为了获取共振信号，"TISAR"采用了使用炮检距窗口识别共振信号的方法。图 11-27 展示了一个沥青路面实测的"频率—炮检距"谱图，通过选择合适的炮检距窗口，能够比较容易去除噪声频率特征。随后可以对所选距离窗口进行进一步处理，以更好地识别出共振频率并进行深度成像。这是"TISAR"方法的主要要点，也是其与"impact-echo"方法关于源和接收点足够接近要求的不同之处。

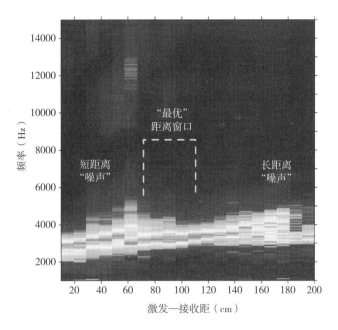

图 11-27　沥青路面实测数据的"频率—炮检距"谱图

　　主动源"TISAR"方法的数据采集通常会与地震折射的数据采集一起进行。这两种方法的结合是非常有效的，地震折射的结果能够为"TISAR"方法提供基础的地下速度模型的估计，便于"TISAR"方法进行更准确的地层厚度和结构的成像。

11.6.2　被动源干涉成像技术

　　被动源干涉成像技术记录的是低频天然源体波在地层界面反射回地表时与散射直达波叠加形成的干涉信号。利用互相关技术在记录的背景噪声中提取低频体波信号，变换到频率域后识别其幅度谱中的共振频率，根据其与地层厚度的关系式进行成像。

　　被动源干涉成像的思想来自于 Nakamura 于 1989 年正式提出的 HVSR 方法，其最初主要用于估计覆盖有沉积软土层的场地共振频率和地震动的放大因子。HVSR 定义为全波场微动记录频域内的垂直分量 $V(f)$ 和水平分量 $H(f)$ 之比。

　　Nakamura 最早认为微动记录中体波（主要是垂直入射的 SH 波）占据主导地位，而 HVSR 曲线的峰值频率在一些假设下与 S 波传递函数的共振频率等价，这也是其用于估计场地响应可能的理论基础。

　　S 波传递函数基于 S 波垂直入射的假设，在一维沉积层模型下进行推导，该模型由基岩上覆一层软土层的两层介质模型表示，如图 11-28 所示。

　　图 11-28 中，H_f 和 V_f 为沉积层表面位移水平分量和垂直分量的频谱振幅，H_b 和 V_b 为基

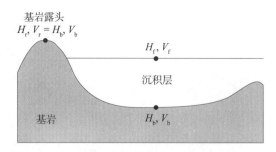

基岩露头
H_r, $V_r = H_b$, V_b

H_f, V_f

沉积层

基岩 H_b, V_b

图 11-28 沉积盆地简单结构

岩体波位移水平分量和垂直分量的频谱振幅，H_r 和 V_r 为基岩露头位移水平分量和垂直分量的频谱振幅。

无损弹性介质假设下，令频率为 ω 的 S 波传递函数（即 H_f/H_b）对频率的导数为 0 可获得其极点值，传递函数极值点频率表达式为：

$$f = (2n+1)\frac{V_S}{4h}, n = 0,1,2\cdots\cdots \quad (11-3)$$

第一个极值点对应的频率称为沉积层的基阶共振频率，记为 $f_0 = V_S/(4h)$。进而沉积层的 n 阶共振频率 f_n 可写为 $(2n+1)f_0$。沉积层厚度可由共振频率的表达式变换得到，即 $h = (2n+1)\lambda/4$。换而言之，沉积层的厚度 h 必须是 $\lambda/4$ 的 $2n+1$ 倍（λ 为波长），才会产生相长干涉；同理，当沉积层的厚度 h 是 $\lambda/4$ 的 $2n$ 倍时，产生相消干涉。

基于 Nakamura 假设下 S 波共振频率的理论解释，H/V 谱比曲线的第一个峰值频率对应于传递函数的基阶共振频率 f_0，假设 V_S 已知，则可根据 $h = V_S/4f_0$ 利用共振频率推断沉积层的厚度 h。而在实际工程应用中，地下介质具有较强的非均匀性，出于对场地整体响应进行评估的考虑，V_S 通常取沉积层 S 波的平均速度。

11.6.3 应用实例

弹性波干涉成像技术已在地下不良地质体（空洞、水囊、离散层等）、滑坡、地铁地质勘察、道路下方缺损勘察、活断层勘察、地下文物勘察和城市地下空间地质勘察等方面获得了良好应用，下面将简要介绍该技术的一些实际应用案例。

1. 大坝检测

基于弹性波干涉成像技术，可对坝体及坝体内部地层变化建立精细的地质结构模型。通过定时观测，当水下坝体任何部位出现内部结构变化异常时，能够及时发出预警信息。图 11-29 和图 11-30 展示了在大坝通过检波器进行记录作业后，通过弹性波干涉成像得到的结果，分别给出了坝体内部精细地层结构以及整体地层结构。此次作业长度为 241m，检波器间距为 2m，作业记录耗时 180min。

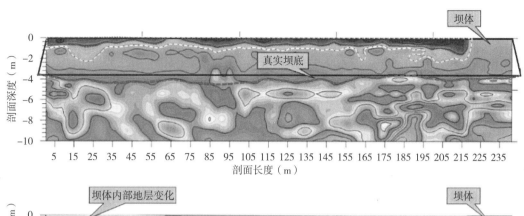

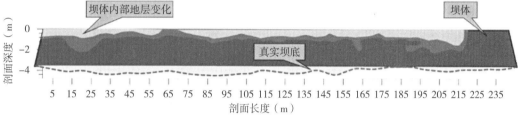

图 11-29　坝体内部精细地层结构

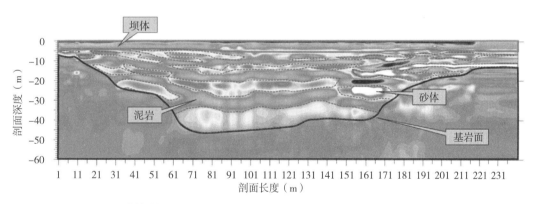

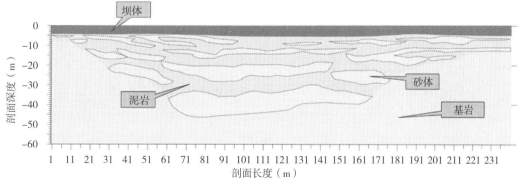

图 11-30　大坝内部整体结构

2. 注浆效果监测

弹性波干涉成像技术还可以对道路注浆效果进行监测，图 11-31 和图 11-32 分别为 102～109 环注浆前后弹性波干涉成像结果。

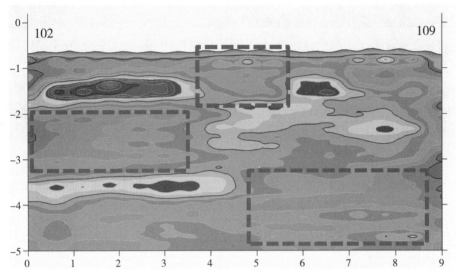

图 11-31　102～109 环注浆之前弹性波干涉成像结果（2023 年 12 月 25 日）

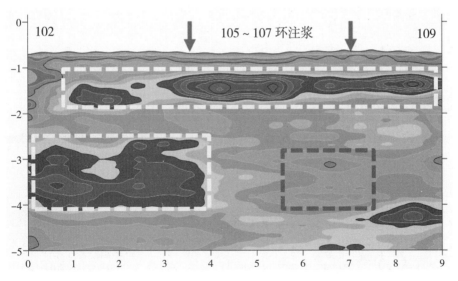

图 11-32　105～107 环注浆之后弹性波干涉成像结果（2023 年 12 月 27 日）

根据成像结果可以作出如下解释：

（1）不同岩性介质或地层会因为密度、硬度等物理性质的差异在成像图中展现出不同分层结构及颜色等特征值得以被分辨。

（2）注浆前成像图中三个虚线方框内存在的大面积区域为疏松区，故可判断为注浆之前虚线方框区域存在岩土疏松、不密实。

（3）注浆后成像图中浅部 1~2m 深度范围的虚线方框区域内形成了较为连续的坚硬密实层；较深处，102~104 环的 2.5~4m 深度虚线框区域同样被坚实层替代，仅剩 107 环的 3~4m 深处的一小块虚线框区域较为疏松。

（4）综上所述，注浆前后岩土的软硬、密实程度出现明显变化，注浆的变化区域明显，疏松区域明显缩小。

3. 地铁渗水情况探测

地铁出现渗漏水的部位一般主要集中在结构薄弱处，如施工缝、诱导缝、混凝土结构裂缝、混凝土缺陷部位、温度收缩裂缝和预埋螺栓孔等部位。地下渗水会导致地下地层疏松，使地基承载能力下降，造成建筑坍塌、路基塌陷及边坡塌方等工程事故。使用弹性波干涉成像技术对地下结构成像可以对渗水区域进行有效识别，成像结果及渗漏模式如图 11-33 所示。

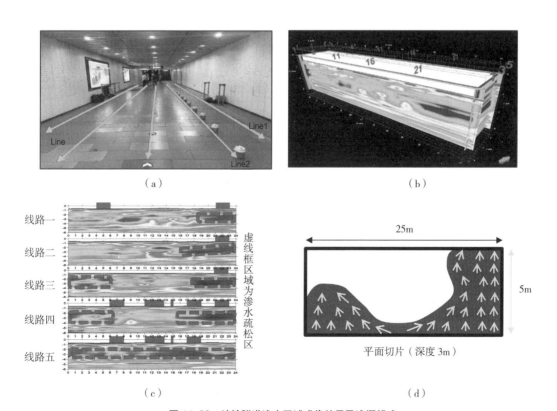

图 11-33　地铁隧道渗水区域成像结果及渗漏模式
（a）测线布置；（b）三维显示；（c）渗水疏松区剖面图；（d）渗漏模式

11.7　全波形反演

11.7.1　全波形反演技术

　　全波形反演技术是地球物理勘探领域的领先技术，其在高分辨率地下介质成像方面具有很大的潜力，在城市地下空间探测中发挥着不可忽视的作用。传统的勘探方法在探测城市地下空间中常见的塌陷区、空洞和巷道等异常地质结构方面存在局限，而全波形反演方法则以其卓越的精确度和高分辨率特性脱颖而出。它能够高效而准确地勾勒出这些地下结构的轮廓，从而提供地质结构的位置、形态和尺寸等关键信息。因此，全波形反演方法不仅仅是一种技术手段，更是实现城市地下结构高度透明化的关键工具。在城市地下安全空间透视技术中，它将发挥至关重要的作用。图 11-34 为全波形反演流程图。

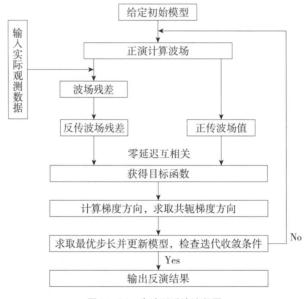

图 11-34　全波形反演流程图

11.7.2　全波形反演技术数据采集

　　全波形反演方法在城市地下空间探测中的数据采集流程通常包括以下步骤。首先会在城市区域选择合适的观测点，这些点通常被布置在城市道路、建筑物周围或其他开放区域。然后，在每个观测点，地震仪器会被准确地放置并校准，以确保其记录地震波的准确性。接着，人工震源（例如地震车、震源器等）或自然地震事件会被使用来产生地震波。当地震波传播到地下结构时，地震仪器会记录下观测到的地震波形数据。

　　随后这些地震波形数据被传输到计算机系统进行处理。在全波形反演中，数值模拟会用于产生地震波的模拟数据。观测到的地震波形数据与模拟数据之间的差异将作为目标函数，在优化算法的引导下，地下模型的参数将被不断地调整，以最小化这些差异。这个过程通常需要多次迭代，直到反演收敛为止。

　　在城市地下空间探测中，特别重要的是高密度的观测网，因此，数据采集团队可能需要在城市中大量布置地震仪器，以获得更详细、更准确的地下结构信息。这些数据采集和处理步骤的精准性和高效性对于确保城市基础设施的安全性和稳定性至关重要。图 11-35 展示了为探测城市地下排水管道位置及走向所进行的全波形反演数据采集工作的现场图。

图 11-35　城市地下管道全波形反演数据采集现场图

11.7.3　采集数据预处理及反演技术

　　对于全波形反演在城市地下空间安全透视技术中的应用，需要先对实际数据做预处理。预处理及反演方法主要包含如下几个方面：

　　（1）由于野外采集中包含很多数值模拟无法实现的噪声，因此要对数据进行去噪，同时采用带通滤波器来消除其他频率成分的噪声。

　　（2）要对数据进行 3D/2D 转换。在实际野外采集中，震源通常是一个点源，然而在数值模拟中震源是一个线源，这就会导致模拟数据和实际数据的振幅和相位存在一定差异，因此需要进行点源与线源的修正。

　　（3）同时由于浅层介质对地震波的衰减极强，因此需要引入黏弹性数值模拟来进行正演数值模拟。对于 Q_S、Q_P 的选取可以通过一系列的正演实验，通过模拟数据与实际数据求误差即可得到最优的 Q_S 和 Q_P。并且将整个模型看作均匀的 Q_S 和 Q_P 常数值，且在反演过程中不进行迭代更新。

（4）在开始反演前，还需要对震源子波进行反演。为了减小反演高度非线性，采取多尺度反演策略，从较低的频率开始，逐渐加入高频成分，从而避免周期跳跃和局部极小值情况。

（5）同时，由于震源附近的梯度特别大，因此要对震源附近的梯度进行加窗处理，否则整个模型的更新将只集中在震源附近，从而导致反演失败。在对所有的梯度进行求和之前，需要对每个震源的梯度进行了预处理，在震源附近添加一个半圆形的预处理窗，该半圆形预处理窗在圆心处振幅为0，通过线性增加，在半圆形的边界处振幅为1。经过该半圆形的窗进行预处理后，可以有效避免震源处梯度过大的问题。

（6）由于采集的数据为浅层数据，因此数据中面波占据主导成分，且其振幅比P波大几个量级，因此在反演过程中，P波对误差的贡献远小于面波，这就导致了纵波速度模型更新不准确。因此第一步采用只反演S波，不反演P波的策略。但是在S波速度模型更新的过程中，要通过一个线性的关系来对P波速度模型进行更新。在第二步中运用第一步得到的P波和S波模型来进行反演，这时对P波和S波同时进行反演，并且添加一定的非线性约束，如限定P波速度模型和S波速度模型取值的范围以及纵横波速度比等。

实际数据全波形反演流程图如图11-36所示。

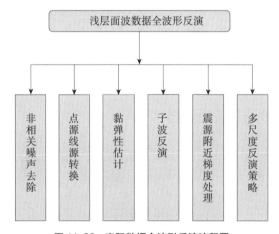

图11-36　实际数据全波形反演流程图

11.7.4　应用实例

1. 地下巷道探测

地下巷道在城市地下空间中扮演着重要的角色，对于城市规划、基础设施建设、环境保护和科学研究等方面都有深远影响。然而常用的地下巷道探测方法，如探地雷达法等，由于环境干扰及分辨率问题，无法有效进行地下巷道探测，而全波形反演方法，则可以有效地探测出巷道的尺寸、埋深及走向等信息。

　　Smith 等人成功对一个埋深 10m、高 1.5m、宽 0.9m 的巷道进行了反演。图 11-37 展示了地下巷道的结构，采用三维采集的方式进行数据采集。反演结果如图 11-38 所示，可以看出，巷道的埋深、走向、尺寸等信息均可反演得到。

　　图 11-38（a）、图 11-38（b）分别代表埋深 10m 处的垂直切片和水平切片。此外，还可以将全波形反演方法运用到空洞、管道的探测当中，对城市地下结构透明化提供有效帮助。

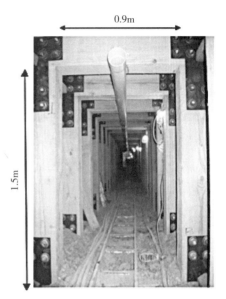

图 11-37　地下巷道结构示意图

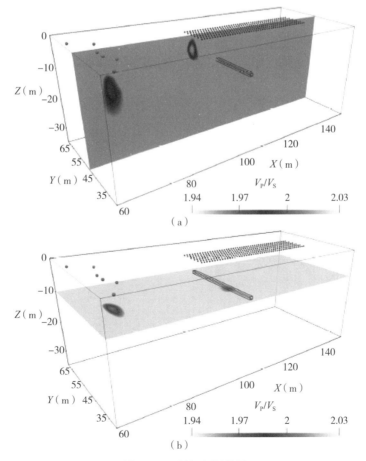

图 11-38　全波形反演结果

（a）垂直切片；（b）水平切片

2. 地下浅埋障碍物探测

在岩土和隧道工程中，及时准确地确定地下障碍物的位置和范围可以有效避免经济损失和人员伤亡，因此，岩土工程领域越来越重视场地前期调查中的浅埋障碍物探测工作。常用的多道面波分析法仅可反映出岩石的上界面深度，但是无法反映出岩石的下界面和侧边位置。而面波全波形反演可以准确反映出回填土中岩石的具体位置和大致形状。

刘耀徽等人将全波形反演技术应用于新加坡樟宜机场扩建项目的岩石障碍物探测工作中，如图 11-39 所示，得到的结果反映出地下岩石的具体位置和大致形状。

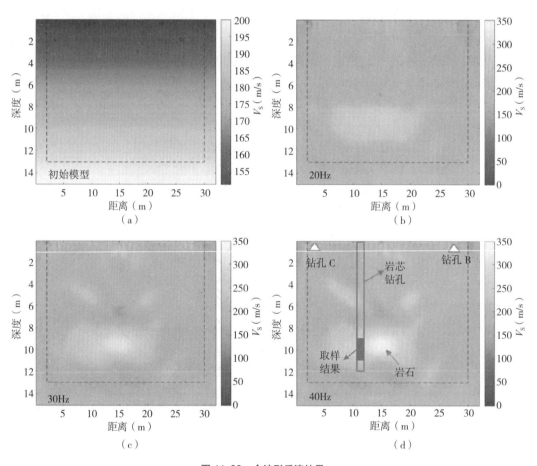

图 11-39　全波形反演结果
（a）初始模型；（b）～（d）20Hz、30Hz 和 40Hz 低频滤波反演结果

第 12 章

城市生命线
安全运行监测平台概述

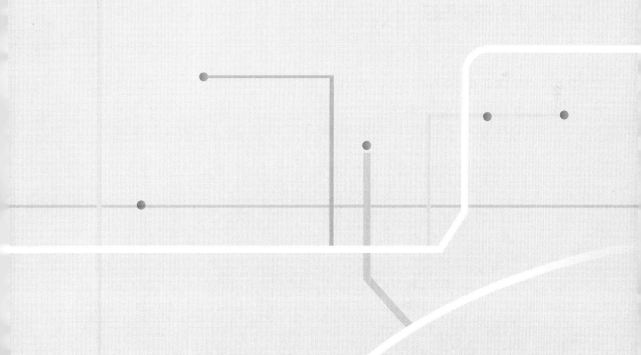

12.1　平台整体介绍

城市生命线安全运行监测平台从城市整体安全运行出发，以预防燃气爆炸、桥梁坍塌、路面塌陷、城市内涝、大面积停水停气等重大安全事故为目标，以公共安全科技为核心，以物联网、云计算、大数据等信息技术为支撑，透彻感知城市运行状况，分析生命线风险及耦合关系，具有风险识别、透彻感知、分析研判、辅助决策四大功能，实现城市安全运行的整体监测、动态体检、早期预警和高效应对，使城市生命线管理"从看不见向看得见、从事后调查处置向事前事中预警、从被动应对向主动防控"作根本转变。

12.2　平台总体思路

12.2.1　总体架构设计

城市生命线安全运行监测平台采用"1+2+3+N"建设模式，如图 12-1 所示，"1"是一

图 12-1　平台建设模式

个中心，即城市生命线安全运行监测中心；"2"是一网一图，即城市生命线安全运行监测物联网和综合监测一张图；"3"是三大基础支撑，即城市公共安全大数据、安全保障体系和标准规范体系；"N"是 N 项安全应用，即桥梁、燃气、供水、排水、热力、综合管廊、消防、电梯等监测专项。

1. "一个中心"指城市生命线安全运行监测中心

满足城市生命线监测中心的功能定位需求，将前端物联实时感知、综合展示、预测预警、风险分析、隐患排查、信息接报、综合研判、辅助决策、资源协调和联动处置等职能纳入城市运行管理监测中心。结合现有中心场所实际情况，需要升级相应配套系统，主要包括：综合展示区、值班区（操作区）、监测区、会商研判区、应急决策区、运行保障区等功能区。

2. "一张网"指城市生命线安全运行监测物联网

城市生命线安全运行监测物联网（以下简称监测物联网）是由城市安全智慧感知网，从管网监测延伸到风险点、危险源、重要基础设施、重点防护目标的物联网和网格化社会传感网，以及数据传输网络共同构成，是城市整体安全运行状态监测的主要数据来源，是支撑城市综合风险评估、安全态势感知、应急分析研判的基础。监测物联网主要是由分布在城市建成区域内的燃气、桥梁、供水、排水、水环境、热力等各类前端传感器监测数据采集和传输汇聚的，包括新建和接入各委办局已有物联设备管理系统的数据。

3. "三大基础支撑"指大数据资源体系

大数据资源体系包括城市安全大数据服务、数据工程建设、计算机与存储系统以及信息安全保障服务等基础支撑。

（1）城市安全大数据服务，提供综合系统运行的基础支撑，包括：大数据应用平台、数据治理平台、物联网数据采集平台、CIM 平台基础系统。

（2）数据工程包括：公共基础数据加工与处理、专项数据加工处理、三维建模、专业建模及数据适配、数据库设计与建库、数据接口与数据共享。

（3）计算机与存储系统的建设，利用市政务云计算与存储资源。

（4）信息安全保障系统利用政务云现有安全保障体系，是保障数据安全的重要支撑。

4. "N 项安全应用"指城市治理场景

城市生命线安全运行监测业务包括：桥梁安全、燃气安全、排水安全、供水安全、水环境安全、供热安全等多类城市安全管理事项。

12.2.2　技术架构设计

如图 12-2 所示，城市生命线安全运行监测平台按照"感、传、知、用"的架构设计，分为"五层两翼"。"五层"依次为前端感知层、网络传输层、数据服务层、应用软件层和

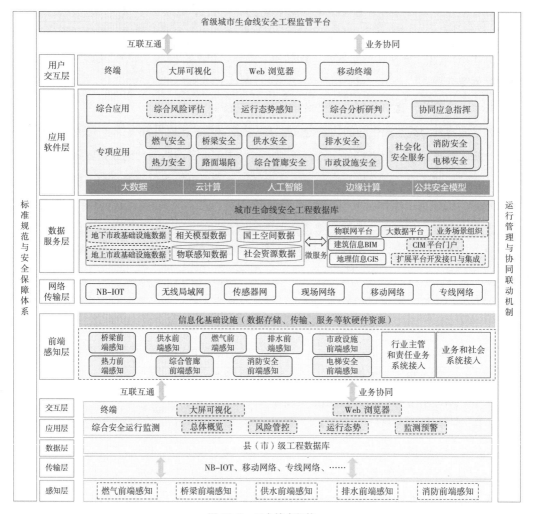

图 12-2　平台技术架构

用户交互层；"两翼"是指遵循的标准规范与安全保障体系、运行管理与协同联动机制。

1. 前端感知层

"前端感知层"汇聚燃气、桥梁、供水、排水、热力、综合管廊、消防、电梯等行业主管部门和权属责任企业建设的监测感知网，接入气象、交通、地质、人口等相关业务和社会数据，其中市级平台对各县（市）级前端感知数据进行汇聚。根据风险评估结果新建覆盖一般风险及以上的监测感知网，实现对城市生命线运行风险的全方位、立体化动态监测。

2. 网络传输层

"网络传输层"利用宽带网络、GPRS 无线传输网络、NB-IoT 窄带物联网等传输网络，形成前端物联网感知网络及信息交换共享传输能力，为城市级信息的流动、共享和共用提供基础。

3. 数据服务层

"数据服务层"包括地下 / 地上市政基础设施数据、国土空间地理数据、市政基础设施模型数据、社会资源数据和物联感知数据，以建筑信息 BIM、地理信息 GIS、物联网 IoT 等 CIM 平台技术为基础，实现城市级信息资源的聚合、共享、共用，并为各类应用提供支撑。

4. 应用软件层

"应用软件层"主要包括城市生命线综合应用系统和各专项应用系统，实现用户管理、风险评估、设备管理、实时监测、监测报警、模型分析、辅助管理等应用功能。通过调度各类数据服务、平台服务和基础设施服务，形成城市生命线风险监测预警和协同联动体系。

5. 用户交互层

"用户交互层"可以大屏、桌面端、移动终端等多种形式对应用系统进行展示。

12.2.3　网络架构设计

网络架构设计如图 12-3 所示。

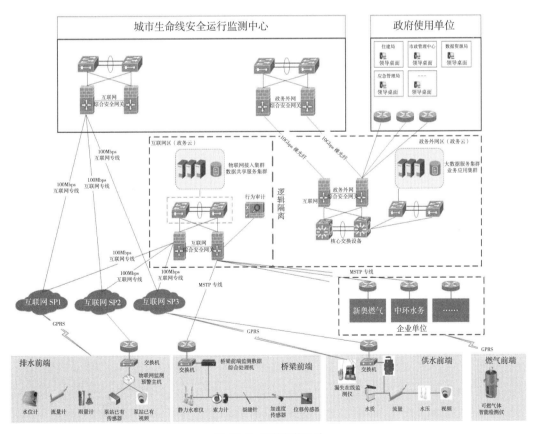

图 12-3　网络架构设计

1. 权属单位网络

因权属单位通过专线和政务外网，将数据传输至数据共享交换平台。

2. 数据资源管理局网络

数据资源管理局通过政务外网专线将汇聚的相关数据共享给城市运行监测中心。

3. 城市运行监测中心网络

通过政务外网专线共享数据资源管理局的权属单位数据，利用现有政务外网防火墙、政务云计算和存储服务。

4. 其他用户互联网络

数据上传权属单位、主管单位、监管单位均为本项目系统的系统使用单位，通过上述网络进行系统访问，可通过现有政务外网访问系统。

第13章 城市生命线安全运行监测平台应用系统研发

13.1 工程数据库

13.1.1 基础数据加工处理

公共基础数据主要包括城市地理信息数据、地质灾害隐患点信息数据、危险源属性信息、防护目标属性信息、应急救援队伍信息、应急仓库信息、应急物资装备信息、预案库信息、案例库信息、知识库信息、运输保障信息、第三方施工数据。数据加工处理主要是对数据做坐标转换、字段处理、数据入库、服务发布、地图配置等工作。同时对入库处理过的城市地理信息数据、防护目标、危险源、应急救援队伍、应急仓库、预案库、应急避护场、医疗卫生等数据开展数据抽查工作。

13.1.2 社会资源数据加工处理

社会资源数据来源主要为政务服务数据和社会公共数据，主要分为重点防护目标、重大危险源、人口经济和应急资源信息数据。

重点防护目标主要包括政府机关、学校、医院、车站等物理场所。重大危险源主要包括加油站、加气站、放射源、锅炉站、饭店、危险化学品工厂等物理场所。应急资源信息数据主要包括应急救援队伍、应急物资储备库、应急物资、应急专家、应急避难场所、预案、知识库等数据。

13.1.3 国土空间地理数据加工处理

国土空间地理数据主要包括数字正射影像图（DOM）数据、数字高程模型（DEM）数据和数字线划地图（DLG）数据。数字正射影像图（DOM）数据，要求分辨率优于 1m；数字高程模型（DEM）数据，要求优于 2m×2m 网格，高程中误差为 0.5～5m（平地～山地）；数字线划图（DLG）数据，比例尺为 1∶500～1∶10000，主要包括社会单元信息数据，道路信息数据，河流、湖泊、水库数据，地形地貌、植被数据，轨道交通数据，土地利用信息以及兴趣点数据。

以上数据均应采用 2000 国家大地坐标系（CGCS2000）、1985 国家高程基准。空间地理信息数据现势性不超过 3 年。

13.1.4　专业建模及数据适配

为实现城市生命线各业务专项预警分析，需对各业务专项（燃气、桥梁、供水、排水、水环境及供热）模型进行数据适配。

1. 燃气管网安全模型数据适配

（1）燃气泄漏与沼气辨别模型数据适配

基于监测范围内的数据，构建模型专题数据关系，对模型输入数据进行采集与标准化处理，数据类型包括报警点经纬度坐标、监测设备可燃气体浓度信息、设备安装位置地下空间类型、温度、周边区域类型（工厂、商圈等）等数据，构建对应模型输入数据库表、输出数据库表。

（2）燃气管网耦合隐患智能辨识模型数据适配

基于监测范围内的数据，构建模型专题数据关系，对模型输入数据进行采集与标准化处理，数据类型包括燃气管线与其他管线位置关系（竖直间距、水平间距）、管线间土壤覆盖介质、燃气管线基础信息（压力级别、管径等）等数据，构建对应模型输入数据库表、输出数据库表。

（3）燃气管线风险评估模型数据适配

基于监测范围内的数据，构建模型专题数据关系，对模型输入数据进行采集与标准化处理，数据类型包括燃气管线基础数据、第三方施工数据、地铁数据、地质灾害数据、人口密度数据、危险源与防护目标数据、应急救援单位位置数据、医疗救助单位位置数据等，构建对应模型输入数据库表、输出数据库表。

（4）管道燃气泄漏溯源分析模型数据适配

基于监测范围内的数据，构建模型专题数据关系，对模型输入数据进行采集与标准化处理，数据类型包括燃气管网及相邻管线基础信息、燃气管线 12.5m 范围内覆盖介质类型、报警窨井 ID、位置坐标、窨井连通性等数据，构建对应模型输入数据库表、输出数据库表。

（5）管道燃气扩散范围分析模型数据适配

基于监测范围内的数据，构建模型专题数据关系，对模型输入数据进行采集与标准化处理，数据类型包括燃气管线压力等级、压力、埋深、直径、泄漏点位置信息、覆盖介质分布信息等数据，构建对应模型输入数据库表、输出数据库表。

（6）管道燃气泄漏爆炸预测分析模型数据适配

基于监测范围内的数据，构建模型专题数据关系，对模型输入数据进行采集与标准化处理，数据类型包括燃气管线位置信息、管径、管压、温度等数据，构建对应模型输入数据库表、输出数据库表。

2. 桥梁安全模型数据适配

（1）专业建模及数据适配

对新建安装了监测设备的桥梁进行有限元建模。

桥梁专业建模与分析流程：首先进行桥梁基础数据的整理，运用专业有限元分析软件（如 Midas Civil、Ansys）建立桥梁的有限元分析模型，对模型进行运算分析，主要分析桥梁的模态、变形以及不同工况下桥梁全桥应力状态，根据模型对比、现场实测数据对比来修正有限元分析模型，使有限元模型更加贴合桥梁实际工作状态，指导后期工作。

1）数据准备

统计整理桥梁的各类基础信息，主要通过获取桥梁的设计图、施工图、竣工图得到桥梁的三维空间模型（桥型、桥跨、截面等数据），通过桥梁检测报告得到桥梁历年的病害数据，以维修加固数据来修改桥梁有限元模型。

根据前期准备的桥梁基础数据和病害数据，针对桥梁的结构特点选择合适的有限元分析软件，如图 13-1 所示，建立桥梁有限元模型，并进行有限元计算，得到应力、应变、变形、振动等数据结果。

2）模态分析

通过桥梁结构有限元建模与运算分析，如图 13-2 所示，获取桥梁结构自振周期、振型，分析当前结构的模态参数，得到承载状态和承载能力等情况。

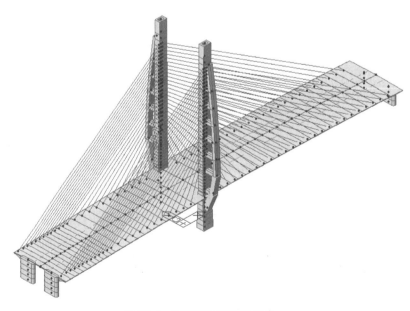

图 13-1　桥梁有限元建模示意图

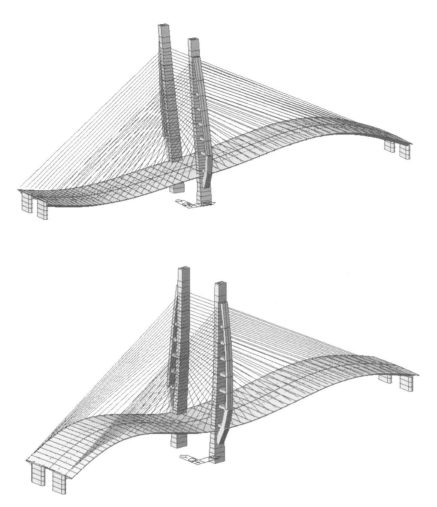

图 13-2　桥梁结构有限元计算模态分析示意图

3）应力分析

如图 13-3 所示，分析结构在各种效应组合作用下的结构应力，包括轴力、剪力、弯矩、扭矩计算，得到最不利工况下的全桥应力参数。

4）变形分析

如图 13-4 所示，分析结构在各种最不利效应（外力、温度效应等）作用下的结构变形响应，得到桥梁全桥线性位移结果。

5）模型修正

通过模型对比（如同一座桥用不同有限元软件建立的模型得到的结果细化程度不一样，选择更细致的模型）、监测数据对比来修正当前的有限元模型。并根据有限元模型计算结果，结合结构检测结果以及监测规范，指导安全报警阈值设置。

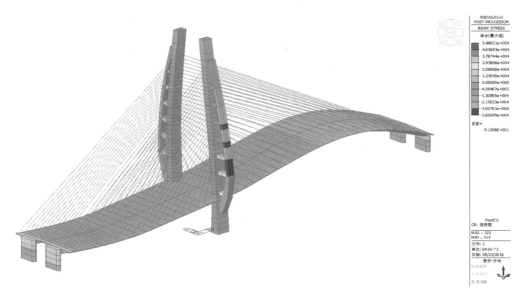

图 13-3 桥梁有限元计算应力分析示意图

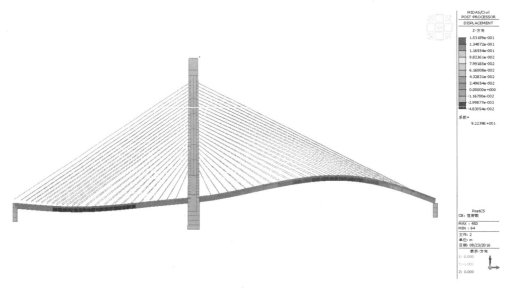

图 13-4 桥梁有限元计算变形分析示意图

（2）桥梁数据分析及评估模型

1）数据异常诊断模型

在桥梁监测过程中，每天都会产生大量的监测数据，而系统故障或者突发事件的出现是随机的、不确定的。通过运用数据挖掘的相关算法，实现桥梁异常数据的检测，其原理如图13-5所示。

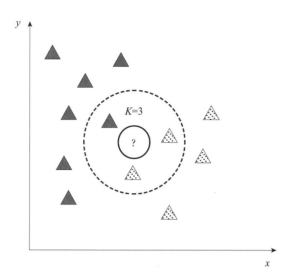

注："?"代表需要检测的样本点；"△"代表正常数据样本特征；
"▲"代表异常数据样本特征；"○"代表 K 值围即距离待测样本最近的几个邻居

图 13-5　异常数据检测模型原理图

基于 KNN 距离的单一变量模式异常检测方法主要用于针对单一种类传感器的独立检测计算，如温湿度、风力等；该算法中有三个重要因素，包括 K 值、距离度量和决策规则。对于分类决策规则，系统使用的是多数表决法，即 k 个点多数属于的类别作为新实例点的最后分类归属。一般来讲，K 值是没有固定经验值的，K 值的选取对分类效果影响很大，系统通过设定不同的 K 值交叉验证对比训练分类效果，降低误差从而得到合适的 K 值。K 值选择过大会增大训练误差，选择过小则使泛化误差增大从而出现过拟合。对于距离的度量，选择欧氏距离进行计算。通过这种方式，将正常传感器数据类型进行划分，并与被检测数据进行比对，从而来判断传感器数据是否出现异常。

2）桥梁安全评估模型

桥梁安全评估模型的核心算法是基于规范及桥梁正常使用强度储备比原则进行构建的，这种模型算法可以有效地结合检测数据与监测数据，从而做到高精度的桥梁安全评估。

一般认为，正常使用强度储备比即实时监测值与历史监测最大值的比值，此处不采用承载能力极限状态下数值作为对比对象是因为桥梁在一般使用状况下其值大于正常使用状态下的监测数值。故当实时监测值小于历史最大值时，即正常使用强度储备比在［0~0.9］以内，即评分为 100。当实时监测值达到承载能力极限状态时，结构评分为 0。

以梁式桥为例进行模型算法详细说明，对于桥面系中桥面铺装、桥头平顺、排水系统、护栏栏杆、人行道，上部结构中横隔梁以及下部结构中的盖梁、墩身、基础基于最近一次的检测报告中的检测数据进行评分；对于桥面系中伸缩装置，上部结构中的主梁以及下部结构中的支座等安装有传感器的构件 / 部件，则基于实时监测数据进行打分。

3）阈值计算模型

系统的阈值共分为三级，其中一级为最高，三级为最低。一、二级阈值的设置依据规范及标准，一般选择桥梁承载能力极限状态下设计值的 80%~95% 作为阈值，而三级阈值一般是由数据统计获得的。该模型算法主要是为了系统能够自动计算三级阈值，便于用户快捷使用，模型的计算原理如下：

系统会优先针对数据剔除毛刺数据，系统通过计算一段时间数据，并计算数据的标准差和均值，然后计算期望 E，若有 E 在数据判断之外，即认为该数据为毛刺数据，予以剔除，形成"纯数据"。

系统旨在针对车辆荷载影响下结构响应风险事件的预警报警，因此在"纯数据"的基础上，针对应变等受温度影响较大的监测指标，系统会通过经验模态分解，将温度从相关监测数据中进行剥离，即原始数据减去温度影响即荷载影响下数据，同时系统会计算温度响应拟合曲线，通过该曲线预测温度响应值。最终将活载的统计标准差作为三级阈值计算的基准参数，再加上预测的温度响应值，最终作为三级动态阈值，其整体模型计算流程如图 13-6 所示。

3. 供水管网安全模型数据适配

对建设范围内开展供水管网的专业模型建设工作，实现供水管网健康风险评估、管网水动力分析，以及爆管预警分析、大面积停水预警分析和用水趋势分析等功能，包括模型的数据准备与模型构建调试工作。

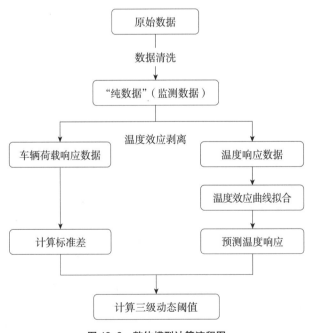

图 13-6　整体模型计算流程图

（1）供水管网风险评估模型数据适配

构建和调试供水管网风险评估模型，分析计算供水管网风险状况和分布情况。根据风险评估模型要求获取以下类型数据，适配模型数据格式并与模型建立数据关联关系，适配数据包括：

1）致灾因子危险性：自身危险性（管径、管材、管龄、压力、维修类型与次数）、外部危险性（埋深、高速公路、国道、省道、地铁、轻轨、有轨电车、高架路、快速路县道、专用公路、轨道交通、主干道乡道、引道、次干道、匝道支线、内部道路、乡村道路）。

2）承载体脆弱性：区域类型（居住用地、公共管理与公共服务用地、商业服务业设施用地、工业用地物流仓储用地、道路与交通设施用地、公用设施用地、绿地与广场用地）、与周边管线距离（燃气、排水、电力、通信、管廊、人防等）、防护目标类型、距离与数量（学校、医院、政府、商场、工厂、居民区）。

3）应急抢修能力：救援队伍人数、救援队伍距离、救援物资装备数量、救援物资装备距离等，支持管网泄漏风险评估分析应用。

（2）供水管网水动力模型数据适配

开展供水管网一维水动力建模分析工作，模拟管网运行状态，为管网运行监测、突发事件预警、优化调度提供数据支撑。通过管网流量压力管网拓扑关系水厂泵站等全流程供水要素的梳理供水管网水动力模型，结合录入的供水管网各个管道参数和流向信息，以及管道上实时监测的水力学验证数据，健全供水设施流量、压力复核分析模型建设的各项要素，服务于流量、压力复核分析模型的后续精准应用。供水管网拓扑结构关系梳理，根据供水分区，对管网基础信息、管段连接、附件开启状态和运行监测信息的准确性进行梳理、确认和修改，最终形成合理的、达到建模条件的管网拓扑结构；对用户的历史用水量数据进行处理、统计和分析，形成各个用户的用水规律数据和曲线。

（3）管网爆管分析模型数据适配

构建和调试供水管网爆管预警分析模型，结合压力监测及高频压力波的监测捕捉，对高风险爆管管段进行提前预警。根据管网水锤爆管预警分析模型要求获取以下类型数据，适配模型数据格式并与模型建立数据关联关系，适配数据包括：管网节点（编号或名称、坐标、高程、类型）、管段（起止节点、管径、长度、材质、敷设年代、摩阻系数、局部阻力系数、水质反应速率系数）、阀门（口径、材质、摩阻系数、阀门类型）等，支持分析计算管网水锤爆管风险。

（4）大面积停水预测分析模型数据适配

构建和调试大面积停水预测预警分析模型，实现停水区域的精准识别，为现场处置作业方案选择和居民用水提前筹备提供辅助决策支撑。根据大面积停水预测模型要求获取以下类型数据，适配模型数据格式并与模型建立数据关联关系，适配数据包括：管网节点（编号或名称、坐标、高程、类型）、管段（起止节点、管径、长度）、阀门（口径、材质、阀门类型)、用户(所在小区、用户名、用户编码、用户类型、联系人、联系电话、用水类型、是否为大用户、水表编码)等。

(5)供水管网水质预警模型适配

构建和调试供水管网水质预警模型,分析水质在线监测设备实时监测数据,为水质污染预警提供数据支撑。根据供水管网水质预警模型要求获取以下类型数据,适配模型数据格式并与模型建立数据关联关系,适配数据包括:管网节点(编号或名称、坐标、高程、类型)、管段(起止节点、管径、长度)、阀门(口径、材质、阀门类型)、用户(所在小区、用户名、用户编码、用户类型、联系人、联系电话、用水类型、水表编码)、水质监测设备实时监测数据等。

(6)分区漏损分析模型适配

构建和调试分区漏损分析模型,以管网拓扑结构和供水分区为基础实现对各个区域入流量与出流量的监测和夜间最小流量的分析。根据分区漏损分析模型要求获取以下类型数据,适配模型数据格式并与模型建立数据关联关系,适配数据包括:分区基础数据、流量设备基础数据、流量实时监测数据等。

4. 排水管网安全模型数据适配

针对排水管网淤积、溢流、渗漏、综合风险和城市内涝风险,从风险致灾危险性、承灾体脆弱性和风险应急管理能力三个评价维度分别选取评价指标,建立评估指标体系,实现对不同类型风险进行评估。风险评估模型数据抽取与适配过程,即根据建立的风险评估指标体系,对上述几类风险的不同评价指标所涉及的基础数据进行分析统计、标准化和量化,最终形成风险评估计算可用的数据类型。

(1)排水管网淤积风险评估模型数据适配

根据管网流量、流速和液位监测点位信息,结合管网上下游拓扑结构关系,建立管网淤积风险辨识分析模型,通过管网流量、流速和液位等长期海量监测数据分析,智能识别排水管网淤积风险。主要包括以下建模和数据适配内容:

1)流量、流速、液位等监测点位信息与管网管径、坡度等属性信息和上下游拓扑关系耦合,准备排水管网淤积特征规律数据。

2)管网流量、流速、液位等监测数据抽取、去毛刺和时间变化趋势统计分析。

3)基于管网拓扑关系,统计分析流量、流速、液位各监测点位数据的空间变化规律,判断是否满足淤积隐患特征。

(2)排水管网溢流风险评估模型数据适配

融合管网基础数据、地形高程、下垫面等静态数据及管网流量、液位等实时监测数据,建立排水管网一维水动力模型,以区域降雨预报数据为输入,实现排水管网运行工况和管点溢流的实时模拟计算和预测预警。

1)排水管网拓扑关系数据梳理适配,包括孤点、孤线处理,管段流向、坡度、管径、高程等数据梳理，形成满足一维水动力计算要求的管网拓扑关系。

2）排水管网汇水区和子汇水区划分及径流参数计算。根据管点、地形高程、用地类型等信息划分子汇水区，准备子汇水区下渗、蒸发、蓄水、糙率、宽度、坡度等径流参数。

3）排水管网一维水动力学模型参数适配。根据管材、管龄等适配管段糙率、曼宁系数等模型参数。

4）排水管网一维水动力学模型计算与参数率定。收集排水管网流量、液位等历史监测数据和降雨量监测数据，梳理管网拓扑关系，率定子汇水区径流参数和管道曼宁系数。

（3）排水管网渗漏风险评估模型数据适配

根据管网流量和液位等监测点位信息，结合管网上下游拓扑结构关系，建立管网渗漏风险辨识分析模型，通过管网流量和液位等长期海量监测数据分析，智能识别排水管网渗漏风险。主要包括以下建模和数据适配内容。

1）将流量、液位等监测点位信息与管网管径、埋深、管材等基础属性信息和管段上下游拓扑关系耦合，准备排水管网渗漏特征规律数据。

2）管网上下游流量、液位等各监测点位监测数据的抽取、去毛刺和时间变化趋势统计分析。

3）基于管网拓扑关系，统计分析流量、流速、液位各监测点位数据的空间变化规律，判断是否满足渗漏隐患特征规律。

（4）排水管网综合风险评估模型数据适配

从风险危险性、承灾体脆弱性和应急管理能力三个方面对排水管网淤积、渗漏、溢流及其耦合风险进行评估和数据准备，实现排水管网风险早期评估与分析，指导管网日常巡检排查。主要包括以下建模和数据适配内容：

1）根据淤积、渗漏、溢流等历史事故数据和现状数据统计分析，建立风险危险性评价指标量化标准体系，形成指标标准数据，建立评价指标权重数据。

2）排水管网淤积、渗漏、溢流等事故承灾体关联、统计，建立承灾体评价指标集，根据历史事故数据和现状数据统计分析，建立承灾体评价指标量化标准体系，形成指标标准数据，建立评价指标权重数据。

3）排水管网淤积、渗漏、溢流等事故应急抢修能力评价指标集建立，根据历史事故数据和应急抢修资源现状，建立应急能力评价指标量化标准体系，形成指标标准数据，建立评价指标权重数据。

4）从风险危险性、承灾体和应急能力三个方面耦合淤积风险、溢流风险和渗漏风险数据，建立耦合的、统一的量化标准数据。

5）线下计算排水管网综合风险，根据排水管网淤积、渗漏、溢流的耦合事故数据，率定模型参数。

（5）雨水管网污水混接诊断模型数据适配

1）准备雨水管网覆盖范围内雨量计的历史 4d 监测数据，做去毛刺处理形成雨量样本数据，经过旱天判断，形成可用于污水混接诊断的旱天时段数据。

2）准备雨水管网各个液位、流量、水质监测设备的历史 4d 监测数据，做去毛刺处理，并抽取旱天时段的监测数据，形成诊断指标计算的样本数据。

3）针对雨水管网的每个监测点位，适配雨水管网污水混接的液位变化、流量变化和水质变化等诊断指标数据，用于混接结果的判断。

4）适配雨水管网各个监测点位的混接判断结果数据，以及雨水管网拓扑关系数据，用于各个监测点位的上下游分析定位诊断。

（6）污水管网雨水混接诊断模型数据适配

1）准备污水管网覆盖范围内雨量计的历史 30d 监测数据，经过去毛刺处理形成雨量样本数据，经过旱天、雨天判断，适配可用于雨水混接诊断的旱天时段和雨天时段数据。

2）准备污水管网的各个液位、流量、水质监测设备的历史 30d 监测数据，经过去毛刺处理，分别抽取旱天时段、雨天时段的监测数据，形成诊断指标计算的样本数据。

3）针对污水管网的每个监测点位，适配污水管网雨水混接的液位变化、流量变化和水质变化等诊断指标数据，用于混接结果的判断，适配雨水混入量、入流入渗率等混接特征指标数据。

4）适配污水管网各个监测点位的混接判断结果数据，以及污水管网拓扑关系数据，用于各个监测点位的上下游分析定位诊断。

（7）雨水管网淤堵诊断模型数据适配

1）准备雨水管网覆盖范围内雨量计的历史 4d 监测数据，经过去毛刺处理形成雨量样本数据，经过旱天判断，适配雨天时段的前、后旱天时段数据。

2）准备雨水管网的各个液位、流量监测设备的历史 4d 监测数据，经过去毛刺处理，抽取各个旱天时段的监测数据，形成诊断指标计算的样本数据。

3）针对雨水管网的每个监测点位，适配雨天前、后旱天液位变化的诊断指标数据，用于雨水管网淤堵结果的判断。

4）适配雨水管网各个监测点位的淤堵判断结果数据，以及雨水管网拓扑关系数据，用于各个监测点位的上下游分析定位诊断。

（8）污水管网（含合流制管网）淤堵诊断模型数据适配

1）准备污水管网覆盖范围内雨量计的历史 60d 监测数据，经过去毛刺处理形成雨量样本数据，经过旱天判断，适配可用于污水管网淤堵的各个旱天时段数据。

2）准备污水管网的各个液位、流量监测设备的历史 60d 监测数据，经过去毛刺处理，抽取旱天时段的监测数据，形成诊断指标计算的样本数据。

3）针对污水管网的每个监测点位，适配污水管网的 60d 液位变化趋势、逐日液位变化、隔日液位变化等诊断指标数据，分别用于逐渐淤堵和突然淤堵结果的判断。

4）适配污水管网各个监测点位的淤堵判断结果数据，以及污水管网拓扑关系数据，用于各个监测点位的上下游分析定位诊断。

5. 排水管网沼气聚集淤堵诊断模型数据适配

（1）适配排水管网沼气监测点位的沼气浓度报警数据，以及排水管网拓扑关系数据，用于相邻多点位沼气报警在排水管网的连通性分析。

（2）适配与沼气浓度报警数据相关联的管网液位、流量监测数据，适配液位变化诊断指标数据。

（3）适配相邻多点位沼气报警所对应的排水管网数据，用于淤堵管网区域边界的生成。

6. 排水管网一维水动力模型构建及数据适配

应用于排水管网溢流预测预警模型分析、管网负荷分析、瓶颈分析等功能，具体包括以下步骤：

（1）排水管网拓扑关系数据检查校正

包括孤点、孤线处理，管段流向、坡度、管径、高程等数据梳理，形成满足一维水动力计算要求的管网拓扑关系。

（2）排水管网汇水区和子汇水区划分及径流参数计算

根据管点、地形高程、用地类型等信息划分子汇水区，准备子汇水区下渗、蒸发、蓄水、糙率、宽度、坡度等径流参数。

（3）排水管网一维水动力学模型参数适配

根据管材、管龄等适配管段糙率、曼宁系数等模型参数。

（4）排水管网一维水动力学模型计算与参数率定

收集排水管网流量、液位历史监测数据和降雨量监测数据，梳理管网拓扑关系，率定子汇水区径流参数和管道曼宁系数。

7. 城市内涝预测预警模型构建及数据适配

应用于城市洪涝预测预警分析，具体包含以下步骤：

（1）内涝预警建模范围内二维地表数据处理

区分建筑、道路、河湖水系等地表类型，以一定尺寸对地表划分四边形、三角形混合的二维网格。

（2）二维耦合模型构建

对划分的地表二维网格叠加建筑、高程等数据，形成二维地表水动力模型，耦合管网一维水动力模型，构建一二维耦合水动力模型。

（3）二维耦合模型计算与模型参数率定

收集历史内涝积水深度、范围、时间和降雨量数据，再次率定管网一维水动力模型的径流参数及地表二维水动力模型的网格参数。

8. 水环境安全模型数据适配

（1）水质多特征分析模型数据适配

结合水质特征信息、常规指标等参数或部分参数，描述水样的采集地点、采集时间、所属污染源或者水体，依托本地水质多特征数据库的数据实现比对分析，得出疑似排污企业、疑似排污行业、疑似传播路径。

（2）污染溯源模型数据适配

通过系统内置的污染排放源、污染传输管线、污水处理厂及污水受纳水体，基于污染溯源模型显示污水传输过程。当系统发出水质异常预警而一时难以锁定污染源头时，通过模型进行污染路径分析和模拟，进而确定疑似污染源所在区域范围，并按照相似度区间分类标识疑似企业，便于进一步排查和定位。

（3）入流入渗分析模型适配

通过在线监测的持续积累和综合分析，借助入流入渗分析模型，定量评估入流入渗严重程度。

（4）雨污混接模型适配

通过在线监测的持续积累和综合分析，借助雨污混接分析模型识别输出水体主要污染类型、污染区域，定量评估雨污混接严重程度。

（5）污染贡献分析模型适配

选取水质多代表性指标的时序数据为参考系进行污染源水质水量分析模型解析，根据各因子的显性污染物及其时间变化特征确定污染源类型，识别输出监测水体的主要污染源类型、不同类污染源的贡献率及污染源排放规律。

（6）供热管网安全模型数据适配

热力管网风险评估模型适配主要针对热力管网，收集、整理热力管网基本属性、管网拓扑结构、周边环境等数据信息，进行风险评估模型数据抽取和适配，建立管网风险评估模型，从综合风险评估隐患危险性、承灾体脆弱性和应急管理能力三个方面对热力管网泄漏风险进行评估和数据准备，实现热力管网风险早期评估与分析。

13.2　应用系统

13.2.1　城市生命线安全综合应用系统

呈现城市整体安全运行态势，宏观掌握城市生命线安全工程建设、安全运行、安全风险、隐患管控现状等情况，实现城市生命线"底数清、风险清、态势明"，为城市安全决策提供科学技术支持。

1. 风险态势一张图

构建综合风险评估指标体系和城市安全运行体征指标体系，基于风险感知一张网汇聚的各领域监测预警数据，形成城市安全态势图，多角度、多维度清晰展现城市安全风险画像。通过专题、行业、区域综合风险评估，确定风险等级，构建风险动态云图，深度挖掘城市安全风险管控薄弱环节。

（1）行业风险态势展示

根据行业风险评估结果，按行业、专题维度分级分类展示燃气、桥梁、供水、排水、水环境、热力等行业风险的基础信息、地理分布信息、实时风险态势信息等，并实现各行业风险按级别、区域、时间等维度的分类统计。

（2）区域风险态势展示

根据区域风险评估结果，按区域维度展示区域内的风险隐患信息，直观展示区域内各行业的风险隐患分布情况，在区域内按行业、时间、级别等维度对风险进行统计。

（3）综合风险态势展示

根据综合风险评估及风险趋势分析结果，构建动态风险云图，以"红、橙、黄、蓝"四色图的形式直观展示市县风险态势，为风险的精准防控提供决策依据。

2. 运行态势感知

运行态势感知汇聚各类安全运行相关数据进行综合分析，以"一张图"形式呈现城市整体运行情况，建立一套城市健康运行体征指标体系，对城市运行数据进行综合展示，反映城市运行状况。

（1）运行数据汇聚

实现基础数据（人口、经济、公共设施、历史灾害事故、自然资源和空间地理等）、实时监测数据（行业监测监控数据、巡检巡查数据、维修维护信息以及系统运行管理数据）、现有监测系统数据的汇聚、管理和查询等功能，为分析城市整体安全运行状态提供数据支撑。

（2）监测总览

展示行业领域当前投入运行的在线传感器数量、种类及监测范围，了解当前城市生命线管控信息化现状，分析薄弱领域，指导完善安全监测技术应用。

（3）分析展示

展示城市安全运行业务领域监测报警信息统计分析数据，展示累计报警数量、当日报警数量、报警总趋势、区域报警数量及趋势、行业报警数量及趋势等信息。

3. 综合分析研判

根据城市生命线安全工程运行监测数据和报警数据，分析城市日常运行健康状况，研判城市生命线各行业及交叉耦合行业间的城市公共安全事件，预测预警可能发生的燃气爆炸、桥梁垮塌、路面塌陷等各类事件。通过数据和模型运算，对各类事件可能造成的灾害范围、影响范围及影响度进行分析和研判，实现城市安全的综合分析概览。

4. 协同联动处置

（1）预警上报

平台应具备报警信息智能处置功能，及时排除误报警和设备异常引发的假报警。当确定真报警后，结合历史监测数据、附近危险源、防护目标以及人口、交通和环境等相关要素，及时对当前风险警情可能引发次生衍生风险进行预警分级。通过系统和手机 APP 同步实现警情推送上报，并进行记录、跟踪等。

（2）分级响应

系统根据事件类型、预警级别等自动关联相应预案，将警情第一时间推送至相关领域专家，同时能够基于预案自动推送事件城市生命线安全权属管理、行业监管和安全主管应急等部门负责人。系统应支持人工对应急预案和应急响应级别进行调整和录入，依据事件的发展和演变，及时进行警情级别和内容变更。

（3）应急联动

应急联动应提供辅助应急处置决策服务，保障城市生命线日常运行管理和事件高效处置。在事件发生时，应满足事件的信息共享、任务下达、资源调度等功能，为各类用户提供实时文字、话音、图像、视频的通信保障。根据现场情况，中心值守人员与现场指挥员通过视频、语音等形式实现远程协同会商，及时研判现场情况信息，布置救援工作和调度相关物资，并及时跟踪记录反馈，为应急处置提供决策建议。

（4）远程会商

运用全网远程视频会议系统，构建与涉灾部门、专家团队、地方政府、灾害事故现场等多方参与的远程会商平台，实现多源信息的综合展示和多方参与式会商。

（5）辅助决策

以时空数字一体化承载各类场景，基于视频监控系统及三维地理信息系统的融合技术，打造突发事件协调处置辅助决策支持系统，全方位展现城市生命线安全状态。发生突发事件时，构建数字化预案、物资需求调度分析、次生衍生事件分析等智能化分析模型，提高部门协同及事件处置效率。

13.2.2　燃气安全应用

1. 前端监测物联网

（1）监测目标

针对城市燃气管网存在的主要问题，对高风险区域燃气管线安装监测设备，实现对燃气管网的压力、流量，相邻地下空间内甲烷气体浓度，燃气场站内浓度、视频监控等进行监测。织密立体化燃气安全监测网，实行多节点、多场景动态感知与监测报警，实时接收前端设备监测数据，当出现燃气安全状况异常时，能够在第一时间获知相关信息，增强相关部门的动态监管能力，提高行政效率和燃气安全风险防控水平，防范化解重大燃气风险，遏制重特大事故发生。

（2）监测布点原则

燃气管网安全运行监测应包含城市燃气管网及其相邻地下空间、燃气场站等附属设施，实现对燃气管网的压力、流量，相邻地下空间内甲烷气体浓度，燃气场站内浓度、视频监控等在线监测。优先选择以下部位或区域进行监测布点：

1）高压、次高压管线和人口密集区中低压主干管线，燃气场站；

2）燃气阀门井内，燃气管线相邻的雨污水、电力、通信等管线及地下阀室；

3）有燃气管线穿越的密闭和半密闭空间，燃气泄漏后易通过土壤和管线扩散聚集的空间；

4）人口密集区用气餐饮场所；

5）燃气爆炸后易产生严重后果的空间。

（3）监测内容及方案

城市燃气安全运行监测对象包含城市燃气管网及其相邻地下空间、燃气场站，实现对燃气管网的压力、流量，相邻地下空间内甲烷气体浓度、燃气场站内浓度、视频监控等指标。

1）燃气管线相邻地下空间：为避免重特大燃气泄漏爆炸事故发生，通过监测燃气管线相邻地下空间内可燃气体浓度、温度等信息，实现高、中、低压燃气管网微小泄漏在线监控，实时预警泄漏事故，实现泄漏快速溯源及泄漏影响分析。

2）燃气场站：是燃气管网的关键节点，在城市燃气日常稳定供应中起到重要作用，如发生意外，未能及时处置，易造成大规模停气事件，同时易燃易爆的气体可能引发次生衍生灾害，造成不必要的损失。针对燃气场站应进行可燃气体浓度监测和视频监控。

3）燃气阀门井：属于燃气管线运营单位重点巡检对象，由于燃气管网的泄漏多发于燃气管网阀门处，燃气阀门井作为高泄漏、易聚集的地下空间，爆燃风险大，因此须监测燃气阀门井内部可燃气体浓度。

4）高压、次高压管线和人口密集区的中低压主干管网：连接用户多，一旦泄漏影响范围大，对居民生活带来不便或严重影响，将造成不可预估的损失。针对这种类型的管道，需加强对管道压力、流量的监测，对异常故障能够提前进行研判分析。

5）密闭、半密闭空间：燃气管线直接穿越密闭、半密闭空间或燃气管线离密闭空间很近，燃气泄漏后极易扩散内部，形成聚集。应对密闭、半密闭空间内的可燃气体浓度进行监测，防止可燃气体聚集情况出现，保障用气环境安全。

2. 燃气管网及相邻空间安全监测应用系统

依据燃气扩散模型，基于燃气在有限密闭/局部连通空间以及不同地质土层中的扩散、渗透规律，以及对燃气管网及其相邻地下空间结构的综合分析，实现燃气管线相邻地下空间可燃气体在线监控，实时发现和及时预警微小燃气泄漏；具备泄漏快速溯源及泄漏影响分析功能，减少或避免重特大燃气泄漏爆炸事故的发生。

（1）基础信息管理

主要实现燃气管网基础信息的查询、更新与维护、统计分析，实现精细化的管网信息管理。

（2）风险评估

利用耦合隐患智能辨识模型、燃气风险评估模型等对燃气行业安全隐患进行科学辨识及超前预判，明确燃气行业各类安全隐患，建立安全隐患台账。主要功能包括燃气安全隐患管理、风险四色图、风险评估报告。

（3）监测监控

通过搭建前端物联安全监测系统实现对燃气管网安全的动态监控，提高监测预警的时效性和质量。主要功能包括燃气安全实时监测、可燃气体浓度超限报警、燃气泄漏预警、档案留痕管理、燃气泄漏报警统计分析。

（4）预测预警分析

利用公共安全和大数据智能分析技术，建立燃气专业分析模型，追溯可能引发燃气管网泄漏的源头、超前研判燃气泄漏发生发展规律、预测可能产生的次生衍生灾害后果。主要功能包括燃气泄漏溯源分析、燃气泄漏爆炸模拟分析、燃气泄漏地下扩散分析。

（5）辅助决策

主要功能包括预警联动处置、智能研判分析报告生成、安全评估报告生成，平台内数字化的知识库、专家库、案例库查看及更新维护等。

13.2.3　桥梁安全应用

1. 前端监测物联网

（1）监测目标

建立桥梁前端监测诊断系统，实时采集桥梁所处的静态、动态、环境等信息，为桥梁安全预警、安全分析评估提供数据支持，及时了解结构缺陷与损伤，并分析评估其在所处环境条件下的可能发展势态及其对结构安全运营造成的潜在风险，实现对桥梁结构运营期的监测和管理。为养护需求、养护措施等决策提供科学依据，以达到运用有限的养护资金获得最佳养护效果，确保结构安全运营的目的。

（2）监测布点原则

桥梁监测内容、监测位置需结合桥梁结构特点、病害特点及桥梁运营风险，根据桥梁安全风险评估结果进行监测点位布设，一般风险及以上的桥梁必须安装监测设备。针对桥梁结构、交通气象环境、交通荷载等优先选择以下桥梁进行监测：

1）安全状况差的桥梁：在技术状况评定中被认定为 3 类或 4 类的穿越城市的公路桥梁；2 类养护～3 类养护被认定为 C 级或 D 级的城市桥梁。

2）运营风险大的桥梁：服役年限超过 30 年且存在明显病害的桥梁；超载频繁，易遭受车、船等撞击的桥梁；城市道路高架桥单跨跨度超过 100m 的重要路口、匝道段和独柱墩段。

3）重要或复杂结构的桥梁：位于城市主要交通要道、出入城、交通繁忙、有重车经常通行的桥梁；桥长大于 1000m 或单跨跨度大于 150m 的桥梁；特殊结构如斜拉桥、悬索桥、系杆拱桥等。

4）省级及以上文物保护单位的桥梁。

（3）监测内容及方案

桥梁安全监测主要针对桥梁结构响应数据、环境及效应数据进行监测，结合桥梁监测数据聚类分析、统计趋势分析、模态分析等，实现桥梁结构异常及时报警和安全评估。

1）桥梁挠度监测：挠度值不仅反映了梁体局部刚度的大小，也是桥梁结构整体工作性能的直观表现。通过实时监测主梁挠度，掌握位移变化规律和发展趋势，可及时发现结构是否出现异常情况，了解整个结构的工作状态及其安全性能。

2）关键结构部位（如梁体跨中等）的内力：桥梁由于自身的构造特点会在相应部位出现应力集中现象。而应力水平是衡量构件材料安全性能的重要指标，应力幅值更是判定构件疲劳性能的重要参数，通过应力监测可实时掌握各关键部位在车辆荷载、风荷载、温度场和地震等外荷载作用下的应力情况，为评价结构受力状态及计算疲劳寿命提供依据。

3）桥梁的振动特性（频率、振型）：桥梁关键截面的振动特征及加速度水平是评价桥梁自身结构振动安全的关键指标,同时振动加速度的能量单一性是判断风致共振的重要依据。

4)桥梁下部结构位移:桥梁下部结构稳定是保障整个桥梁结构安全的关键影响因素,墩柱的倾斜、桥台的沉降均会对桥梁上部结构的内力分布、位移产生很大的影响,甚至会降低上部结构承载能力,因此需要对下部结构位移进行关注。

5)拱桥系杆力以及吊杆拉力的监测:针对柔性系杆刚性拱桥,拱肋的推力是直接传导给系杆的,而吊杆是连接系杆和拱肋之间的关键构件,从而共同构成系杆拱桥的外部静定结构,因此系杆以及吊杆内力的安全直接关系到拱桥的整体稳定性。

6)斜拉桥索力变化:索的安全直接影响梁上荷载是否能有效传递到塔体上,而索力是反映桥梁索安全的重要参数,因此需要对索力进行监测。

7)斜拉桥塔体的位移:塔是斜拉桥体系中重要的部件,其稳定性直接影响到索力的正常分布,因此需要重点针对塔的偏移进行监测。

8)结构温度场:日照温差、昼夜温差和季节温差对于桥梁产生的温度效应较为明显。构件温度的分布状况将直接影响到结构的变形和内力状态,因此需要特别关注桥梁结构温度场。

9)钢结构桥梁环境温湿度:环境温度的改变常引起桥梁结构的胀缩变形,其周期性变化对于桥梁体系的受力影响较为显著;而环境的湿度则是影响局部构件尤其是钢构件耐久性能的重要因素,同时其对混凝土的老化也有着不容忽视的作用;构件工作环境温湿度是引起结构腐蚀后锈蚀的主要因素。因此作为结构损伤发展与评估的重要参考指标,环境的温湿度为常规监测内容。

10)斜拉桥桥址处风速风向:环境风荷载不仅会使桥跨结构产生较大的变形和振动,其自身的紊流现象所产生的风致振动亦会造成局部构件的疲劳损伤。通过监测风速、风向,统计最大风速值、风荷载脉动特性及风功率谱密度等,可以得出风与结构的响应关系,达到为结构力学响应分析以及安全状况评估提供依据的目的。另外,风荷载的监测还可以用于大风作用下的交通控制。

11)索缆体系异常振动:具有索缆体系的桥梁在特定风荷载作用下,斜拉索或者主梁可能会产生涡振等不良振动。

12)现有病害:对桥梁既有病害的发展状况进行监测,一般为裂缝扩展状况、支座病害、墩梁相对位移过大等。

2. 桥梁安全监测应用系统

基于前端物联网监测数据,针对桥梁安全进行风险评估,针对桥梁实时安全状况进行科学研判,针对桥梁的管理养护进行辅助决策。

（1）基础信息管理

主要实现桥梁基础信息管理、桥梁监测方案管理、桥梁监测设备管理，以及桥梁设计、建设、养护资料电子化管理。

（2）风险评估

结合桥梁监测和检测数据，利用桥梁安全评估模型，实现桥梁的动态安全评估。

（3）监测监控

基于桥梁前端响应数据，利用系统监测数据预处理、监测数据分析技术（趋势分析、关联分析等），实现对桥梁结构响应数据的实时分析，及时发现桥梁异常状况。

（4）预测预警分析

通过对桥梁监测数据进行分析，科学设置阈值，利用结构安全分级预警技术，实现桥梁异常状况事件的闭环处理。

（5）辅助决策

基于桥梁监测报警数据、安全评估数据，利用桥梁综合评估结果，为桥梁养护、突发事件处置等提供辅助决策支持。

13.2.4　供水安全应用

1. 前端监测物联网

（1）监测目标

供水安全前端监测物联网主要以预防供水管网漏水、爆管和水质问题等造成的公共安全事件为目标，通过监测供水管网的运行压力、流量和泄漏声波等表征管网运行状态的特征参数信息，以及对供水水质情况和市政消火栓运行状态进行监测，及时预警供水管网泄漏、爆管、水质异常和消火栓安全问题，保障城市供水安全运行。

（2）监测布点原则

供水管网监测点布置主要是进行监测点位置的确定，监测点通过合理设置，能够最佳地采集并反映管网实时状态变化的信息。因此监测点的优化布局尤为重要，依据监测对象的不同，布局原则也不同。在制定供水管网监测方案时，总体上需充分考虑遵循规范原则、安全先行原则、需求兼顾原则和充分利旧原则。

1）遵循规范原则：设计布点时，应充分参考和遵循现有国家、行业标准规范要求。重点参考《安徽省城市生命线安全工程建设指南（试行）》及现行地方标准《城市生命线工程安全运行监测技术标准》DB34/T 4021。重点监测供水主干管、老旧管道、管网水力分界线、大管段交叉处；存在各工程交叉相关影响、地质灾害影响的供水管线；水厂原水管段，出厂管段，相邻及其他供水爆管漏失影响城市片区安全供水、后果严重的供水管线，爆管漏失造成严重后果影响的公共基础设施旁边的供水管道；供水生产调度水力模型校验点；人员密集区域主干道路上的市政消火栓。

2）安全先行原则：设计布点时，应充分考虑供水专项风险评估结果，以风评结果为指引，在中高风险区域加强物联感知，强化风险监测。

3）需求兼顾原则：设计布点时，要充分考虑供水部门现有管理和信息化方面的需求，做到建设集约化、效益最大化。

4）充分利旧原则：设计布点时，应充分考虑信息化设施的利旧和集约建设。在供水部门现有监测设备能用、可用的情况下，应接入现有监测点位数据，避免重复建设。

（3）监测内容及方案

监测内容包括接入的已有的管网、泵站等运行数据，以及新增供水管网流量、压力、漏失声波在线监测数据。根据供水管网长度和主干管网支点等关键点信息部署超声波流量计；根据供水管网长度、监测范围内重要用户信息和不利点位置部署高频压力计；根据风险评估结果、日常爆管数据、重点关注管段、节点部署漏失监测仪，为城区重要单位消防安全保障部署消火栓智能监测仪。

1）管道流量和压力安全监测：流量、压力是供水管网运行的核心参数，也是供水企业最为关心的指标，管网中用户用水或管道泄漏都会造成管道流量的增加，流量的大小与供水管网的运行状态稳定性、用户使用情况以及供水企业经营状况密切相关。流量监测也是分区漏损管理的重要组成部分，通过监控分区流量，辅助实现科学、精准降漏。压力过大会增加供水管道的泄漏和爆管概率，压力过低会影响用户用水的稳定性。通过监测管道的压力，一方面可以实现供水管网压力的整体感知，保障城市供水管网的供水服务质量，另一方面，高频压力监测可以捕获水锤信号及爆管负压波信号，及时诊断管网异常，为供水管网的监测报警和预测预警提供依据。

2）管道泄漏声波安全监测：供水管道是压力管道，当管道发生泄漏时，泄漏口会发出特定频率的声波。通过监测漏失声波，可以直接判断出管道是否漏水，结合数据相关性分析，还可以实现漏点的定位。对城市供水管网的漏失信号进行漏失在线监测，可以指导管道维护和应急处置工作，防止持续泄漏导致爆管或地下空洞等事故的发生。

3）消火栓状态安全监测：市政消火栓承担城市火灾消防救援重任，但往往面临年久失修、老化现象严重等问题。通过对消火栓流量、压力和温度的监测，一方面可以实时感知消火栓的运行状态，保障消火栓"战时可用"；另一方面，对消火栓的监测可以辅助感知管网运行状态及发现偷盗水现象。

4）水质安全监测：水是生命之源，饮用水的水质好坏与人体的健康紧密相关。饮用水从生产到配送的全链条都存在被污染的可能性，比如水源地污染、管道老化腐蚀、贮水污染、回流污染、微生物污染等。通过对水源地上游、水源地取水口和水厂进水口位置的原水水质监测，可以提前预警城市供水水质污染风险，预防城市大面积水质异常突发事件发生。对供水管网及小区二次供水水质进行监测，可以有效防范供水配水过程中受到的二次污染风险，保障居民水龙头水质安全。

2. 供水管网安全监测应用系统

基于管网运行压力、流量及泄漏噪声信息，结合道路荷载信息和土壤土质信息，实现路面塌陷预测预警和爆管预测预警，运用管网水力学模型和泄漏预警模型，通过大数据分析研判，实现对路面塌陷和管网爆管的风险评估及预测预警分析。

（1）基础信息管理

主要实现管网基础信息的查询、更新与维护、统计分析，实现精细化的管网信息管理。

（2）风险评估

建立供水管网风险评估模型，基于管网各类相关数据，实现供水管网泄漏、爆管等安全运行风险评估，以"热力图"形式直观展示管网风险分布和各管段风险详情，实现风险一图掌握。

（3）监测监控

通过对供水管网实时监测数据的接入、存储、处理和分析，结合GIS地图跟踪展示，直观查看供水管网运行状态，实现管网安全运行实时监测。

（4）预测预警分析

主要功能包括对供水管网进行管网爆管预警分析、泄漏量预警分析、路面塌陷预警分析，对预警信息提供预警反馈和处理。

（5）辅助决策

主要包括用水趋势分析、辅助关阀分析、管线模拟开挖、综合统计分析等功能模块。实现供水管网运行异常和安全事故的影响分析、处置分析，高效支撑管网安全运行调度和事故应急处置。

13.2.5　排水安全应用

1. 前端监测物联网

（1）监测目标

实现对城市排水管网实时动态感知，在排水设施管理控制方面，实现"水质、水量、水位、雨量"的实时监测，通过合理布设安装管网流量计、液位计、水质监测仪、雨量计、河道水位计等前端感知设备，结合模型算法和大数据算法等技术为城市排水风险监测预警提供数据支撑，实现排水系统安全可控，运行调度科学合理。在城市公共安全方面，实现排水管网、泵站及污水处理厂等排水设施运行风险早期预警，安全事件影响分析和综合研判，突发事件、次生衍生灾害应急辅助决策支持，全面提高城市排水运行风险防控能力和精细化管理水平，创新城市排水管理模式。

（2）监测布点原则

排水管网监测点布置主要是确定监测点具体位置，监测点通过合理设置，能够实现最佳的数据采集，并反映管网实时状态变化的信息，因此监测点的优化布局尤为重要。根据监测对象的不同，布局原则也有所不同。在制定排水管网监测方案时，总体上需充分考虑遵循规范原则、安全先行原则、需求兼顾原则和充分利旧原则。

1）遵循规范原则：设计布点时，应充分参考和遵循现有国家、行业标准规范要求。重点参考《安徽省城市生命线安全工程建设指南（试行）》及现行地方标准《城市生命线工程安全运行监测技术标准》DB34/T 4021。重点监测防涝设施，包括雨水主干管网、雨水泵站、调度设施、道路易积水点、河道、闸门、下穿式立体交叉道路和隧道等；重点监测污水系统设施，包括污水接户井、污水主干管网、污水泵站前池、截流设施、污水处理厂等；重点监测交通枢纽、重要路段周边排水管网等；存在各工程交叉相互影响的排水管线。

2）安全先行原则：设计布点时，首先应充分考虑排水专项风险评估结果，以风险评估结果为指引，在中高风险区域加强物联感知，强化风险监测。排水专项风险评估参考因子，至少应包含：①管网、泵站及水厂运行健康状态，如管龄、管材、水厂泵站运行记录、事故记录、巡检记录等因素；②重大危险源、重点防护目标（政府、学校、医院等）；③历史事故隐患高发区（历史维修台账）；④人口密集区（小区、商业场所）；⑤地铁等地下工程活跃区等。

3）需求兼顾原则：设计布点时，要充分考虑排水管理部门现有管理和信息化方面的需求，做到建设集约化、效益最大化。

4）充分利旧原则：设计布点时，应充分考虑信息化设施的利旧和集约建设。在排水部门现有监测设备能用、可用的情况下，应尽可能接入现有监测点位数据，避免重复建设。

（3）监测内容及方案

1）管网运行状态监测：通过在排水管网系统的上中下游、各子系统交汇点、易发生溢流的位置、雨污截流井等特殊构筑物前、排水泵站、入河/海排口处交叉布设流量计、液位计及电子水尺，在线监测流量和液位，对可能出现或已经发生的管道错接、溢流、淤堵等问题进行研判分析。同时，全面实现对城市管网运行状态的实时在线监测，为防汛排涝预警模型提供基础数据支撑。

2）易积水点监测：城市下穿隧道或地势低洼区域，可能因降雨导致路面积水现象，通过在易涝积水点的关键路段及位置布设易涝积水点水位、电子水尺和视频监控，实时掌握路面积水深度和现场情况，为应急指挥调度提供水位数据支撑，辅助管理部门对易涝积水点状态作出判断及相关应急处理措施的制定。

3）雨量监测：通过接入气象部门的雨量数据及自建雨量站点的数据，基于电子地图叠加雨情实时数据，支持对时间和区域筛选，便捷地查看实时降雨量信息，进行站点的超阈值预警和安全提醒。同时，为防汛指挥调度及模型应用提供基础数据支撑。

4）河道水位监测：针对河道、河涌、调蓄湖因汛期水位高所导致的城市内涝问题、河涌倒灌等问题，通过对河道水位进行在线监测，实时获取河道水位信息，实现汛期对河道水位过高可能导致的城市内涝现象进行报警、预测预警与分析。

5）其他监测：可根据排水管理部门实际业务需求，扩展泵站运行状态监测、智能井盖监测、可燃气体监测、管网水质监测、排口监测、视频监控等内容。

2. 排水管网安全监测应用系统

汇聚城市排水管网实时运行数据和城市排水系统基础数据，结合区域气象信息，利用管网运行状态分析模型、区域水流动力分析模型、区域水位变化趋势模型等，综合分析城市排水系统安全运行态势，及时预警管网错接混接、管网淤堵、城市内涝等风险。

（1）基础信息管理

提供对排水系统各类信息资源数据的查询、编辑和统计功能，对排水管网、积水点、河道水系、库湖、井盖等各类数据进行管理。

（2）风险评估

利用排水管网风险评估模型、内涝风险评估模型，实现排水管网渗漏、淤积和溢流等安全运行风险评估，以"热力图"形式直观展示管网风险分布和各管段风险详情。

（3）监测报警

提供管网运行监测分析、可燃气体聚集监测、井盖异常监测分析、汛情监测分析、河道水位超汛限监测等功能，实现排水安全运行实时监测。

（4）预测预警

利用排水管网水力学模型、水文模型和暴雨洪涝预警模型，实现对排水管网淤积、溢流等异常运行状态预测预警，以及洪涝淹没范围的时空变化过程、重点防护目标和关键基础设施的可能受灾程度等城市暴雨内涝的预测预警，实现排水管网系统运行故障及其次生衍生灾害的及时预警、趋势预测和综合研判。

（5）指挥调度

分析淹没区域周边的防汛物资仓库、防汛队伍、安置点等信息，提供汛情会商功能，确定联合调度方案及区域应急响应等级。支持会商，通过会商确定响应等级、联合调度方案。

（6）辅助决策

分析研判排水（雨水）管网设计能力不足、溢流频繁的区域和管段，为科学制定管网改造方案提供支撑。

13.2.6 水环境安全应用

1. 前端监测物联网

（1）监测目标

水环境治理监测感知网监测对象主要为城市风险水体的干支流、上中下游以及沿河排口、排口上游管网、泵站、污水处理厂、重点排水户等。通过在流域河道、重点监测断面、重点排口、泵站前池、截污设施、污水处理厂进水口、管网关键节点等重点位置布设常规水质监测仪器、水质多特征监测仪器、液位水质一体机、流量计、液位计、雨量计、视频等自动化监测设备，形成污（雨）水产生—转运—处理—排放全过程全要素信息的监测能力，同时结合卫星、无人机遥感技术，形成天、空、地全方位多维度的城市水环境综合监测监控体系，科学、合理、高效地实现区域水环境风险筛查、水质现状监测、污（雨）水产—运—排过程监管以及治理成效评估、明确水环境治理方向、输出水环境治理合理化决策建议，提升水环境治理工作系统性、针对性、高效性和精细化程度。

（2）监测布点原则

1）排水管网监测布点原则包括：①监测点位的布设应遵循系统性、代表性、覆盖性、经济性、可行性的基本原则。②监测点位的布设应符合下列规定：监测点位的服务范围应清晰明确；监测点位应具备安装维护条件；对选定的监测点位应进行现场踏勘，对不满足实施条件的监测点位应进行调整；应统筹已有的监测点位，不应重复建设。③监测点位的布设应基于对排水管网的服务范围、拓扑结构和历史数据等分析开展；宜结合监测区域排水模型，在模型识别出的监测指标可能发生明显变化的位置设置监测点位。④监测点位的布设应形成监测布局图，布局图中应标明不同类型的设备信息，并应注明监测点位的坐标。⑤各类监测指标的数据采集和通信的时间间隔宜符合下列规定：降水监测设备和水量监测设备的时间间隔宜设定为 1～15min；采用原位监测的水质监测设备的时间间隔宜设定为 5～15min，采用分流监测的水质监测设备的时间间隔宜设定为 15～120min。⑥临时监测方式的持续时间宜为 7～56d，轮换监测方式的间隔时间宜为 28～112d。⑦监测点位布设应按照排口、泵站、管网其余关键节点、排水户的顺序开展。⑧合流制溢流排口、泵站、主干管网节点应采用固定监测方式，雨水排口、支次管网节点和排水户接户井可采用轮换监测方式进行周期性监测。⑨合流制溢流排口和雨水排口等处宜设置视频监测点位。

2）地表水监测断面布点原则包括：①监测断面的布设在宏观上能反映流域（水系）或所在区域的水环境质量状况和污染特征。②监测断面的布设应避开死水区、回水区、排污口处，尽量设置在顺直河段上，选择河床稳定、水流平稳、水面宽阔、无急流或浅滩且方便采样处。③监测断面布设应考虑采样活动的可行性和方便性，尽量利用现有的桥梁和其他人工构筑物。④监测断面的布设应考虑社会经济发展、监测工作的实际状况和需要，要具有相对的长远性。⑤监测断面的布设应考虑水文测流断面，以便利用其水文参数，实现水质监测与水量监测的结合。⑥监测断面的设置数量，应考虑人类活动影响，通过优化以最少的监测断面、垂线和监测点位获取具有充分代表性的监测数据，有助于了解污染物时空分布和变化规律。⑦监测断面布设后应在地图上标明准确位置，在岸边设置固定标志。同时，以文字说明断面周围环境的详细情况，并配以照片，相关图文资料均应存入断面档案。⑧流域（水系）可布设背景断面、控制断面、消减断面和河口断面。⑨行政区域可在水系源头设置背景断面或在过境河流设置入境断面或对照断面、控制断面、消减断面、出境断面或河口断面。

3）黑臭水体监测布点原则包括：①对于湖泊型水体，原则上在水体中心点设置一个监测点位，水面较大时可适当增加监测点位。②对于坑塘型黑臭水体，原则上在水体中心点设置一个监测点位，水面较大时可适当增加监测点位。③每个水体的监测点位不少于 3 个，取样点一般置于水面下 0.5m 处，水深不足 0.5m 时，应布置于水深 1/2 处。

（3）监测内容及方案

根据实际情况确定监测方案，主要包括河流断面监测、入河排口监测、污水管网监测、污水处理厂监测、重点排水户监测、泵站监测等。

1）河流断面监测：

选取风险评估后被确定为一般风险及以上的河流进行常规水质监测及水质多特征监测，布设水质多特征预警溯源站、黑臭水体监测预警站、国标法小型水质监测站、智能视频识别系统、常规视频监控设备以及河道水位计等设备。

通过对地表水水质的连续在线监测，直观反映各地表水体的水质考核达标情况及水质变化规律，配合上下游各断面间的水质相关性分析，定位主要污染贡献排口和区域，为更具针对性地进行水污染防治以及水环境质量提升工作提供基础数据支撑。

2）入河排口监测：

结合调研及前期排查情况，梳理重点关注排口清单，布设液位水质监测仪、视频监控、智能视频识别系统等设备，实现对重点监管河流和各入河排口出水水质、水量情况的实时感知，推动入河排口监测监控体系的完善。

通过对排口液位及氨氮的实时监测，评估雨水管网及截流设施的运行情况，及时发现污染问题，为环境保护和污染治理提供重要参考依据。同时通过入河排口氨氮、液位等监测数据可作为监管部门治理污染和追溯责任的证据，一旦环境问题出现，可以通过合理利用监测数据，找到污染源，确定责任归属，并做出相应惩处和修复。

通过对入河排口进行视频监控，能够第一时间发现排口异常出水等问题，并立即采取有效的措施，以提高水体的安全性与稳定性，同时通过视频智能识别系统的建设建立排口异常事件告警机制，及时通知相关部门对预警事件进行处理。

3）污水管网监测：

针对污水管网选取主干管网节点及重要分支管网节点进行流量监测和水质监测，布设流量计、光谱法小型水质监测站、液位水质监测一体机、国标法小型水质监测站等设备。针对雨水管网主干管网及分支管网关键节点进行流量、液位及水质监测，布设流量计、液位计、液位水质监测一体机、光谱法小型水质监测站、国标法小型水质监测站等设备。

通过对排水管网关键节点的水质、液位、流量监测可以初步对各汇水分区雨污混接程度及入流入渗情况进行科学评估，针对雨污混接或入流入渗较为严重区域的分支管网节点进行流量、液位及水质监测点位的加密布设，可以有效缩小雨污混接点位及入流入渗排查范围，并对各子汇水分区雨污混接强度、入流入渗程度进行量化，定位优先治理区域，提高区域排水管网升级改造可行性、科学性和工作效率。

4）污水处理厂监测：

根据实际情况，在污水处理厂进水总管监测站房内布设水质多特征污染溯源仪，通过溯源仪紫外光谱分析单元实现对 COD、硝氮等常规监测指标的实时预警，通过荧光光谱分析单元实现对超标进水水质多特征的快速检测与比对，从而精准识别引起污水处理厂进水异常的污染源头，降低超标污水对整个污水处理工艺运行的冲击，确保污水处理厂达标排放运行的日常管理，便于及时发现问题，调整工艺。

5）重点排水户监测：

综合考虑排水户雨污排口问题，开展流量监测，布设流量计、国标法七参数小型水质监测站、光谱法小型水质监测站、视频监控系统等设备。通过对重点排水户进行流量监测，监督其异常排水情况，在定性分析错接混接的基础上，能够量化评估排水户排污情况，实现排水行为源头监管和排水户规范化管理，为雨污混接整改提供数据支撑，辅助雨污混接问题整改工作。

6）泵站监测：

可接入本地区已有在线流量数据、液位数据和水质数据。同时，补充部分水质监测，织密监测网络，针对本地区一体化泵站开展流量及水质监测，布设国标法小型水质监测站、光谱法小型水质监测站、出口管道流量计等设备。

2. 水环境治理监测应用系统

水环境治理监测应用系统可实现对污（雨）水产生—转运—处理—排放全过程、全场景、全要素业务数据的综合展示。通过对前端监测网水质、水文监测数据的汇集与深度挖掘，实时发现和及时预警水污染事件；运用溯源分析模型，实现快速溯源和决策分析。评估区域水环境治理成效（河道治理、排口排查整治、管网雨污混接整改、重点排水户监管等），明确水环境治理方向，提升水环境监管智能化水平。

（1）基础信息管理

对重点排水户、排水管网、污水处理厂、泵站、截污设施、入河排口、城市水体、监测断面、治理工程等各类数据进行管理，为水环境风险评估与管理、应急处置决策等能力提供数据依据和支撑。

（2）风险评估

构建水环境综合风险评估模型，掌握水环境要素风险等级情况，以"热力图"形式直观展示水环境要素风险分布及详情，实现风险一图掌握。

（3）运行监测

对监测网产生的监测数据进行接入、存储、数据对比、处理和分析，基于地理信息系统（GIS），融合监测感知数据、遥感数据及运营分析数据，实现动/静态相关空间数据的汇聚及上图展示。

（4）报警预警

结合阈值设置对运行过程中异常监测数据进行分级报警，依托城市生命线监测预警平台，提高监测预警的时效性和准确性。实现监测—报警—审核—处置—解除—存档的全生命周期管理。

（5）决策分析

对前端监测感知网获取的监测数据进行深度挖掘，实现污水处理厂分析、泵站排污规律分析、水体达标分析等，为监管部门的监测监管提供决策依据。

（6）问题诊断分析

对于城市排水系统常态化运行和突发污染问题，系统基于监测感知网的在线监测和预警数据，结合管网拓扑关系，为污染成因诊断、雨污混接区域识别、入流入渗程度识别等问题分析诊断提供决策建议。

（7）溯源排查

利用水质指纹对比模型和污染贡献分析模型，建立污（雨）水产生—转运—处理—排放全过程全要素信息的对应关系，结合水质多特征分析及管网拓扑结构，实现异常排放源快速定位，协助监管部门缩小排查范围，提高工作效率。

13.2.7　供热安全应用

1. 前端监测物联网

（1）监测目标

热力安全监测对象主要为城市热力管网以及热力管网地下相邻介质等。根据输送介质的不同，热力管网可分为蒸汽管网和热水管网。通过监测蒸汽管网的疏水阀温度、疏水阀或管网压力、管网流量、地下相邻介质温度，及热水管网压力、流量、地下相邻介质温度等运行指标，降低热力管网泄漏、爆管、水击等运行风险，保障热力管网安全运行。

（2）监测布点原则

根据热力管网运行综合风险评估结果进行监测点位布设，一般风险及以上的必须安装监测设备。优先选择以下点位或区域进行布点：位于或穿越重要交通枢纽设施、公共基础设施以及人密地段的供热管线；存在地质灾害影响的供热管线；经常启停和改变供热介质参数的管线；城市基建区域内易形成交叉施工的管线，重点监测管网主干管、老旧管道、脆弱性管道等。

（3）监测内容及方案

1）蒸汽管网监测：

对于蒸汽管网，优先选择疏水箱进行压力、温度监测以及土壤温度监测。

①蒸汽管道在运行过程中不可避免地会产生蒸汽凝结水，因此需安装疏水箱以起到阻汽排水的作用，可使蒸汽管道均匀给热，充分利用蒸汽潜热，防止蒸汽管道中发生水锤。由于蒸汽管网内疏水箱压力值可以直观地反映主管道内部实时压力情况，在疏水箱内部管道中安装压力传感器主要实现功能包括：A. 在管网发生故障时，能实时通过压力值的变化对故障进行报警及预警。B. 此方案施工方便，不用大批量破复开挖，不用在主管道开孔。C. 通过安装压力传感器，在对管网切换及关送气时，能够实时对管网各关键节点进行全方位的直观监控。D. 由于蒸汽温度与蒸汽压力存在必然联系，在监测压力的同时，也能监测出主管道的蒸汽温度。

②依据对疏水箱中疏水器疏水次数的统计，对管道内积水量进行判断，从而可以对管道的运行风险进行预测与预警。在疏水箱管道中安装温度传感器，根据温度的变化来判断疏水次数，进而对管网积水风险进行分析。

③对于热力管道的泄漏情况统计，最大的风险点就在薄弱处（弯头、三通、补偿器等位置），当蒸汽发生泄漏时，外套管温度升高，所以在薄弱风险点周边安装土壤温度传感器，可以监控到薄弱点周边范围内蒸汽是否发生泄漏，以达到监控蒸汽管线运行状况的目的，实现对热力管网运行状态的实时感知，为热力管网运行状态分析和可能发生的泄漏、爆管等热力管网运行故障分析提供数据支撑，同时为热力管网泄漏维修处置提供数据支撑。

2）热水管网监测：

对于热水管道，优先选择压力计、温度计、流量计以及土壤温度监测。

①热水管道一般运行压力、温度、介质输运速度等比蒸汽管道要低，因此其危险性较蒸汽管道为小。如果经过专业设计机构研判校核，在压力、温度、管径等参数较低的主管道上进行开孔作业处于安全范围内，则可直接在主管道上安装压力计。

一般情况下，为避免对主管道进行破坏，需尽量选择管道上已有的开孔进行压力计的安装。可选择在放风阀或泄水阀后接三通接头，三通后两边各连接压力计及新的放风阀或泄水阀，在新装测量设备的同时保留功能。由于原有阀常开，压力计与主管道相连，压力值可以直观地反映主管道内部实时压力情况。

②经过专业设计机构研判校核，在压力、温度、管径等参数较低的主管道上进行开孔作业处于安全范围内，则可在主管道上安装插入式温度计，直接测量介质温度。

一般情况下，为避免对主管道进行破坏，需选择非插入外贴片式温度传感器，在主干管道外壁安装。安装时先拆除局部保温层，将温度传感器安装捆扎于管道外壁，捆扎使用不锈钢抱箍捆扎，再对保温层进行恢复，选用与原材质相同的保温材料恢复，并做保温面层处理。

③如果经过专业设计机构研判校核，在压力、温度、管径等参数较低的主管道上进行开孔作业处于安全范围内，则可在主管道上安装插入式流量计，测量流量。

一般情况下，为尽量降低可能造成的风险，减少管道开孔，采用非插入式外夹超声波流量计，即主干管道外壁双轨道夹持安装。安装时先拆除局部保温层，将双轨道加持安装在主干管道的两侧，然后用不锈钢抱箍紧抱，再将流量传感器安装固定于管道外壁，捆扎使用不锈钢抱箍捆扎，再对保温层进行恢复，选用与原材质相同的保温材料恢复，并做保温面层处理。

④对于热力管道的泄漏情况统计，最大的风险点就在薄弱处（弯头、三通、补偿器等位置），当热水发生泄漏时，会直接进入土壤中，且有可能对地下形成空洞而在地上不受察觉，所以在薄弱风险点周边安装土壤温度传感器，可以监控到薄弱点周边范围内蒸汽是否发生泄漏，以达到监控蒸汽管线运行状况的目的，实现对热力管网运行状态的实时感知，为热力管网运行状态分析和可能发生的泄漏、爆管等热力管网运行故障分析提供数据支撑，同时为热力管网泄漏维修处置提供数据支撑。

2. 热力管网安全监测应用系统

通过监测热力管网运行关键指标实时感知热力管网运行状态，综合考虑热力管网属性信息、周边环境信息、重要防护目标等信息对城市热力管网运行状况进行安全评估。利用水力学模型、爆管预警模型和介质扩散模型，及时预测预警热力管网泄漏、爆管等事故，实现泄漏快速溯源及泄漏影响分析。

（1）基础信息管理

对各类信息资源数据的查询、编辑和统计功能，以可视化的列表、图表、报表等形式对热力管网各类信息资源数据进行显示。

（2）风险评估

利用热力管网综合风险评估模型，实现热力管网安全运行综合风险评估，直观展示管网风险分布和高风险区域，形成区域热力管网安全风险清单和安全风险分布地图，为优化供热安全调度、制定巡检巡查计划等提供依据。

（3）监测监控

主要包括运行监测、监测分析和监测报警处置。利用热力管网前端感知网络，通过对热力管网实时监测数据的接入、存储、处理和分析，对重点区域的地下管网安全监管信息进行联动调用，实现管网安全运行实时监测与分析研判。

（4）预测预警分析

主要包括管网泄漏和爆管预测预警，根据管网运行前端信息，结合管网拓扑结构和管道运行规律，实时发现管网运行故障情况并进行及时预警，发布预警信息，预防热力管网泄漏、爆管等事故的发生。

（5）辅助决策

主要包括泄漏影响分析、位置处置支持和安全运行评估。提供管网维修建议和应急处置方案，科学高效应对管网事故。

13.2.8 综合管廊安全应用

1. 前端监测感知网

（1）监测目标

实现对综合管廊运行状态和异常状态特征参数的实时监测，快速诊断综合管廊的健康状况，对可能发生的异常状况进行提前预警，及时预测管廊发生异常状况的位置，为异常事件的快速处置提供辅助决策支持。

（2）监测内容及方案

1）管廊本体结构监测：

①监测内容：监测内容为管廊本体的水平位移和竖直沉降。

②监测布点原则：根据现行国家标准《城市地下综合管廊运行维护及安全技术标准》GB 51354 的要求，并结合项目实际情况，选取外界影响大、廊体结构相对薄弱点进行监测。例如，优先选择靠近车辆行驶路段侧的舱室，在舱室内优先选择防火分区交接处位置进行监测设备布设。

2）入廊供水管线安全运行监测：

①监测内容：A. 管道流量和压力安全监测，见"13.2.4 供水安全应用"。B. 管道漏失安全监测，见"13.2.4 供水安全应用"。C. 管线位移，入廊供水管线无土壤围绕，并采用支墩支护，当管线自身由于应力或水锤效应产生振动或地上环境的扰动会带动管廊自身振动时，会引起支墩上的管线位置偏移。管线位置偏移继而会导致管线受到的支持力不足，在自身重力和水压的双重压力下，可能会发生管线倾覆断裂爆管的危险，因此须对上述点位的管线进行位移监测，测量物体位移参数，确保管线在发生位移时能够及时进行预警处置。

②监测布点原则：A. 高频压力计布设原则：管网水力分界线；管网水力最不利点、控制点；大用户水压监测点；主要用水区域；大管段交叉处；反映管网运行调度工况点；管网中低压区压力监测点；供水发展区域预留监测点；操作频率比较高的阀门的下游端；管道安全监测敏感点；管道维修爆管记录常发管段。B. 流量计布设原则：分区计量法、重点区域管网进出口点；大用户流量监测点；反映管网运行调度工况点；供水发展区域预留监测点；区域计量进出口点。C. 漏失计布设原则：大管段交叉处；产生爆管危险系数高的管段；入廊管线交叉和管线变径处等。D. 管线位移计布设原则：大管段交叉处；产生爆管危险系数高的管段；入廊管线交叉和管线变径处。

3）入廊污水管线安全运行监测：

①监测内容：综合考虑污水管线特性和综合管廊的结构特点，并针对管廊断面布置、竖向设计、交叉节点处理、污水出舱井设置、廊内污水管通风、清淤养护等入廊污水管线需求分析，在线监测污水管线运行流量、液位、管线位移，实现对污水管线运行状态的实时感知，对污水管线可能发生的渗漏、溢流、位移等进行报警、预测预警与分析。

②监测布点原则：A. 流量计、液位计、位移计布设原则：优先覆盖大管径交汇处以及易发生溢流或淤堵的位置，监测点应覆盖入廊污水管线系统的上游、中游和下游且点位之间保持一定距离，流量计和液位计交叉布设。B. 智能红外多点气体在线监测仪布设原则：优先布设入廊污水管径较大且布设流量计的检查井内。

4）入廊燃气管线安全运行监测：

①监测内容：综合考虑管廊附属如引出口以及与引出口相连的小室内，管线弯头、阀门等众多，燃气泄漏概率较高。应在燃气舱内及引出口小室内实时监测压力及甲烷浓度，对燃气异常泄漏进行预测预警与分析。

②监测布点原则：A. 压力计布设原则：管廊燃气管线进出口；管廊与道路交叉处及燃气管线引出口小室内。B. 甲烷浓度监测仪布设原则：入廊燃气管线小室内及相邻雨污水、电力舱。

5）入廊热力管线安全运行监测：

①监测内容：热力管线安全运行监测系统将监测管线运行的压力和温度，具体包括：A. 压力：热力管线运行压力为 0.5～0.8MPa 之间，压力反映了热力管线运行的稳定性和状态。压力的大小关系到管线的运行安全和用户用热的稳定性。压力过大会增加热力管线的泄漏和爆管概率，同时增加热电企业的能耗；压力过低会影响居民用热的稳定性。实时监测管线的压力，将为热力管线的预测预警提供数据基础。B. 温度：温度的高低是反映热力管线运行是否良好的另一个重要因素。过低的温度说明管线漏热较大，或者有泄漏。实时监测管线的温度，将为热力管线的预测预警提供数据基础。

②监测布点原则：A.压力监测点布设原则：优先覆盖管线水力分界线；管线水力最不利点、控制点；大用户水压监测点；主要用户区域；大管段交叉处；反映管线运行调度工况点。B.温度监测点布设原则：温度监测点的布设原则与压力监测点布设原则相同。

6）入廊电力电缆安全运行监测视与本地电网公司沟通情况而定。

7）管廊安全控制区监测：布设视频监控等设备，配套智能分析技术，对综合管廊安全控制区内积水、超载重车和施工开挖进行实时监测与报警。

8）廊内环境与附属设施监测：廊内环境与附属设施监测主要在各管廊监控运维平台进行建设，可直接进行数据接入。

2. 地下综合管廊安全运行监测应用系统

（1）三维可视化系统

结合三维地理信息系统和BIM模型，实现地下综合管廊从宏观空间分布情况，到微观工程结构、风水电等设备设施、入廊管线的多媒体实景化展示，建立基于空间可视化的入廊管线精细化、实景化、实境化的管理模式。

（2）基础信息管理系统

实现对地下综合管廊档案数字化、全生命周期、一体化、精细化管理，地下综合管廊BIM建模及三维可视化提供准确的属性信息及专业图纸，为综合管廊及入廊管线综合风险评估、运行监测报警及预测预警分析等功能提供完整、准确的数据保障。

（3）综合风险评估

基于综合管廊及入廊管线属性信息、历史维修信息、实时动态监测信息等数据，通过科学建模、多源信息融合分析与大数据挖掘，掌握综合管廊风险分布情况，洞察综合管廊风险变化及发展趋势，为地下综合管廊及入廊管线安全运行监测系统的建设、日常运营以及突发事件处置辅助决策提供科学依据。

（4）安全运行实时监测报警系统

通过前端感知设备采集各专业如给水污水管线、入廊燃气管线、入廊热力管线、入廊电力线缆以及廊体内环境的实时数据，积累海量监测数据并深入发掘数据所反映的综合管廊及入廊管线运行的趋势及规律，科学设定报警阈值。实现对综合管廊及入廊管线安全运行状况的实时监测，当发生监测指标超过阈值等异常情况应及时报警。

（5）预测预警分析系统

实现管廊风险的早期预警、趋势预测和综合研判。运用预测分析模型，进行快速计算，对态势发展和影响后果进行模拟分析，预测可能发生的次生灾害，确定可能的影响范围、影响方式、持续时间和危害程度等。

（6）应急辅助决策支持系统

针对恶劣天气、事故灾难和人为破坏等突发事件可能造成的地下综合管廊及入廊管线破坏，以及可能产生的次生衍生灾害进行综合预测预警与处置建议，并针对不同类型入廊管线突发事件处置所需的应急资源进行估算分析，为事件处置辅助决策提供科学参考依据。

（7）安全运行评估系统

定期总结综合管廊及入廊管线的安全运行状态，主要包括：风险分布及变化情况、实时监测报警统计及分析、系统发布的预警信息及相关分析结果和处置措施及方案、预警信息发布情况总结及分析，并形成安全评估报告模板，由系统根据模板自动生成安全评估报告，为管廊安全运行常态化监测管理提供科学建议。

13.3　基础支撑系统

13.3.1　物联感知平台

通过专业施工深化设计，对各业务专项（燃气、桥梁、供水、排水、水环境及供热）的物联网传感设备进行合理布局，形成网格化、空间化安全监测网络，确保监测数据实时上传。通过服务集成的方式，从政务服务平台以及各责任单位，将数据接入，通过梳理汇集，支撑公共安全大数据服务建设，提供实时监测预警、分析研判、指挥调度业务能力。

物联网数据采集的核心功能是为前端海量物联网设备的监测数据提供稳定可靠的数据接入和汇聚能力，并在条件允许的情况下实现远程参数调整和控制，减少后期对海量的监测设备的运维负担。采集系统应提供完善的协议适配机制，支持对所有接入的传感器设备的协议进行编解码和远程控制，并可以提供扩展机制方便新的传感器设备的集成和接入。

1. 设备管理

可实现对传感器设备的注册、修改、注销、查询以及相应的指令下发和管理，设备管理接口基于设备定义规范设计，提供基于二进制和 JSON 两种格式的设备信息的序列化和反序列能力。

2. 核心调度

对监听的网络请求根据其接入特点，提供相应的调度策略，保证数据从协议识别、消息编解码到消息处置的整个过程能够按照预定的流程高效无差错地执行。

3. 协议适配

协议适配接口规范中，需要定义对由消息解码器识别并提取的消息的所有处理的接口方法，如协议内容转换、消息或指令交互操作等，同时基于该接口规范设计和实现的消息调度管理（消息处理链）的执行环境。

4. 物模型

进行统一的物模型管理，不同设备统一定义管理，屏蔽各个厂家不同协议不同设备的差异。设备模型分为：属性（properties）、功能（function）、事件（event）。

5. 接入认证

可根据设备身份标识和设备认证系统，通过加密技术为物联网系统提供设备认证、设备可信接入能力。

6. 指令控制

可适配不同设备类型下发指令控制采集上传频率、校时、报警阈值等。

7. 数据解析

设备上报数据后，可根据不同设备类型适配解析规则进行数据解析及校验。

8. 设备事件处理

根据设备上报事件，可定位信息、告警、故障类型并推送业务应用平台。

9. 设备状态查询

可主动查询设备数据状态、信号、电量、位置等相关状态信息。

10. 虚拟设备管理

虚拟设备编号关联物理设备监测指标，避免因设备损坏更换导致的数据断链问题。

11. 在线调试

可提供设备在线调试、查看数据、下发指令等功能。

12. 消息订阅

可提供产品级或设备级的数据、事件实时订阅功能，提升设备数据分发共享能力。

13. 故障感知

对物联网设备掉线、低电压、数据异常等设备由规则引擎自动触发报警，及时发现故障设备并通知相关运维人员。

14. 数据溯源及跟踪

利用全链路跟踪技术从设备发送到接收、编解码、数据预处理的全过程进行标识记录和分类记录，可实现对单次采集数据的过程监控和流程回放的精细化跟踪。方便后期系统运维管理和问题排查。

15. 设备日志

可提供设备数据、指令、事件上报、指令下发等原始日志的记录。

16. 数据加解密

保障数据传输安全，对设备报文进行加解密处理。支持国密 SM 加密算法。

13.3.2　大数据运算调度平台

大数据运算调度平台接收原始数据，并对数据通过调度服务进行解析、清洗、加工处理；流批（基于 storm/spark/flink）计算引擎对已加工的数据作数据分析，按照数仓建设标准规范对计算结果进行存储，形成数据仓库，并通过数据开放平台提供统一的标准数据服务。

1. 消息队列组件

可提供 kafka 消息队列，实现数据订阅和发布功能。在业务数据源与数据处理引擎中间实现了一个隐含的、基于数据的接口层，实现业务系统与大数据平台的解耦。消息队列还应具备数据缓冲、数据冗余、可扩展性好等特性。

2. 分布式存储组件

分布式存储平台模块可为数据中心的各类数据提供可靠的存储支持并具备良好的扩展性。

3. 资源管理调度组件

可提供 yarn 资源管理调度组件，并提供必要的资源隔离，实现弹性计算，为数据处理子系统提供支撑。

4. 计算框架业务

可提供 Spark Flink 计算框架。对核心应用提供 Java、Scala、Python 语言开发接口。

5. 流处理业务

可提供 Flink、Sparkstreaming 实时及近实时数据处理框架，支持原始接口。

开放编程接口，支持 Java、Scala、Python 语言，支持用户自定义开发流式数据处理功能。

6. ETL

支持异构数据库的数据抽取、处理、汇聚存储。对数据源系统进行分析评估，确定大数据平台抽取范围（表 + 时间）、抽取方式（增量 / 全量）、抽取周期等，并提供数据稽核，根据数据源检查程序初始化配置数据稽核脚本，保证数据质量。

13.3.3　CIM 平台

CIM 基础平台以直观表达的全覆盖精细城市三维模型为基础，将具有公共性、基础性、权威性、共享性的城市生命线内外三维数据资源作为核心，统一搭建服务系统，面向城市生命线应用按需提供地理信息、物联网节点定位、功能服务和开发接口，打造城市生命线一张"底图"，实现各专项数据共享、发布、聚合，最终形成统一管理的城市底图数据服务，可提供强有力的 CIM 城市空间数据服务和业务应用支撑服务。

1. CIM 数据

统一管理各类二维、三维 CIM 数据源，应支持多种数据源类型，并支持影像、倾斜摄影、BIM、Max、点云、SHP 等数据格式转换、数据动态更新及共享。

2. CIM 服务

汇聚城市信息模型数据及服务资源，搭建统一城市生命线信息模型共享服务系统。

3. CIM 展示分析平台

支持二维、三维地理信息基础管理功能、信息查询功能、空间分析及接口开发功能。

4. 渲染引擎

将三维地面模型、正射影像和城市街道、建筑物及市政设施的三维立体模型融合在一起，再现城市建筑及街区景观，支持进行诸如查询、量测、漫游、飞行浏览等操作。能够真实反映现实世界各种现实场景，包括但不限于模型光照、材料、动态水、玻璃、漫反射等各种效果。

5. CIM 服务共享

支持地图资源服务和三维云渲染服务。

6. CIM 开发中心

提供系统定制功能，可协助开发人员快速完成系统二次开发工作，同时展示国家、行业、地方等标准规范文档和应用案例。

7. CIM 资源管理

可提供二三维时空数据以及业务数据管理能力，以空间模型为底板，广泛汇聚政务数据和感知数据，实现城市数据大融通。

8. CIM 场景组织

支持用自定义配置的方式，将平台汇聚的各类数据资源，快速搭建成业务场景，支撑上层应用。实现从城市大场景到建筑结构再到室内微观场景的宏观和微观的一体化、二三维一体化、地上地下一体化、室内室外一体化，打造数字孪生地板，可实现各类城市管理主题数据与空间数据的接入与融合。

9. CIM 运行服务

面向管理人员，提供权限管理、菜单管理、日志统计分析、运行管理等功能，实现对系统的业务进行审批处理、对系统安全运行的各环节进行实时监控、对系统运行的关键信息进行记录、对突发事件进行报警处理等。

10. CIM 门户

CIM 云服务门户是对外提供资源和服务的入口。门户通过统一的身份认证，确保平台的安全；通过门户导航，提供平台中相关应用的入口；通过新闻中心，提供与平台相关资讯的展示；通过资源中心，用户实现对平台资源目录查看、对资源信息获取、对资源进行预览；同时可以查看平台使用相关信息、下载相关文档和工具，以及对个人信息进行配置设置。

13.3.4　数据底座

平台数字底座主要由物联网管理、数据治理交换、业务重构和业安融合等构成，实时接入物联网传感器监测数据，进行监测运营数据的采集、清洗、确权、融合、流转等全生命周期管理与控制，综合使用数据加密、零知识证明、同态加密等先进安全手段，对不同级别和类别的监控运营数据进行可信管理，实现业务数据和安全机制的内在融合，为燃气爆炸、桥梁坍塌、城市内涝、管网泄漏、路面塌陷及城市火灾等城市安全风险提供精准化预防、常态化监测、动态化预警、协同化处置的功能支撑。

1. 物联网管理

物联网管理的核心功能是为前端海量物联网设备的监测数据提供稳定可靠的数据接入和汇聚能力，采用城市安全物联网感、传、知、用技术架构，在对城市中运行的各要素风险评估的基础上，对高风险进行实时监测，感知风险的变化情况，及时进行预警。同时在海量监测数据的基础上，采用城市安全科技模型分析评估城市风险源运行状态，分析突发事件次生衍生关系，准确判断定位事故点。

2. 数据治理交换

数据治理交换主要包括数据标准管理、数据集成管理、数据质量管理、数据清洗治理、数据资产管理、数据挖掘管理、数据共享管理等功能。数据治理交换针对海量城市安全数据，依据数据标准规范进行数据接入、数据质量检查、数据清洗治理、数据资产管理、数据安全管控、数据共享，承载与业务平台、专项场景的互联互通、数据使能。

3. 业务重构

通过抽离各专项业务共性功能，形成标准化的组件，将数据、通信、计算、软件等技术进行了结构和重构，通过标准化的应用组件和能力网关聚合，在无需统一标准的情况下，实现城市安全领域的传感器、智能硬件和应用软件系统之间像搭积木一样进行灵活的搭建和组装，各个不同厂家的设备、服务、应用可以快速融合、万物互联，满足城市安全业务场景的快速应用和常态化运行。

4. 业安融合

随着城市安全数据共享开放的快速发展、数据访问行为的日趋复杂化、数据运营服务分发模式的深入化，在数据共享、数据存储、数据使用等环节面临日益复杂的风险。业安融合功能以数据分级分类、数据加密、数据脱敏、数据安全访问控制、大数据安全审计等数据安全技术为基础，建立分类分级、智能核验、达标应用的业务数据与安全融合机制，在数据流转的多个环节实施数据安全治理和数据保护措施，构建全面的数据防护能力，实现数据安全纵深防御、数据全面防护，有效保障数据安全流转、安全共享，满足业务合规和数据安全管控要求。

13.4　平台信息安全

以《信息安全技术　网络安全等级保护基本要求》GB/T 22239—2019、《信息安全技术　网络安全等级保护安全设计技术要求》GB/T 25070—2019 等国家标准文件，并结合行业特性要求、监管单位要求、用户提出的额外安全需求进行系统性方案设计。在满足相应等级安全物理环境、安全通信网络、安全区域边界、安全计算环境、安全管理中心及管理部门要求的基础上，最大限度发挥安全措施的保护能力。

在开展网络安全等级保护工作中应首先明确等级保护对象，等级保护对象包括通信网络设施、信息系统（包含采用移动互联等技术的系统）、云计算平台/系统、大数据平台/系统、物联网、工业控制系统等；确定了等级保护对象的安全保护等级后，应根据不同对象的安全保护等级完成安全建设或安全整改工作；应针对等级保护对象特点建立安全技术体系和安全管理体系，构建具备相应等级安全保护能力的网络安全综合防御体系。应依据国家网络安全等级保护政策和标准，开展组织管理、机制建设、安全规划、安全监测、通报预警、应急处置、态势感知、能力建设、监督检查、技术检测、安全可控、队伍建设、教育培训和经费保障等工作。

本平台根据等级保护安全技术要求第三级中三重防护的思想和控制要求，安全技术体系建设包括安全计算环境防护建设、安全区域边界防护建设、安全通信网络防护建设，以及安全管理中心建设等方面。

13.4.1　安全物理环境

安全物理环境是保障等级保护对象设备的物理安全，包括防止设备被破坏、被盗用，保障物理环境条件，确保设备正常运行，以及减少技术故障等，是所有安全的基础。在通常情况下，等级保护对象的相关设备均集中存放在机房中，通过其他物理辅助设施（例如门禁、空调等）来保障安全。安全物理环境针对物理机房提出了安全控制要求，不同安全级别其要求也不同，以三级为例，在安全物理环境中要从物理环境、物理设备、物理设施等方面进行管理控制，涉及的安全控制点包括物理位置选择、机房出入控制、防盗窃及防破坏措施、防雷击、防火、防水、防潮、防静电、温湿度控制、电力供应以及电磁防护等方面。

位置要远离事故和自然灾害多发的地方，例如：加油站、储气站、蓄水池、机场、低洼地带、高犯罪率地区等。机房场所应具备防震、防风、防雨等能力；机房不应建在建筑物的高层和地下室，以及用水设备的下层或隔壁；机房场地避开强电场、强磁场、强振动源、强噪声源、重度环境污染，易发生火灾、水灾，易遭受雷击的地区。

13.4.2　安全通信网络

依据等级保护要求第三级中网络和通信安全相关安全控制项，结合安全通信网络对通信安全审计、通信数据完整性/保密性传输、远程安全接入防护等安全设计要求，安全通信网络防护建设主要通过通信网络安全传输、通信网络安全接入，以及通信网络安全审计等机制实现。

13.4.3　安全区域边界

依据等级保护要求第三级中网络和通信安全相关控制项，结合安全区域边界对于区域边界访问控制、区域边界包过滤、区域边界安全审计、区域边界完整性保护等安全设计要求，安全区域边界防护建设主要通过网络架构设计、安全区域划分，基于地址、协议、服务端口的访问控制策略；通过安全准入控制、终端安全管理、流量均衡控制、抗 DDoS 攻击、恶意代码防护、入侵监测/入侵防御、APT 攻击检测防护、非法外联/违规接入网络、无线安全管理，以及安全审计管理等安全机制来实现区域边界的综合安全防护。

13.4.4　安全计算环境设计

依据等级保护要求第三级中设备和计算安全、应用和数据安全等相关安全控制项，结合安全计算环境对于用户身份鉴别、自主与标记访问控制、系统安全审计、恶意代码防护、安全接入连接、安全配置检查等技术设计要求，安全计算环境防护建设主要通过身份鉴别与权限管理、安全通信传输、主机安全加固、终端安全基线、入侵监测/入侵防御、漏洞扫描、恶意代码防护、Web 应用攻击防护、网络管理监控、安全配置核查、安全审计、重要节点设备冗余备份，以及系统和应用自身安全控制等多种安全机制实现。

13.4.5　数据安全

为保障数据安全，平台对数据全过程进行身份鉴别和授权管理。监测系统负责保证数据完整性、真实性、准确性和时效性，确保数据可用。对涉及保密要求的数据，严格遵守国家有关保密法律法规进行传输处理。遵守相关数据获取和使用安全规范，明确数据使用者的数据获取方式、服务接口、授权机制和数据使用的权限范围等。

13.4.6　安全管理中心设计

依据等级保护要求第三级中网络和通信安全相关安全控制项，结合安全管理中心对系统管理、安全管理和审计管理、集中管理的设计要求，安全管理中心建设主要通过网络管理系统、综合安全管理平台等机制实现。

对系统管理员、审计管理员、安全管理员进行身份鉴别，只允许通过特定的命令或操作界面进行操作。

通过网络管理系统能够对网络设备、网络链路、主机系统资源和运行状态进行监测和管理，实现网络链路、服务器、路由交换设备、业务应用系统的监控与配置。

通过综合安全管理平台对安全设备、网络设备和服务器等系统的运行状况、安全事件、安全策略进行集中监测采集、日志范式化和过滤归并处理，来实现对网络中各类安全事件的识别、关联分析和预警通报。

13.4.7　安全管理体系要求

安全管理体系是对信息安全目标和工作原则的规定，其表现形式是一系列安全策略体系文件，设计需包括安全管理制度、安全管理机构和安全管理人员、安全建设管理，以及安全运维管理等几个部分。

第14章

城市生命线
安全运行监测运营体系

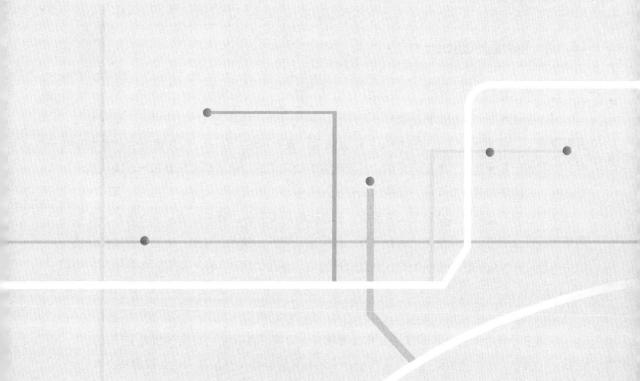

14.1 体系组成

城市生命线安全运行监测运营体系从组织形式上可以分成两类：一类是监测服务组织，城市生命线安全工程的本质是通过对城市市政设施的风险监测和处置，为城市管理者提供安全咨询和决策的一种服务。为了实现这种服务，需要建立一个含监测中心、权属责任单位、行业监管单位和安全主管单位的服务组织体系，实现生命线监测各类警情高效处置。在这个服务的过程中，权属责任单位和行业监管单位都是依托城市既有业务和管理部门进行。另一类是监测运行组织，监测中心则需要单独组建一个特殊的组织，来有效开展监测值守、数据分析、系统运维和综合业务保障等工作。

14.1.1 监测服务组织

1. 服务组织架构

城市生命线安全工程主要是致力于科学预防燃气爆炸、桥梁坍塌、城市内涝、管网泄漏及路面塌陷、城市火灾等城市生命线基础设施重大安全风险。然而，在处置安全风险过程中，发现城市安全责任分属多级组织，且风险隐患关联广泛，造成风险预警和行动决策联动难度高。因此需形成一套规范、标准、高效的统一服务组织架构。

本书主要介绍的是以住建局/城管局、交通运输局等行业监管单位为安全监管和业务指导机构，以监测中心为预警分析研判中枢，以桥梁、燃气、供水、排水、热力等权属责任单位为风险处置单位的联动组织架构，形成政府领导、多部门联合、统一监测服务的机制，如图 14-1 所示。

2. 监测中心

监测中心作为服务主体单位，主要负责城市生命线工程安全运行监测相关工作，具体包括：①提供 7×24h 监测值守和数据分析，及时将风险预警信息推送至相关权属责任单位，并跟踪全流程处置反馈信息；②结合监测数据开展城市生命线安全工程运行风险评估，向权属责任单位提供安全管理技术支持，向行业监管单位提供安全监管技术支持；③编制安全监测分析及处置报告。

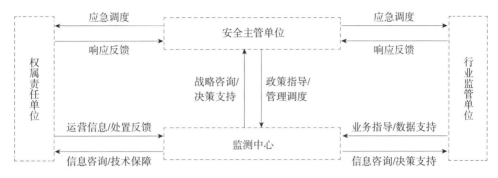

图 14-1　城市生命线监测服务组织体系

3. 权属责任单位

权属责任单位也是市政基础设施的日常管理和养护单位，具体负责：①及时响应监测中心发布的各类风险预警，同时对推送的各类风险隐患及时进行排查、处置和反馈；②按照城市生命线工程安全运行监测要求，及时共享权属基础设施和基础数据或运营管理信息；③协助监测中心开展生命线监测设备的协同保护工作，并对设备的布设和优化提供指导性意见。

4. 行业监管单位

行业监管单位一般由政府的市政主管单位负责，根据各地行政划分的不同可能略有不同。例如安徽省 16 个地市的行业监管单位分别由 8 个住建局和 8 个城管局担任，具体负责：①城市生命线工程安全运行风险监测预警及联动处置的统筹协调、监督管理；②负责对城市生命线工程安全运行监测预警进行考核；③负责对信息反馈和应急响应的整体过程进行监督考核，督促相关单位加强安全管理，按职责对高风险预警做好应急准备工作；④研究建立城市生命线工程安全运行长效管理机制。

5. 安全主管单位

安全主管单位一般由应急管理局或安全生产委员会办公室组织单位，具体负责：①城市安全运行决策指导，全面推进和创新城市安全工作，研究建立城市公共安全长效工作机制；②负责城市安全风险预警处置工作监督管理，及时组织协调相关部门做好应急准备工作。

14.1.2　监测运行组织

监测运行组织作为安全运行监测体系中的重要一环，以保障城市生命线运行安全，做好城市生命线安全监测工作为目标，开展监测数据挖掘、安全监测技术提升，城市生命线运营模式创新研究，建立城市生命线安全监测标准体系。按照工作职责划分主要可分为战略咨询、标准编制、业务培训、日常值守、监测预警、运维保障六大方面。

安全监测中心下设主任办公会和专家委员会，其中主任办公会作为安全监测中心的领导

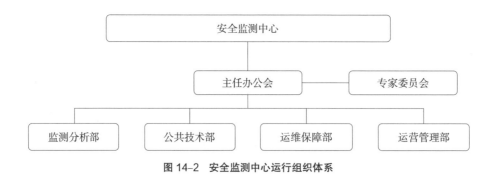

图14-2　安全监测中心运行组织体系

机构负责日常监测运行的统筹和对外协调工作，并进行中心重大事项的决策；专家委员会作为中心的智囊团，对监测中心的发展规划、技术攻关和重大险情研判等提供外部支持。具体的业务部门根据前述的职责划分可分为监测分析部、公共技术部、运维保障部和运营管理部，如图14-2所示。

1. 监测分析部

监测分析部的主要职责是对系统运行过程中产生的各类数据报警进行分析研判，并按照预警的分级标准及时向权属单位发布风险预警；在预警的处置过程中，为风险处置提供辅助决策支持，例如在燃气泄漏过程中提供的溯源分析、扩散分析和爆炸分析等；基于城市生命线监测数据开展数据分析挖掘、模型算法开发和分析技术探索等工作。

2. 公共技术部

公共技术部主要开展中心公共技术方面工作，包含标准化工作开展、公共技术推广应用等；负责公共安全技术提升工作，重点负责公共安全技术研究、相关课题申报等；协助其他相关部门开展监测技术提升工作。

3. 运维保障部

根据业务分工的不同，运维保障可分为前端运维和系统运维两部分。其中前端运维负责所有前端设备设施的计划性巡检以及设备定期养护等相关工作；对故障设备进行维护，包括设备维修更换，必要时对监测设备进行标定，保证数据传输准确性和稳定性等工作；系统运维负责系统网络管理、系统安全管理、机房管理、系统应用管理、存储备份管理、系统故障管理、数据更新维护管理等相关工作。

4. 运营管理部

运营管理部的职责相当于综合行政部门，作为中心的管理和服务职能部门，主要负责：协助中心业务部门开展人员招聘和财务报销工作；制定中心的考核计划，组织实施各部门培训、考核、处罚和表彰工作；负责中心固定资产的采购、报销、登记和入库等管理工作；管理中心网站、公众号等宣传平台，组织中心开展业务宣传工作；负责中心所有重要文件的归档管理工作。

14.2　运营服务

14.2.1　监测值守

城市生命线安全运行监测中心是开展风险感知、监测报警、预警研判和联动处置的中枢，在城市生命线安全运行监测中承担着重要的一环。构建满足城市生命线工程安全运行要求的综合防控体系，最大限度地提升日常监测及时性、分析研判准确性、预警联动处置协同性、监测运营系统性。同时建立完整的制度体系以满足城市生命线运行、经营业务、设备设施、人员等进行网络化和信息化管理的需求，规范城市生命线工程安全运行监测系统运行维护等工作，从而促进各相关部门之间信息互联互通，明确与落实相关管理责任，监测值守工作是城市生命线安全运行监测重要环节，因此要建立监测值守管理制度，同时提出对监测值守人员及设施的要求是开展城市生命线安全运营管理的基础要求。

1. 日常管理

城市生命线监测值守排班工作，一般采用"三班倒"模式，由四组值守工程师进行轮班，监测值守人员上下班采用电子打卡模式，人员调班通过 APP 端直接提交审核，出勤率、人员请假、工作交接形成电子化记录文档方便查阅，进而实现 $7 \times 24h$ 高效规范值守。

2. 带班管理

为了保障监测大厅内的日常工作秩序，全面统筹监测值守各项工作。日常监测值守实行带班管理制度，由当日带班负责人统筹管理监测大厅各项事务，做好当天监测情况记录。密切关注各专项监测值守业务，保障报警初判效率，提高监测值守工作的规范性。做好监测值守工作记录，定期检查人员着装，及时纠正不规范行为。统筹监测大厅内接待参观事项，做好接待演示各项准备工作。

3. 考勤管理

人员的出勤情况，将影响监测值守的效果，城市生命线监测值守采用电子打卡记录人员上下班情况，值守人员调班及请假要提前通过考勤系统提交申请，形成上下班电子记录，方便后期人员核查。

4. 监督考核

监测值守需要建立监督考核制度，约束监测值守人员日常监测值守行为。监测值守的考核主要通过日常抽检开展，日常抽检工作由监测中心组织相关人员进行。

5. 安全管理

（1）数据安全管理

城市生命线监测值守工作在监测大厅内开展，监测大厅内有各类实时监测信息，这些监测信息不仅包含了管线 / 设施实时的运行数据，还包含了各类管线的基础数据，因此监测中心的安全管理是十分重要的一环。系统数据属于核心机密，未经许可不得以任何方式泄露，监测中心须建立严格的安全保密制度。监测值守人员要注意系统安全管理，做到不随意泄露系统账号、密码、IP 地址等信息；重要纸质或者电子文件需按照要求加密处理。

（2）监测值守中心安全管理

监测值守中心作为城市燃气、供水、排水、桥梁等城市生命线的安全运行监测中心，汇聚了众多的实时运行数据及管道基础数据，因此要建立严格的人员进出管理制度。监测值守中心要设置门禁卡严格控制人员进出。一般情况下不宜安排访客访问。当访客需要访问时，履行审批流程，并在审批规定的时间内参观。

（3）消防安全管理

监测值守中心要建立安全消防管理制度。严禁吸烟，不得随意堆放易燃物品，如纸箱和废纸等；监测值守中心的电源和插座为中心设备专用，非监测中心的设备不得使用。定期检查监测中心消防灭火设备，保障灭火器和自动灭火控制系统工作状态正常。消防通道要保持通畅，防火门保持常闭状态。

14.2.2　分析研判

城市生命线工程安全风险分析研判工作应包括基本分析、综合研判、协同会商等。分析研判流程应符合图 14-3 的规定。

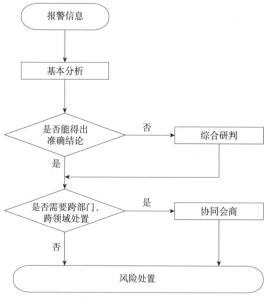

图 14-3　分析研判流程

1. 基本分析

基本分析是基于监测系统对报警信息开展快速分析。基本分析应基于监测系统数据信息进行快速诊断，确定警情真实性，分析风险趋势及可能影响的范围，确定风险预警级别。针对基本分析能得出准确结论的报警信息判定预警级别，针对基本分析无法得出准确结论的报警信息开展综合研判，针对基本分析认为需要跨部门、跨领域进行协同处置的开展协同会商。

2. 综合研判

综合研判是基于监测系统、历史资料数据、现场信息等，对复杂程度较高的报警信息开展综合分析，研判存在的耦合风险及可能影响范围。综合研判应基于基本分析结论，结合现场周边危险源、重要防护目标等信息及收集的外界资料数据，分析存在的耦合风险及可能影响的范围，确定风险预警级别。针对综合研判认为需要跨部门、跨领域进行协同处置的，应开展协同会商。

3. 协同会商

协同会商主要针对需要跨部门、跨领域协同处置的复杂问题进行会商。运行监测单位和权属单位提出协同会商请求，城市生命线安全主管机构组织相关部门、行业专家、专业技术人员进行协同会商。协同会商应预测发生突发事件可能性的大小、影响范围和强度以及可能发生的突发事件的级别，对风险预警信息进行评判，及时发布预警并组织预警处置。

14.2.3　监测预警

1. 警情分类

本小节所描述的警情区别于生命线监测系统产生的数据报警，而是基于生命线监测的数据分析研判而得出各类风险预警。

城市生命线燃气专项监测主要聚焦于可燃气体燃爆风险，根据可燃气体的来源，可将其风险进一步划分为燃气泄漏风险预警和沼气聚集风险预警。城市供水安全主要有两个方面，一是持续的管道泄漏可能引发的路面塌陷险情；另一个是大规模爆管对城市供水安全产生的影响，而爆管的主要诱因有水锤、第三方破坏和管网运行不规范等。因此在生命线供水监测过程中，其主要的风险预警分为供水管道泄漏风险预警和管网运行不规范风险预警；排水最主要的一个风险就是城市积水内涝风险预警，此外，对于管网淤堵、溢流、水质污染等管网运行中存在的问题统一定性为管网运行风险预警；桥梁专项的实际风险类型繁多，涉及桥梁运行安全的统一定义为桥梁结构风险预警。

2. 警情分级标准

在实际的警情处置过程中，不同的警情其处置的时效性和难度也有区别。对于一些警情发展比较快且周边的环境比较复杂的，如处置不当可能会引发严重衍生事故灾害；对一些警情涉及范围比较广的，需要对路面进行开挖或者交通疏导的需要更高级别的单位组织警情处置工作。为了更好地应对处置各类警情，需要按照当前警情可能导致城市安全事故性质、当前风险的态势发展程度、事故发生后可能影响的严重程度等因素进行级别区分，将城市生命线工程安全运行风险预警分为三级，分别用红色、橙色、黄色来表示。

表 14-1 是针对城市生命线工程安全运行风险的预警分级标准，旨在提供一种分级的思路方法，各地在制定实际的分级标准时应结合本地实际情况确定。

城市生命线工程安全运行风险的预警分级标准   表 14-1

预警级别	级别说明	专项名称	预警分级标准
一级（红色）	预计将要发生一般及以上突发事件，事件会随时发生，事态正在不断蔓延，后果很严重	桥梁专项	桥梁监测报警经研判存在桥梁严重偏位、墩柱严重倾斜、主梁严重下挠、拉索断裂等可能导致桥梁随时倒塌的风险
		排水专项	积水造成区域影响或交通瘫痪
		燃气专项	燃气管道泄漏扩散至附近地下车库、储物间等有限空间内
		供水专项	1. 公称直径超过 DN1000 的埋地管道发生大流量泄漏或爆管； 2. 发生泄漏位置周边地面有明显的沉降
二级（橙色）	预计会发生一般及以上突发事件，事件即将临近，事态正在逐步扩大，后果比较严重	桥梁专项	1. 发生结构损伤桥梁处于人员密集场所等区域； 2. 发生结构损伤桥梁车流量较大
		排水专项	积水深度大于 25cm，存在阻塞交通风险
		燃气专项	1. 燃气管道泄漏扩散至附近窨井设施等密闭空间内； 2. 发生泄漏燃气阀门井处于人员密集场所等区域
		供水专项	1. 公称直径为 DN600 ~ DN1000 的埋地管道发生大流量泄漏或爆管，影响交通，需要破复道路抢修； 2. 公称直径小于 DN600 的埋地管道发生泄漏且位置处于人员密集场所等区域
三级（黄色）	预计可能会发生一般突发事件，事件可能会来临，事态有扩大的趋势	桥梁专项	1. 桥梁监测报警经研判存在结构损伤风险； 2. 桥梁结构轻微损伤或耐久性受较大影响
		排水专项	1. 排水监测报警经研判存在积水风险； 2. 积水影响道路交通； 3. 沼气聚集浓度超过 5%VOL
		燃气专项	1. 燃气监测报警经研判存在燃气泄漏风险； 2. 发生泄漏燃气阀门井未处于人员密集场所等区域
		供水专项	1. 供水监测报警经研判存在供水泄漏风险； 2. 非埋地管道或公称直径小于 DN600 的埋地管道发生泄漏，且位置未处于人员密集场所等区域

3. 预警发布

预警发布应根据具体预警信息的内容选择合理的预警发布方式，可采用监测系统、文件和即时通信三种方式，并符合以下要求：一级风险预警在监测系统发布和纸质文件发布的基础之上，应增加即时通信方式；二级和三级风险预警可选择监测系统和纸质文件发布；所有信息反馈内容应留有系统记录。

预警的发布单位也应按照预警级别进行相应的规定，三级预警发布由监测中心将预警信息推送至权属单位；二级预警发布由行业主管部门授权监测中心将预警信息推送至事发地区政府或开发区管委会、权属单位；一级预警发布由城市生命线安全主管机构授权监测中心将预警信息推送至相关行业主管部门、事发地区政府或开发区管委会、权属单位。

监测中心安全预警发布信息应包括预警时间、预警级别、风险位置、影响范围、其他约定发布内容，见表14-2。

风险预警发布信息　　　　　　　　　　　　　表14-2

类别	具体内容
预警时间	预警发布时间（北京时间）
预警级别	研判风险预警级别
风险位置	报警点位置
影响范围	300m内危险源数量、防护目标数量、人流交通复杂程度、相邻空间管网拓扑结构等
其他约定发布内容	联动部门协商发布的其他内容

4. 警情响应

（1）预警联动方式

当确定为真实风险警情后立即将相关预警信息推送至手机移动端和各相关单位管理平台。

权属责任单位通过手机移动端或系统平台接收到预警信息后，应及时回复确认并组织安排现场排查处置；现场抢修人员实时通过手机移动端反馈排查处置结果，反馈信息同步到监测中心各专项监测系统和权属责任单位管理平台，形成警情处置闭环。

行业监管单位通过手机移动端接收到预警信息后，视情况采取线上或线下监督处置。

安全主管单位通过手机移动端或应急指挥平台接收预警信息后，视情况组织安全生产委员会相关单位做好应急准备工作，采取线上或线下方式对权属责任单位现场抢修进行指导。

紧急情况，各相关单位联动责任人应同步电话通知。

（2）联动响应时间

预警的联动响应时间按照所处的不同阶段来考虑，可分为三类：警情响应时间是指预警发布后开始计算到权属单位确认收到预警；险情控制时间是指权属单位确认收到预警信息后，前往现场采取了关阀、警戒或者隔离等措施后，现场已无发生事故的可能，属于警情控制的关键性指标，具体执行过程中必须予以重视；完成处置时间是指现场完成管道维修或桥梁结构恢复等措施，且监测数据恢复正常的时间，由于在处置前已完成了现场险情的控制，因此在时间上并无具体的要求，各地可根据本地情况具体制定，见表14-3。

预警联动响应时间要求　　　　　　　　　　　　　表 14-3

预警级别	级别说明	预警响应时间	险情控制时间	完成处置时间
红色（一级）	预计将要发生一般及以上突发事件，事件会随时发生，事态正在不断蔓延，后果很严重	≤ 15min	≤ 2h	视现场情况而定
橙色（二级）	预计会发生一般及以上突发事件，事件即将临近，事态正在逐步扩大，后果比较严重	≤ 30min	≤ 3h	
黄色（三级）	预计可能会发生一般突发事件，事件可能会来临，事态有扩大的趋势	≤ 1h	≤ 4h	

5. 警情处置

城市生命线工程安全运行监测应根据风险预警级别建立相应的预警应急响应机制，根据一级、二级、三级风险预警状况建立相应的一级、二级、三级风险应急响应流程。

6. 警情解除

预警发布后，监测中心应当加强现场信息收集、数据监测和分析研判工作，根据监测数据的动态变化特征和现场抢险防控措施效果，以及权属责任单位的信息反馈等，适时变更风险预警级别。确定不可能发生安全事故或险情已解除的，应由相关单位授权及时解除预警，如图14-4所示。

14.2.4　运营维护

运营维护主要是对应用系统、机房（基础环境）、网络平台、硬件平台、软件平台、前端监测设备及附属设施、数据工程等方面的运维，可分为信息化运维服务和前端监测设备维护。

1. 信息化运维服务

信息化运维服务范围包括预警联动处置平台、专项监测系统、硬件及网络。主要提供信息化硬件设备运维、应用软件维护、基础信息维护、网络链路维护、知识库管理及安全加固与调优等服务。

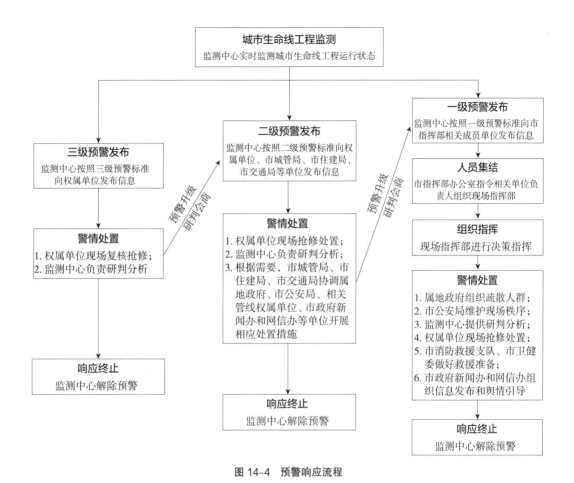

图 14-4　预警响应流程

（1）信息化硬件设备运维

对服务器、存储等硬件进行巡检与告警处理，进行故障硬件维修更换，提供变更保障，事故预案执行。硬件设备范围主要包括数据中心机房、UPS、运行大厅、接待室、指挥中心的相关信息化硬件设备。

（2）应用软件维护

应用软件维护是为了保障系统平台能够正常稳定运行，提前避免系统隐患，及时修复系统漏洞，保证系统及时更新。应用软件维护内容主要包括：业务系统维护、服务器系统维护、存储系统维护、数据库维护以及大数据平台维护。

（3）基础信息维护

随着城市不断建设和发展，城市生命线工程基础设施的数据信息也随之变化，为保证监测系统基础数据的完整性，进一步提高风险预警分析和研判的准确性，需定期对地下管网管线基础数据、历史维修数据、危险源及防护目标等地上地理信息数据进行更新。

（4）网络链路维护

对系统数据接入专线进行维护，保障供水、燃气、桥梁等专项数据接入专线、物联网传输等网络的稳定运行。

（5）知识库管理

包括日常管理和维护管理，管理常用的一些知识文档、图纸、视频和音频等信息内容，帮助各级支持人员提高技能水平，简化 IT 服务任务。

（6）安全加固与调优

根据监测系统运行健康状况的需要，量身打造系统调试管理机制。在系统安装、升级和补丁软件包，或者安装、更换新的硬件，或者系统产生故障后的维护过程中，均可能涉及系统的调试。由于软硬件的操作对系统影响程度不同，因此需要调试的设备也有所不同。为最大限度降低对正常工作的影响，制定相关调试方案，以保障正常业务进程的开展。根据系统的实际需要，建立相关巡检机制。机房等重要设施是监测系统的支撑，因此良好环境的保持及相关设备的稳定、高效、安全运转极为必要。

2. 前端监测设备维护

前端监测设备维护是指对监测设备及附属设施提供日常维修及更换服务，包括设备巡查巡检、故障设备拆除、维修、更换、安装等内容。通过对前端监测设备的巡检和维护，保障监测设备在线率满足监测需求。

（1）日常维护

在系统运转过程中，当前端感知系统发生故障时，需要根据事件的类型、影响范围制定维护方案，确定故障源及解决方案。相关内容包括确定需要维护的设备，过程中的调试配置参数及实施步骤。维护结束后，填写调试报告以记录调试过程及结果。

（2）巡检养护

在对监测系统相关设施和设备评估的基础上，确定基本巡检目标，根据系统的监测结果考虑系统调试的需要，补充巡检内容；根据确定的巡检内容，经对相关内容进行性质、功能分类，规划巡检的顺序和期望。实施巡检计划，过程中对照巡检细目填写巡检记录表，巡检结束后及时对巡检工作进行评价，根据相关评价结果提出改进意见。

巡检养护可分为线上巡检和线下巡检两种方式。线上巡检是指通过各专项安全运行监测系统，对前端感知设备的异常数据进行原因分析并统计比对。线下巡检是指按照制定的巡检计划，前往各专项现场对设备进行现场查看，对监测现场的安装环境、网络信号、设备运行情况等进行逐一巡查，及时处理隐患，并记录生成巡检报告。

（3）市政工程改造损坏恢复处置

市政工程改造损坏按照主体责任单位的不同可分为第三方施工影响和生命线行业管理单位改造影响两类。第三方施工影响生命线基础设施或生命线监测设备正常运行时，生命线行业管理单位和监测中心积极保持第三方施工信息共享，共同与施工单位协商保障地下管线和监测系统的安全稳定运行，产生较大影响时及时报行业监管部门协调解决。当生命线行业管理单位的新、改、扩建或整治的地下管线工程项目影响监测系统正常运行时，应提前告知监测中心，共同制定解决措施，并报相关单位审批备案。对监测系统造成的经济损失，由破坏的主体责任单位负责；若无法联系主体责任单位或无法确定责任单位，所造成的设备、设施破坏及恢复处置产生的损失，由监测中心报送相关单位审批。

14.3　安全运行研判技术与方法

14.3.1　风险时间序列动态演变分析法

单一灾种风险可能通过灾害链引发复合交叉的系统性风险，加剧城市系统的脆弱性，一旦发生灾害事故，导致的损失将愈发巨大，严重者甚至可能减缓或阻断区域经济社会发展进程。通过风险时间序列动态演变方法可以对生命线工程运行中的风险演变进行定量分析，弥补综合安全风险只有定性分析的不足，提高城市生命线工程运行期间风险演变分析的准确性，为动态化风险管理和相关研究奠定基础。

风险时间序列动态演变分析方法通常可以概括为两大类：基于风险等级比较法和基于风险指数比较法。前一类方法能区分不同风险等级间的质变，即从一种风险等级转变为另一种风险等级，后一类方法则可探测出每个像元风险指数的细微变化。

1. 基于风险等级比较法

基于风险等级比较有两个方面：一是风险等级变化速率的度量，二是风险等级转化的计算。风险等级变化速率的度量可用动态度来衡量，风险等级动态度反映研究区一定时间内风险等级的数量变化情况，可以分为单一风险等级动态度 L 和风险动态度 CL。

$$L = \frac{U_b - U_a}{U_a} \times \frac{1}{T} \times 100\% \qquad (14-1)$$

$$CL = \frac{\sum_{i=1}^{n} \Delta U_{i-j}}{2\sum_{i=1}^{n} U_i} \times \frac{1}{T} \times 100\% \qquad (14-2)$$

式中　L——研究时段内的某一风险等级动态度；

　　　U_a——初期时某一风险等级的面积；

　　　U_b——末期时某一风险等级的面积；

CL——研究时段内的风险动态度；

U_i——初期第 i 风险等级的面积；

ΔU_{i-j}——研究时段内第 i 风险等级转为第 j 风险等级的面积值；

T——监测时段长度。

一定区域内的不同风险等级之间具有相互转化的趋势和性质，而且这种转化过程符合马尔柯夫随机过程的"无后效性"特征，因此可以采用马尔柯夫转移矩阵模型来描述不同风险等级之间在时间维上的发展演变过程。马尔柯夫模型是一种特殊的随机运动过程，它表明在一系列特定的时间间隔下，一个亚稳定系统由 t 时刻状态向 $t+1$ 时刻状态转化的一系列过程，这种转化要求 $t+1$ 时刻状态只与 t 时刻状态有关。马尔柯夫模型在洪水灾害风险等级转化的应用，关键在于转移概率的确定。

$$P = P_{ij} = \begin{bmatrix} P_{11} & P_{12} & \cdots\cdots & P_{1n} \\ P_{21} & P_{22} & & P_{2n} \\ \vdots & & \ddots & \vdots \\ P_{n1} & P_{n2} & \cdots\cdots & P_{nn} \end{bmatrix} \tag{14-3}$$

$$P_{ij} = \frac{C_{i-j}}{U_i} \tag{14-4}$$

式中　n——风险等级数目；

P_{ij}——初期至末期风险等级 i 转化为 j 的概率；

C_{i-j}——初期至末期风险等级 i 转化为 j 的面积；

U_i——初期第 i 风险等级的面积。

2. 基于风险指数比较法

基于风险指数比较法主要是差值法，即将一个时间风险图的栅格值与另一个时间风险图的栅格值相减，在新生成的风险变化图中，正值表示灾害风险增高，负值表示灾害风险降低，而没有变化的区域为 0。这既反映了每个栅格一定时间内灾害风险指数的数量变化，又反映了方向变化，还可以计算每个行政区的洪水灾害风险变化平均值 ΔR_j。

$$\Delta R = R_b - R_a \tag{14-5}$$

$$\Delta R_j = \frac{\sum_{i=1}^{n} R_b - R_a}{n} \tag{14-6}$$

式中　ΔR——研究时段内的灾害风险变化值；

R_a——初期时灾害风险指数；

R_b——末期时灾害风险指数；

ΔR_j —— 第 j 个区域内灾害风险变化平均值；

n —— 第 j 个区域内的栅格数目。

14.3.2　基于贝叶斯网络动态风险演变分析法

安全"网状"巨灾风险加快耦合，城市安全风险危害在更大时空范围内形成跨区域非线性的传播，原发性、复合性、输入性、输出性风险大大增加。因此，提出基于贝叶斯网络动态风险演变分析法，可对城市生命线系统进行动态的风险评估，并直观地反映风险间的因果关系。

基于贝叶斯网络的风险评估方法包括风险构造、方法设计和模型制定三部分，主要靠 4 个步骤实现。

（1）明确风险构造。根据 ISO 13824 关于风险评估的一般原则，风险的定义如下：

$$R（风险）=P（失效概率）\times H（失效后果）$$

（2）计算失效概率。对于拥有大量历史数据的设备（部件），使用数据分析获得失效概率；对于缺乏数据的设备（部件）采用模糊理论知识获取失效概率。

（3）计算失效后果。根据专家评估结果获取设备（部件）失效后产生的后果（经济损失 E_i、社会损失 S_i、环境损失 C_i）。

（4）制定贝叶斯网络模型和风险等级表。通过专家经验、机器学习和故障树（FTA）转化等方法明确设备（部件）失效原因之间的因果关系，并结合失效概率、失效后果制定贝叶斯网络和风险等级表，辅助工作人员进行风险决策。

制定贝叶斯网络的关键在于贝叶斯网络结构、先验概率确定以及贝叶斯风险推理方法这三个方面，具体方法如下：

（1）贝叶斯网络结构。贝叶斯网络（BN）结构的制定包括节点的选取以及节点间有向弧（因果关系）的确定。根据提出的风险框架，将 BN 节点分为以下三类：

1）系统节点：用于封装各设备的风险评估模型，并明确各设备之间的技术联系。

2）风险节点：显示风险事故的具体原因以及失效概率。

3）效用节点：反映风险事故可能造成的后果。

具体节点的选择以及有向弧的确定根据专家经验与故障树进行转化。

（2）先验概率确定。失效概率可以明确各类设备的故障原因对系统停运的风险贡献，这对检修人员进行设备检修是有益的。因此用设备失效概率作为 BN 节点的先验概率。

（3）贝叶斯风险推理。贝叶斯网络一般使用条件概率表（CPT）进行推理，但对于复杂的系统，CPT 的制定十分困难。且由于设备故障次数、使用寿命的不同，所制定的 CPT 即使运用在同类型设备的风险推理中，也往往不够精确。因此，选用狄利克雷模型进行风险推理，其使用不断更新的证据来计算后验概率的方式，可以弥补复杂系统 BN 模型的 CPT 难以制定的问题。狄利克雷模型的表达如下：

$$M_N^s = \left\{ F : F = \text{Dirichlet}\left(N+s, \left(n_j + s\right)/\left(N+s\right) \right) \right\} \tag{14-7}$$

表现为一个不断收敛的区间 $[P_1, P_2]$，其中：

$$P_1 = N + s \tag{14-8}$$

$$P_2 = \left(n_j + s\right)/\left(N+s\right) \tag{14-9}$$

式中　N——样本数据；

　　　n_j——反映故障的数据；

　　　s——收敛的速度，一般取值 1 或 2。

随着证据 n_j 的不断加入，区间 $[P_1, P_2]$ 的范围将不断收敛，直至趋近于某一个值为止。这里使用区间中心点 $(P_1+P_2)/2$ 作为最终的收敛值。

14.3.3　燃气管道泄漏机器学习识别法

目前常用的燃沼辨识手段是采用便携式乙烷分析仪分析气体中是否存在乙烷来辨识气体为天然气还是沼气，但目前地下空间内乙烷实时监测技术目前尚不成熟，成本较高，难以推广应用。在此背景下，提出了一种基于机器学习的燃沼判断方法，实现通过监测数据远程判别监测点内可燃气体为燃气还是沼气，提高监测报警识效率。

机器学习燃沼判断法包括机器学习部分和预测分析部分，具体步骤如下：

（1）收集各个监测点甲烷气体浓度超限窨井的样本数据，包括窨井的监测数据、监测曲线、标签等。

（2）对监测数据采用 MATLAB 信号处理函数包中用于平滑数据的均值滤波方式进行处理。用均值代替原本数据中的各个值，邻域的范围越大，输出的结果也就越平滑，邻域的范围大小要根据实际的信号和噪声特性来确定。

（3）分别计算每个监测点的特征参数：最大值、最小值、平均值、峰值、变化率、标准差、峭度、均方根、波形因子、峰值因子、脉冲因子、裕度因子、波峰时间、波谷时间。

（4）将各个监测点的特征参数进行归一化处理，并将各个监测点归一化处理后的特征参数以及对应的标签分别作为机器学习的样本。

（5）采用交叉验证的方式将样本分为测试集和训练集，先利用训练集对分类模型进行训练，再利用测试集对训练后的分类模型进行测试，要求分类准确率达到 90%。

（6）当分类准确率未达到 90%，则继续采用交叉验证的方式将输入分为新的测试集和新的训练集，依次类推。

（7）分类准确率达到 90%，即表示分类模型已训练完成。

14.3.4　桥梁结构损伤模态频谱分析法

随着桥梁建设的高速发展，桥梁坍塌时有发生，一旦桥梁发生坍塌，将直接危害出行者的生命安全，同时将给国家造成不可估量的经济损失，造成恶劣的社会影响。因此，通过模态频谱分析法对桥梁的结构参数及监测数据进行实时分析和判断，可以及时识别桥梁结构的异常情况、风险和故障，以确定桥梁当前的安全状况，有助于及早采取措施修复和加固，从而提高桥梁的整体安全性和可靠性，如图 14-5 所示。

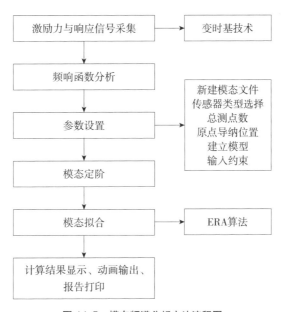

图 14-5　模态频谱分析方法流程图

模态频谱分析法是结合实测数据和桥梁有限元计算分析计算得出桥梁结构模态参数，以及桥梁实际工作的模态频谱，具体包括以下步骤：

（1）实时获取加速度信号 x_j：$f(t)$ 是 t 的周期函数，如果 t 满足狄利克雷条件：在一个以 $2T$ 为周期的 $f(x)$ 连续或只有有限个第一类间断点，且 $f(x)$ 单调或可划分成有限个单调区间，则 $f(x)$ 以 $2T$ 为周期的傅里叶级数收敛，函数 $S(x)$ 也是以 $2T$ 为周期的周期函数，且在这些间断点上，函数是有限值；在一个周期内具有有限个极值点，绝对可积。

（2）利用傅里叶变换，将具有 n 个通道的一组实测加速度信号可以表示为系统真实响应与预测误差的和，即：

$$x_j = y_j(\theta) + e_j \qquad (14-10)$$

式中　x_j——实测信号;

　　　y_j——受模态参数 θ 影响的实际振动信号,其中 θ 包含频率 f、阻尼比 ζ、模态力功率谱密度 S_1、预测误差功率谱密度 S_e 以及振型向量 Φ;

　　　$e_j = \{ e_{1j}, e_{2j}, \cdots\cdots, e_{nj} \}$ 表示预测误差;

　　　$j = 1, \cdots\cdots, N,\ N$ 为样本数量。

（3）结合实测数据和桥梁有限元计算,分析计算得出桥梁结构模态参数,以及桥梁实际工作的模态频谱。对桥梁布设的加速度进行模态频谱分析,对比桥梁设计的基频,若变化量达到一定范围可初步判定桥梁结构疑似出现损伤风险。

14.3.5　供水管网流量监测动态阈值算法

供水管网运行隐患前期多表现为微小、多频的流量异常问题,目前的供水管网前端传感器无法快速识别该类型流量异常情况。通过流量动态阈值法,可以填补对发生频繁且变化较小的流量异常情况的监测空白,快速精准地判断流量变化异常并进行处理,及时识别供水管网运行存在的安全隐患,如图 14-6 所示。

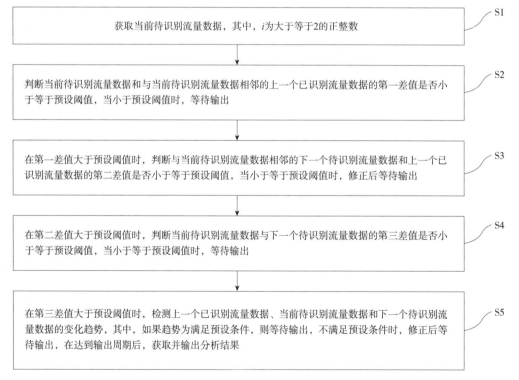

图 14-6　供水管网数据实时分析流量异常方法流程图

供水管网流量动态阈值法包括以下步骤：

（1）获取当前待识别流量数据 x_i。

（2）判断当前待识别流量数据 x_i 和与相邻的上一个已识别流量数据 x_{i-1} 的第一差值是否小于等于预设阈值，当小于预设阈值时，等待输出。

（3）当第一差值大于预设阈值时，判断当前待识别流量数据 x_i 相邻的下一个待识别流量数据 x_{i+1} 和所述上一个已识别流量数据 x_{i-1} 的第二差值是否小于等于预设阈值，当小于等于预设阈值时，修正后等待输出。

（4）当第二差值大于预设阈值时，判断当前待识别流量数据 x_i 与下一个待识别流量数据 x_{i+1} 的第三差值是否小于等于预设阈值，当小于等于预设阈值时，等待输出。

（5）当第三差值大于预设阈值时，检测上一个已识别流量数据 x_{i-1}、当前待识别流量数据 x_i 和所述下一个待识别流量数据 x_{i+1} 的变化趋势，如果所述趋势为满足预设条件，则等待输出，不满足所述预设条件时，修正后等待输出，在达到输出周期后，获取并输出分析结果。

14.3.6　排水管网溢流预警动态阈值分析法

目前，城市污水管网长期处于高水位运行甚至满流状态，晴天高水位占据了大量管道运行空间，降雨期间截流污水或入流雨水进一步抬高管道水位甚至造成污水井溢流。此类城市污水井高位运行问题越来越严重且短期内无法从根本上解决。因此，通过溢流预警动态阈值分析法，可以从污水溢流预测上提供预警支持，为溢流应急抢险、工程改造提供支持，如图 14-7 所示。

溢流预警动态阈值分析法具体分析流程如下：

（1）获取所有历史数据：包括各场次降雨事件中的小时降雨量和污水井最高液位值。

（2）提取所需历史数据并做去毛刺处理，按照拟合算法，计算各场次降雨事件中的小时降雨量和污水井最高液位值的关系式。

（3）判断相关系数 R^2 是否符合预设条件。若满足，则关系式成立；若不符合，去除离群数据，再次拟合计算，直至 R^2 符合条件为止。

（4）将井深或接近井深的数据代入关系式，得出雨量阈值。

（5）预测雨量数据，若超过雨量阈值线则发出报警。

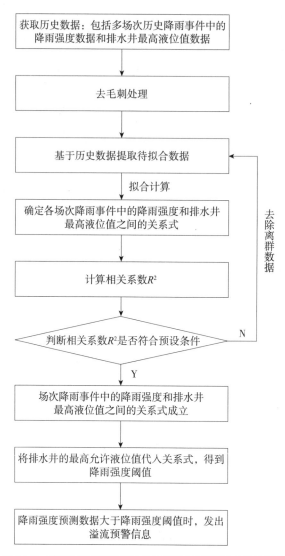

图 14-7 基于雨量液位数据动态分析排水管网溢流方法流程图

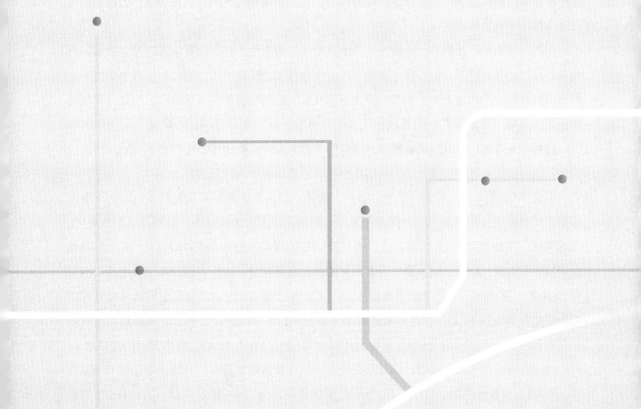

第15章　城市生命线安全工程应用实践

15.1 合肥市城市生命线安全工程

15.1.1 基本情况

2013年,合肥市与清华大学合作共建清华合肥院,打造全国首个公共安全领域产学研用基地。2015年启动城市生命线安全工程建设,以物联网、云计算、大数据等手段,监测预防燃气爆炸、桥梁坍塌、城市内涝、管网泄漏及其导致的路面塌陷等重大安全事故,探索出一条以场景应用为依托、以智慧防控为导向、以创新驱动为内核、以市场运作为抓手的城市生命线安全发展新模式。

合肥市政府通过开创性、针对性、系统性地建立城市生命线工程安全运行监测系统,将公共安全科技与物联网、云计算、数据等现代信息技术的融合应用,实现对城市生命线系统风险识别评估、运行状况实时感知、安全隐患及时发现和突发事件快速响应,建立"前端感知—风险定位—专业评估—预警联动"城市生命线工程安全运行与管控精细化治理创新模式,将科学有效的风险隐患预警技术方法与完整的沟通对接联动机制相结合,实现由"以治为主"向"以防为主"转变,由"被动应付"向"主动监管"转变。

截至2023年8月,桥梁、燃气、供水、排水、热力及管廊等专项监测系统均正常稳定运行,面向市城乡建设局、市数据资源局、公路局、市政处、排管办、管网办、燃气集团、供水集团及热力集团等10多家单位提供了数据咨询服务。截至2023年8月,通过7×24h监测值守和数据分析,成功预警燃气泄漏可能引发燃爆险情360起,高浓度沼气聚集超标警情6311起;供水漏水可能导致路面塌陷等次生灾害险情116起;桥梁重型车辆堵塞等可能引发结构健康险情42起,重型车辆超载事件31959起(75t以上);热力专项成功监测到热水管网疏水阀故障15起;排水专项监测到排水管网运行异常41处,排水管网内涝积水13处。通过各相关部门高效联动,均及时完成所有风险警情处置工作,有效保障了监测范围内49座桥梁、739km的供水管网、3537km的燃气管网、547.6km排水管网、201.5km热力管网和58.5km管廊及入廊管线的运行安全,避免造成城市安全突发事故,提升城市居民幸福生活指数。

15.1.2　主要做法

　　按照统筹规划、顶层设计、资源共享、集约建设的原则进行建设，打造合肥城市生命线安全运行综合平台，做到 1 个"平台"（24h 全方位监测平台），2 个"创新"（科技创新、机制创新），3 个"统一"（统一标准、统一监管、统一服务），4 个"全面"（全面感知、全面接入、全面监控、全面预警），5 个"落地"（风险可视化、监管规范化、运行透明化、管理精细化、保障主动化），如图 15-1 所示。

图 15-1　合肥市"城市生命线工程安全运行监测中心"

　　合肥市城市生命线安全运行监测系统主要涵盖四大功能：一是整体监测。汇聚全市风险隐患点、危险源、重要基础设施和重点防护目标信息，全面梳理、辨识、分析城市生命线安全运行的交叉耦合风险，绘制"红、橙、黄、蓝"四色等级安全风险空间分布图，精准部署感知探测器，以燃气管网为例，一环老城区和省市政务区管网总里程 7700km，系统精准识别出高风险线路 3537km、风险点 20 万余个，采用空间风险量化模型部署 4.9 万个监测点，截至 2022 年 2 月底，监测排除了可燃气体燃爆一级险情 965 起，二级险情 1595 起，实现科学全面防控；二是动态体检。依托物联网技术实时监测城市生命线安全运行状态，根据监测报警和日常积累数据，描绘城市安全运行画像，变"突击式"体检为"常态化"体检。系统上线前，合肥市桥梁一般 1~2 年全面检测 1 次，现在全天候不间断监测，每天 2 次综合评估，大大降低了风险发生概率；三是早期预警。运用智能化预警模型和大数据、人工智能技术，对异常监测数据进行自动分析、科学研判，及时推送风险类型、等级、发展趋势和具体位置等预警信息，将风险隐患控制在萌芽状态。通过模型算法，万分之一浓度的微小燃气泄漏即可快速定位泄漏管线、0.3L/min 的微量水管泄漏即可溯源到泄漏点 ±1m，改变了传统排查式开挖无序低效现象；四是高效应对。预警发出后，系统实时预测事件发展趋势，分析制定应对建议，为突发事件信息接处、方案制定、力量调配、处置评估等提供决策支持。

建设内容包括多个安全运行监测系统，如桥梁安全运行健康诊断系统、燃气管网相邻地下空间安全监测系统、供水管网安全监测系统、排水管网安全运行监测系统、热力管网安全监测系统、综合管廊安全运行监测系统等。下文将以桥梁、燃气、供排水和综合管廊专项为例展开介绍。

1. 桥梁安全监测专项

桥梁整体监测示意图如图 15-2 所示。通过智能传感技术，实时获取桥梁结构静态、结构动态、环境、车辆荷载等信息，实现对桥梁结构响应的实时监测与预测预警，及时了解结构缺陷与质量衰变，并评估分析其在所处环境条件下的可能发展势态及其对结构安全运营造成的潜在风险，实现对桥梁结构全生命周期的监测和管理。

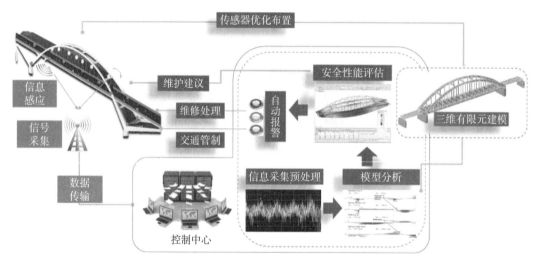

图 15-2　桥梁整体监测示意图

桥梁监测网络示意图如图 15-3 所示。通过对环境与外部载荷进行评估，对结构静态与动态响应中的各个特性进行分析，结合 GPS 系统和视频监控系统，实现对桥梁状态及环境的实时监测。

图 15-4 为桥梁监测系统开发示意图。通过对结构动态响应分析（包括安全性评估、运营寿命预测、抗灾性能评估、承载载荷强度评估）实现对结构的安全状态评估，进而提供维护与养护决策；对结构静态响应则主要对桥梁的静态属性进行判断，判断是否超过警戒值，超过警戒值则进行自动报警。基于以上结构动态和静态响应，实现对桥梁系统的开发。

整个系统在技术方面可以实现 7×24h 监测，提高常规检测的时效性，找出常规检测无法发现的病因，克服人工巡检无法到达、无法操作等问题，实现对桥梁安全状态的按需评

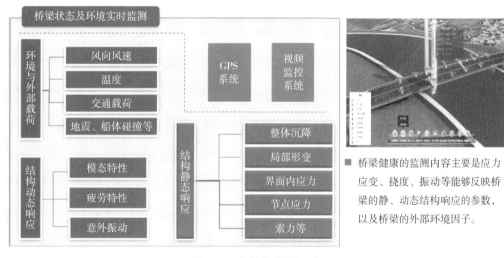

■ 桥梁健康的监测内容主要是应力应变、挠度、振动等能够反映桥梁的静、动态结构响应的参数，以及桥梁的外部环境因子。

图 15-3　桥梁监测网络示意图

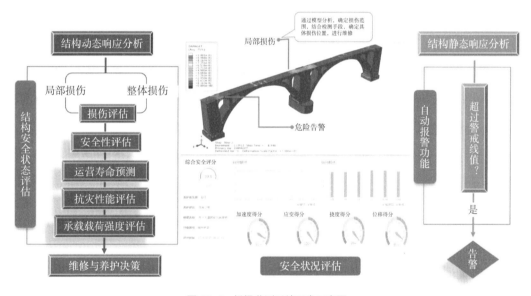

图 15-4　桥梁监测系统开发示意图

估。通过诱导屏、信号控制、交通管制等手段，对出现结构异常的桥梁采取限流、限载等措施，实现对监测桥梁的动态交通调查。同时本系统也可以实现对超载车辆的动态监控，为非现场执法进行取证（车牌号码、总重、视频、图像等信息）。

2. 燃气管网安全监测专项

合肥城市生命线项目一期监测了 2.5km 燃气管网，项目二期监测了 819.5km 燃气管网。项目 2.5 期监测了 2715km 燃气管网，基本实现合肥市主城区、高风险区域全覆盖。监测系统以物联网、大数据、GIS/BIM 技术为支撑，对接北京理工大学爆炸科学国家重点实验室高

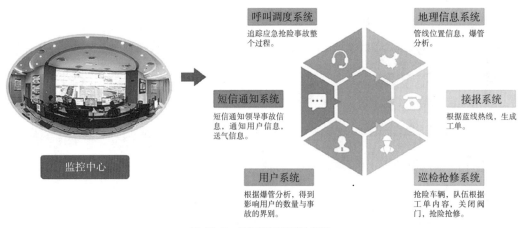

图 15-5　燃气管网监测示意图

级别人才库，打造全新的全链条主动式安全保障体系，包括呼叫调度系统、短信通知系统、用户系统、地理信息系统、接报系统和巡检抢修系统，实现燃气管网风险评估、监测报警、预测预警、辅助决策、应急处置等保障，如图 15-5 所示。

在创新感知终端方面，清华大学合肥公共安全研究院基于 TDLAS 激光分子光谱分析技术，独家转化清华大学公共安全研究院成果，创新设计出业界最高等级的可燃气体智能感知终端，集高精度、超便携、长寿命、免校准于一体。

3. 供排水管网安全监测专项

合肥城市生命线项目一期监测 24.9km 供水管网，包括庐阳区 17.5km 的输水管和包河区 7.4km 的输水管，项目二期监测 714.1km 的供水管网和 547.6km 的排水管网，范围覆盖合肥市一环老城区和省、市政务区。供排水管网安全监测专项旨在化解城市供排水体系全链条的安全隐患，构建从水源地到排污口的感知物联网汇聚供排水时空大数据，搭建从市政府到业务主体间的水安全业务桥梁，帮助城市管理者对路面塌陷、可燃气体爆炸、水环境污染、城市积水内涝等问题进行精细化治理，降低事故发生概率，防范次生衍生灾害，并积累设施运行数据，辅助科学规划建设，如图 15-6 所示。

排水管网监测系统接入前端监测设备总数量为 409 套，包含合肥市王小郢污水系统、望塘污水系统等 10 个污水系统和 3 个雨水系统。其中，泵站监测布设 67 套设备、河道及排口监测布设 7 套设备、易涝点监测布设 26 套设备及管网监测布设 309 套设备。系统结合现有分流制地区雨污混接调查整改信息系统与厂站网智慧排水监管调度系统建设进度和应用功能，取消与建设中的分流制、厂站网项目有类似功能的管网地理信息系统、泵站调蓄池运行调度系统、污水处理运行监管系统、污水输送调度系统、组态监控系统、污水处理厂数据同步子系统。同时接入排水管理部门现有的门户网站、固定资产管理系统、水质监测系统、防洪指挥调度系统、排水行政许可审批系统、手机应用程序（APP）管理系统等。

图 15-6　供排水管网监测流程示意图

在风险评估方面，基于模型的管网风险动态识别与跟踪，实时评估管网健康状态，形成风险等级时空分布图，建立拓扑结构和三维实景，全面掌握管网现状，实现"管网安全透视眼，一图看清地下事"。在灾害趋势分析方面，模拟预测供排水管网发生事故后的次生衍生灾害及其发展变化趋势。基于管网基础数据、监测数据、水量数据、高程数据等信息，构建多因素耦合分析模型，分析爆炸、渗漏、爆管等事故发生后产生的影响并及时预警。系统通过对供排水管网高风险管段进行长期监测，积累核心指标（压力、流量、液位、水质、可燃气体浓度等）的历史数据，提供管网规划建议，评价管网改造效果，做到"有数可查、有据可依"，科学决策，从而降低未来事故发生概率。

4. 综合管廊安全监测专项

综合管廊安全监测系统是在智能化城市安全管理平台地下综合管廊入廊管线安全运行监测系统的基础上，针对管廊日常运维管理相关业务需求，新增巡检和维护等运营管理、资产管理、管线入廊管理、安全管理、应急管理、信息管理等业务，全面提升综合管廊业务精细水平和风险管控能力，有效降低人力和物力运营成本，保障运营安全，实现综合管廊价值最大化。该平台通过融合运用物联网、云计算、大数据、移动互联、BIM、GIS 等现代信息技术，实现对综合管廊的廊体、入廊管线、附属设施的安全监测及综合管廊的运维管理，如图15-7 所示。

系统已实现对合肥市 58.32km 的入廊管线的安全运行监测，分布于高新区、新站区和肥西县，涵盖供水、污水、热力、燃气、电力五种管线和线缆。系统通过布设压力计、流量

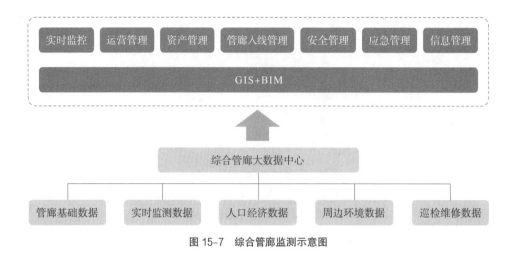

图 15-7　综合管廊监测示意图

计、气体浓度监测仪、液位计、应力计、局部放电监测等多种前端物联网监测设备，动态感知入廊管线和线缆的运行状态。结合实时接入的廊内视频、廊内环控和廊内设备状态数据，实时掌握廊体结构、廊内空气质量和廊内设备运行情况。通过分析和研判因压力管道漏水、燃气泄漏、电缆破损等现象造成的廊内水灾、火灾、爆炸等事故的影响后果，有效避免或降低事故给地下综合管廊带来的人员伤害和经济损失，该系统 $7 \times 24h$ 不间断地为合肥市入廊管线和线缆的正常运行保驾护航。

15.1.3　典型案例

1. 燃气泄漏风险预警

实时监测： 2022 年 7 月 20 日 18 时 16 分，合肥市监测中心发现 H 路一处通信井内可燃气体浓度值达到 3.13%VOL，立即组织数据分析人员对监测数据进行分析和综合研判，如图 15-8 所示。

风险预警： 数据分析师对监测数据分析研判认为监测数据波动规律符合燃气泄漏特征，同时采用斯皮尔曼相关系数法计算可燃气体浓度曲线与温度的相关性系数为 0.31，基本排除窨井内沼气堆积的可能性。结合地下管网信息，经研判分析认为疑似燃气泄漏扩散至周围相邻地下空间，而该报警点 300m 范围内有 9 处住宅区、3 所党政机关、2 所医院、2 所学校、4 处商业大厦、1 个大型商业广场、1 处大型公园，以及轨道交通 2 号线，周边道路车流量较大，属于人员较为密集场所，一旦发生爆炸，会造成较大的人员伤亡和财产损失。监测中心经合肥市城乡建设局授权，向燃气公司发布燃气泄漏二级风险预警。

警情处置： 燃气公司立即响应警情，安排专业技术人员前往现场进行险情处置，经现场排查确认该泄漏系附近 DN400 的老旧铸铁管道两端连接处螺栓松动导致，并不断在地下扩

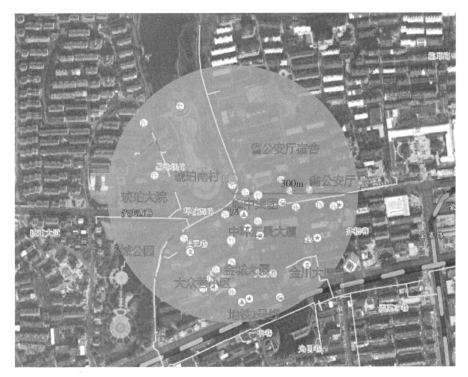

图 15-8　报警点周围危险源和防护目标

图 15-9　现场复核处置

散至附近通信井等密闭空间内。7 月 21 日凌晨，燃气公司抢维修中心完成更换螺栓、紧固修复工作，恢复正常供气，如图 15-9 所示。

　　预警解除： 现场抢维修工作完成后，监测中心通过系统发现监测曲线浓度已经下降为0，如图 15-10 所示，经城乡建设局授权后解除预警。同时将持续监测该点位的数据变化情况，并提供相关技术支持。

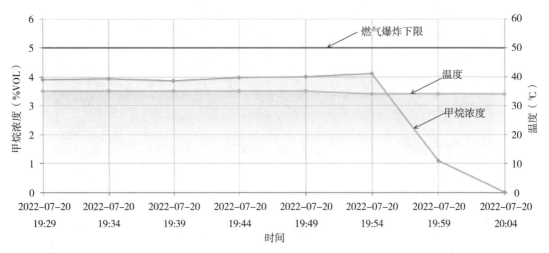

图 15-10   处置结束监测曲线浓度降至为 0

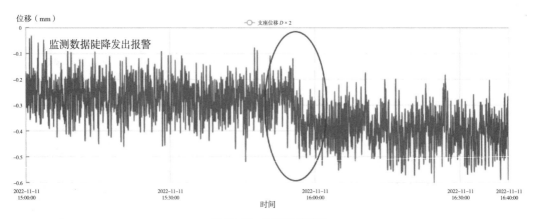

图 15-11   数据异常报警

2. 桥梁结构损伤风险预警

实时监测： 2022 年 11 月 11 日，合肥市监测中心发现 R 桥拉线位移设备发出报警，如图 15-11 所示。

警情分析： 经数据分析人员分析拉线位移数据波动状态，并对比历史数据的变化趋势，认为北半幅桥梁伸缩缝的型钢疑似出现损伤，桥梁可能存在结构安全风险。而该桥作为重要交通枢纽，上跨高速，交通流量大，行人密集。一旦发生结构功能失效，可能会引发较大的安全事故。监测中心立即向合肥市市政工程管理处（以下简称市政处）发布三级预警。

警情处置： 市政处技术人员赶赴现场后，发现北半幅桥梁第三根伸缩缝的型钢断裂并脱落于桥面，对过往车辆和行人形成重大安全威胁。市政处立即就地组织监测中心、管养单位对该桥损坏情况和安全状况进行紧急评估，并形成了快速应对方案。桥梁管养人员在做好安全布控后，紧急对伸缩缝和脱落位置坑槽沥青开展抢修工作，如图 15-12 所示。

图 15-12　现场复核及处置方案研讨

预警解除： 经市政处处置完成后，实时监测数据恢复正常，监测中心解除预警。

3. 供水泄漏风险预警

实时监测： 2019 年 5 月 5 日，合肥市监测中心发现北一环一处漏失监测仪发出报警，值守人员立即将警情上报数据分析人员。

风险预警： 经分析研判为疑似管道泄漏，该泄漏处位于合肥市老城区，附近人口密集、车流量较大，周围商业区、加油站、医院等防护目标和危险源共计 12 个，持续暗漏可能会引起路面塌陷等次生衍生灾害，造成较大的人员伤亡和财产损失。监测中心立即向供水集团发布供水泄漏三级风险预警。

警情处置： 供水集团现场复核确认附近供水管网存在明显漏水现象，立即控制险情，同时组织相关抢修人员、调配工程机械赶赴现场进行紧急抢修处置。供水集团通过开挖发现距离报警点以东约 7m 一处 DN1000 的钢筋混凝土材质老旧供水管道下方存在较大漏点，泄漏量约 1900m³/h，因大流量泄漏不断冲刷土壤已明显形成地下空洞和水流暗道，如图 15-13 所示。供水集团于 5 月 8 日完成此次抢修工作，及时消除了风险隐患。

预警解除： 处置完成后，监测中心通过监测系统发现数据已恢复正常，如图 15-14 所示，预警解除。

4. 城市积水内涝风险预警

实时监测： 2023 年 5 月 28 日，合肥市监测中心通过值守发现一路口有路面积水，监测曲线如图 15-15 所示，值守人员立即将警情上报数据分析人员。

风险预警： 该点位于道路交口桥下，属于地势低洼地带，结合雨情及管网液位计等设备数据进行综合分析认为该路段积水水位有继续上升趋势。且该积水点所在道路为交通要道，若地面持续积水，可能导致车辆熄火，发生交通事故。因此，监测中心立即发布积水内涝三级风险预警。

图 15-13　供水管道泄漏现场处置

图 15-14　供水管道泄漏点位置

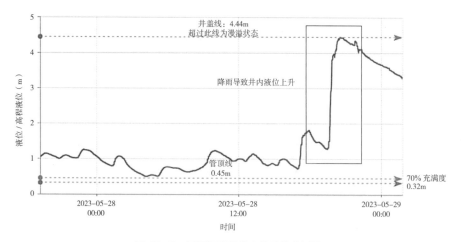

图 15-15　四里河附近排水井液位监测图

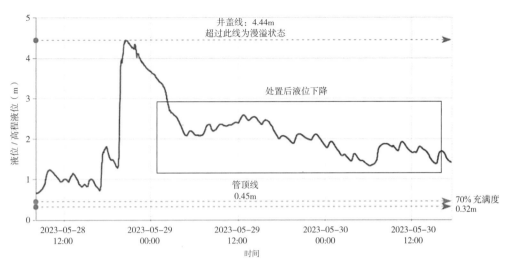

图 15-16　液位曲线恢复情况

警情处置： 市排办收到预警后，立即安排人员清排积水，向监测中心反馈风险处置结果，并加强周边巡检工作。

预警解除： 监测中心值守人员通过持续监测发现，路面积水经处置后逐渐消退，附近井内液位下降至报警值以下，如图 15-16 所示，解除预警。

15.2　安徽省城市生命线安全一期工程

15.2.1　基本情况

安徽省认真贯彻住房和城乡建设部关于开展新型城市基础设施建设等工作部署，统筹发展和安全，围绕绿色城市、宜居城市、韧性城市、智慧城市建设，深化城市燃气、桥梁、供水、排水防涝等城市基础设施安全监管，推进城市安全运行"一网统管"，全面提升城市运行效率和城市安全韧性，为人民群众营造安居乐业、幸福安康的生产生活环境，提升城市治理体系和治理能力现代化水平。

按照《住房和城乡建设部关于进一步加强城市基础设施安全运行监测的通知》（建督〔2021〕71 号）等工作要求，结合城市体检与城市更新，安徽省编制《安徽省城市基础设施安全运行监测试点建设方案》，对标查找问题短板，充分发挥现代信息技术作用，系统治理"城市病"，赋能城市建设管理与城市更新。以全省推广城市生命线安全工程"合肥模式"为抓手，夯实城市信息模型（CIM）平台数据基础，推进城市韧性建设；以加快推进城市市政基础设施智能化改造升级为抓手，提升城市基础设施运行质量品质；以推进城市运行管理服务平台建设为抓手，推动城市治理"一网统管"。

其中，全省加快城市生命线安全工程建设是安徽省住房和城乡建设事业高质量发展的成功案例，根据国务院有关领导指示要求，在全国有条件的城市全面推广，有效防范城市安全事故（事件）发生。2021年7月，安徽省全面深化改革委员会会议作出推广"合肥模式"的工作部署，省委、省政府成立以省政府主要负责同志任组长的高规格领导小组，16个省辖市成立相应领导机构，省住房和城乡建设厅认真履行领导小组职责，实行专班推进。在工作中，安徽省依托清华大学合肥公共安全研究院的技术支撑，立足"省会示范、辐射各市、服务全国"的目标定位，聚焦城市安全重点领域，有序推进城市生命线安全工程建设。

安徽省依托合肥城市生命线安全工程运行监测中心，升级建设覆盖全省的省级监管平台，与各市监测中心互联互通、数据实时共享，与省应急指挥系统衔接，实现对各市城市生命线安全工程建设、运行、维护、预警、处置情况的监督管理，为各市在运行监测、预警研判等方面提供技术服务，并通过大数据分析建模对全省行业发展提供决策支持。同时，整合各市现有资源，建设各市城市生命线安全工程监测中心和网络，覆盖燃气、桥梁、供水、排水、热力、电梯、综合管廊等重点领域，实现与省级监管中心数据实时共享，打造城市生命线安全工程"1+16"运行体系，形成全省城市生命线安全工程监测网。鼓励各市结合实际拓展轨道交通、消防、输油管道等特色应用场景。各地要通过多种途径筹措工程建设资金，鼓励社会资本通过多种方式参与工程建设；工程运行维护采用政府购买服务方式。开展工程诊断与预防、运行监测与预警、防灾减灾与处置等关键技术攻关，推动物联感知、智能巡检、现场处置、应急救援等装备和产品迭代升级，打造全国公共安全领域科技创新策源地。

安徽省城市生命线工程建设的总体目标是：到2022年，基本构建以燃气、桥梁、供水为重点，覆盖16个市建成区及部分县（市）的城市生命线安全工程主框架；其中合肥市率先实现市县全域覆盖，建成国家安全发展示范城市。到2025年，实现城市生命线安全工程全面覆盖，城市安全风险管控能力显著增强，力争16个市全部建成国家安全发展示范城市，形成城市安全发展的"安徽样板"。

截至2023年8月，安徽省16个设区市已完成覆盖燃气、桥梁、供水、排水防涝等重点领域的一期工程建设任务，实现325座桥梁、29212km地下管网的动态监测，构建"1+16"城市基础设施生命线安全监测运行体系，实现了城市安全风险的早发现、早预警、早处置。截至2023年8月，通过7×24h监测值守和数据分析，安徽省成功预警并联动处置了城市生命线安全重大险情1000余起，其中燃气泄漏可能引发燃爆险情480起；供水漏水可能导致路面塌陷等次生灾害险情305起；桥梁重型车辆堵塞等可能引发结构健康险情44起；热力管网疏水阀故障15起；排水管网运行异常及管网内涝积水193起。有效地保障了监测范围内13857km燃气管网及其相邻空间、6341km供水管网、8754km排水管网、325座桥梁、

201.5km 热力管网和 58.5km 管廊及入廊管线的运行安全。推动城市安全运行管理"从看不见向看得见、从事后调查处理向事前事中预警、从被动应对向主动防控"转变。

15.2.2　主要做法

安徽在推广"合肥模式"、推进城市生命线安全工程建设中形成的主要做法概括起来，就是"五个抓"：

一是抓基础，夯实城市生命线安全数据"底座"。 完整准确的地下管网地理信息是城市生命线监测系统建设的基础。按照住房和城乡建设部关于开展城市地下管线普查、加强城市地下空间利用和市政基础设施建设等工作部署要求，从 2015 年起，在全省范围内开展了地下管线普查，建立了地下管网数据库并实行动态更新，2017 年，省政府办公厅印发了指导意见，在全省范围启动推进城市地下管网地理信息系统和安全运行监测系统建设，16 个省辖市和 45 个县（市）先后完成系统建设，累计普查供水、排水、燃气、电力、电信等近十类地下管网约 9 万 km，覆盖城市建成区面积 1280 多平方公里。这为"合肥模式"的形成打下了基础，也为安徽省全面推广"合肥模式"打下了基础。

二是抓标准，建立城市生命线安全技术规范。 把建立有效的技术标准规范作为全面推进城市生命线安全工程建设的重要前提，组织编制并发布实施《城市生命线工程安全运行监测技术标准》DB34/T 4021—2021，规范监测系统技术指标、管理流程和运维准则。会同省应急厅、清华大学合肥公共安全研究院印发《安徽省城市生命线安全工程建设指南（试行）》，指导全省城市生命线安全工程设计、建设、运行、维护、管理等工作。

三是抓统筹，打造城市生命线安全"1+16"运行体系。 通过打造城市生命线安全"1+16"运行体系，构建全省城市生命线安全工程监测网。"1"就是省级监管平台，目前已基本完成搭建，形成了全国第一个规模化的省级城市生命线安全运行数据中心，初步形成全省城市生命线工程风险"一图览"、监督"一网管"，与 16 市现有系统互联互通、数据实时共享。"16"就是各市建设城市生命线安全工程监测中心，安徽省按照"两步走"原则推进。第一步是一期工程建设，目前各市已完成建设任务，全省各地级城市建成覆盖燃气、供水、排水、桥梁四个城市基础设施重点领域的安全监测系统，全省一期共安装各类监测传感设备 15.33 万套，实现对燃气 13857km、供水 6341km、排水 8754km、桥梁 325 座的风险可见、可知、可控；第二步是二期工程建设，目前已启动谋划，主要包括燃气终端（工商户和家庭）、消防、电梯、窨井盖、黑臭水体、热力、综合管廊等领域，因地制宜探索建设路面塌陷、轨道交通、路灯、长输油气管线等特色应用场景。

四是抓机制，运用市场逻辑资本力量凝聚建设合力。 与国家开发银行安徽分行开展城市生命线安全工程战略合作，明确"十四五"期间为安徽省城市生命线安全工程建设提供 100

亿元的信贷资金支持。与人保财险安徽分公司在城市生命线安全工程建设、工程质量安全等领域开展合作，通过保险金融工具的运用，创新"保险＋科技＋服务"模式，完善以保险为兜底的全过程闭环机制。安徽省和合肥市国资平台联合设立城市安全产业投资基金，支持安徽省城市安全产业创新发展。

五是抓产业，培育打造城市生命线安全产业集群。城市生命线安全建设覆盖技术研发、设备制造、运营服务等环节，兼具物联网、大数据、云计算、移动互联、人工智能、区块链等新兴技术，产业链条长，市场前景广阔。安徽省在推进城市生命线安全工程建设中，注重培育发展城市生命线安全产业集群。同时，安徽省加大公共安全产业布局，发展软件开发、智能制造、安全装备、物联网等关联产业，培育公共安全领域瞪羚企业、独角兽企业，着力打造公共安全科技服务总部基地和国家级公共安全产业集群。

15.2.3 典型案例

1. 燃气泄漏风险预警

实时监测： 2022 年 10 月 19 日，芜湖市监测中心发现 C 路一雨水井内出现可燃气体浓度报警。

风险预警： 经数据分析师分析研判认为疑似燃气泄漏扩散至周围相邻地下空间，该报警点周边 300m 范围内存在 1 处居民住宅小区、1 所学校及 3 家大型企业，且该条道路为市级主干道，属于人员相对较为密集场所，若持续泄漏极有可能发生燃爆事故。经芜湖市城市管理局授权，监测中心立即向中燃公司发布了燃气泄漏二级风险预警。

警情处置： 中燃公司立即响应警情，安排专业技术人员前往现场进行险情处置，经现场排查确认为距离雨水井 7m 处的 DN300 老旧钢制管道腐蚀导致的燃气管道泄漏，并不断在地下扩散至附近雨水井内形成高浓度聚集。芜湖市公用事业管理处领导第一时间作出抢险部署，中燃公司立即开展抢修工作，及时组织开展关阀停气、控制险情、设置围挡、开挖抢维修等处置工作，如图 15-17 所示。23 日 14 点 59 分，中燃抢维修中心完成钢管漏气的全部修复工作。

预警解除： 处置完成后，监测中心通过监测系统发现数据已恢复正常，如图 15-18 所示，经芜湖市城市管理局授权后解除预警。

2. 供水泄漏风险预警

实时监测： 2023 年 5 月 25 日，淮南市监测中心发现 X 路供水流量监测设备和压力监测设备同一时间发出报警。

风险预警： 经研判分析为疑似供水管道泄漏，该管道泄漏处 300m 范围内有 6 处住宅区，3 所党政机关以及 1 处大型城市供水厂，周边道路车流量较大，属于人员较为密集场所。监

图 15-17　雨水井现场复核处置

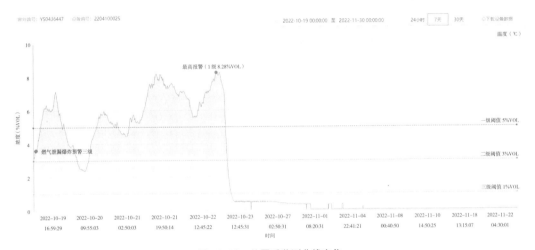

图 15-18　处置后监测曲线变化

测中心立即向供水公司发布供水泄漏三级风险预警。

警情处置：经供水公司现场复核确认此次管道泄漏系附近道路施工导致 DN500 铸铁管道处于悬空状态，管道受力不均匀沉降所致。于是立即安排抢修队伍和专业技术人员到现场进行险情处置，由于该管道属于供水主干管网，供水公司首先对管网两侧阀门进行关闭，同时堆填砂石对管道泄漏处进行支撑，然后进行破路开挖，将破损管道拆除，如图 15-19 所示。管道更新维修工作于 26 日下午完成，恢复供水。

预警解除：处置完成后，监测中心通过监测系统发现数据恢复正常，如图 15-20 所示，预警解除。

3. 排水井冒溢风险预警

实时监测：2023 年 6 月 18 日，六安监测中心发现金安区 Y 路排水井内液位计出现报警。

图 15-19　漏点现场复核处置

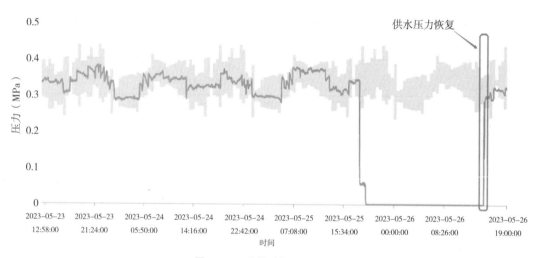

图 15-20　处置后监测曲线变化

风险预警： 结合雨情及液位变化趋势分析，市区最大小时雨强 14mm，井内液位值由 0.2m 突升至 1.8m，距离井口 0.1m，且有持续升高趋势，存在冒溢风险。且该处路段处于交通要道，人流、车流密集，冒溢引发的积水可能对道路交通产生严重影响。监测中心立即向六安市三峡智慧水管家公司发布排水管网运行三级风险预警。

警情处置： 六安市三峡智慧水管家公司收到预警后立即响应警情，经现场复核发现该报警点位及连通的雨水井均存在不同程度冒溢现象。处置人员通过放置警示三脚架、疏导过往人群、打开雨水箅子加速路面积水导流，如图 15-21 所示，及时消除了安全隐患。

预警解除： 监测中心通过持续监测发现，井内液位逐渐下降至阈值以下，解除预警。

图 15-21　通过打开雨水算子等措施完成溢流预警处置

15.3　智慧安全佛山

15.3.1　基本情况

佛山市投入 2.26 亿元高起点规划、高标准建设"智慧安全佛山"一期项目，构建"五平台合一、三中心一体"的城市安全治理"一网统管"体系，实现对全市城市安全运行的"一网感知态势、一网纵观全局、一网风险研判、一网指挥调度、一网协同共治"，推动佛山市应急管理体系和能力现代化。

1. 提升城市安全风险评估能力，实现"一网纵观全局"

搭建"可视化信息汇聚、数字化研判分析、智能化辅助决策、精细化指挥调度"的应急管理综合应用平台，整合汇聚全市 35 个单位的 7493.1 万条基础数据、73918 路监控视频、7616km 管网数据，构建了总量超过 25TB 的城市安全大数据资源池，实现跨区域、跨层级、跨部门、跨系统、跨业务的数据融合，形成城市安全运行状态"全景画像"。

2. 提升城市安全风险监测能力，实现"一网感知态势"

建设燃气、桥梁、排水、消防、企业、轨道、电梯、交通、林火、三防等十大监测专项，以佛山市中心城区城市基础设施和高风险行业领域企业作为试点，布设 13120 套物联网传感器，对全市 7 座桥梁、204.7km 燃气管网地下相邻空间、78km^2 范围易涝区域、12 家消防安全重点单位、40 家高风险企业、21.5km 地铁保护区、100 部重点监管电梯实现 24h 在线监测和自动预警。

3. 提升城市安全风险预警能力，实现"一网研判预警"

编制佛山市城市安全运行监测中心运营管理制度、业务培训大纲、报告编制规范等一系列制度规范，指导监测中心运营团队对城市安全运行态势进行 7×24h 值班值守、监测预警和综合研判。自 2021 年 1 月至 2022 年 6 月，累计发布台风、林火、强降雨等预警分析报告177 份。在今年 5 月强降雨防御过程中，监测中心派出技术骨干与市三防指挥部开展联合值守，利用佛山市应急管理综合应用平台汇聚全市气象预警预报、风雨水情监测数据和风险隐患点信息，实现对三防自然灾害的全域感知、短临预警、数据智能，滚动出具 26 份连续强降雨分析报告，其中专报 11 份，快报 15 份，为市三防指挥部全面掌握全市灾情、科学调整应急响应级别、做好防御措施提供科学辅助决策支持。

4. 提升城市安全风险处置能力，实现"一网指挥调度"

聚焦"全灾种"、瞄准"大应急"，着力建设应急现场指挥通信系统，打通市、区、镇、村四级指挥网络，加强和规范市、区、镇（街道）三级应急指挥中心和应急现场指挥通信保障能力建设，充分运用 4G/5G、卫星通信、无线通信等多种网络链路和指挥车、无人机、单兵图传、数字集群、卫星电话等多种通信设备，保障事故灾害一线、现场指挥部、后方指挥中心在极端情况下的通信畅通，切实解决应急指挥处置"最后一公里"问题。在 2022 年4 月上旬佛山新冠疫情期间，市长亲率市疫情防控指挥部进驻城市安全运行监测中心。在近半个月的每日研判会商暨视频调度实战检验过程中，平台为佛山快速有效处置疫情提供了一屏知家底、一网全监测、一键达基层的能力支撑，全市仅用一周时间就实现了社会面动态清零。

5. 健全城市安全治理体系，实现"一网协同共治"

编制印发《佛山市城市安全运行风险监测预警联动工作机制》，明确各级行业主管部门监管职责及城市基础设施权属单位主体责任，规范监测报警信息推送、分级响应、联动处置和闭环管理流程。推动珠江西岸城市群安全应急联动合作机制建设，优化应急资源配置，提高应急救援效率，降低应急管理成本，形成防范应对突发事件的强大合力。按照"技术复用、资源共享、机制联动、集约共建"原则，向周边城市推广复制"智慧安全佛山"经验成果，先后与肇庆、江门、清远、云浮、珠海等地市签署应急联动合作协议，并与中山、澳门达成初步合作意向。

15.3.2　主要做法

通过汇聚佛山市各委办局和新建的城市监测数据以及整合各类城市基础数据的基础上，结合各业务管理部门的实际需求，对各部门实际管理的城市各单元进行安全应用专项的建设，以满足各部门和城市精细化管理的需要。佛山市城市安全运行监测中心、佛山市城市安全运行监测物联网和城市安全运行综合管理应急指挥系统，包括燃气安全专项、桥梁安全专项、排水安全专项、消防安全专项、高风险企业安全专项、城市轨道交通安全专项、电梯安全专项、道路运输车辆安全专项、森林防火安全专项、三防安全专项共十个专项应用。

1. 燃气安全专项

佛山市全市建有超 5000km 的燃气管线，燃气管网安全运行也面临着诸多挑战。首先，管线最早建设年限为 1992 年，运行年限久远，且市内主干燃气管网与雨水、污水、电力管线存在众多交叉点，老城区燃气泄漏爆燃事故风险突出；其次，老旧市政管网改造工程大幅增加第三方施工破坏燃气管线的风险；此外，地铁运营产生的杂散电流易造成燃气管网腐蚀，进一步引发燃气泄漏风险。

燃气安全专项聚焦城市燃气管网及相邻空间的泄漏燃爆风险，对禅城区、南海区、顺德区试点范围内的 204.7km 燃气管网及其地下相邻空间进行风险识别及实时泄漏感知，实现了监测预警、研判分析和抢险处置全流程管控，建立了 7×24h 专业技术值守，打通了一般、较大、重大事件三级预警和快速联动响应机制，如图 15-22 所示。

图 15-22　燃气安全专项系统

（1）精准识别燃爆风险，精准锁定监测范围

根据城市燃气管网相邻地下空间爆炸事故演化过程，结合公共安全"三角形理论模型"，对城市级燃气管网相邻地下管网空间进行风险评估并分级，从而确定监测范围。

（2）结合模型科学预判，优化布设监测点位

城市地下管网错综复杂，地下空间种类繁多，数量庞大，为便于更加科学合理地进行布点的设计，专项建立了对燃气管线相邻地下空间监测点位布设模型及优化布点方法，实现了佛山市燃气管线相邻地下空间监测效益的最大投入产出比。同时基于沼气与燃气实时变化特征的差异性，构建基于实时监测数据的燃气与沼气辨识技术，使得城市级大规模燃气管网相邻地下空间精准监测成为可能。

（3）适应南方气候特点，研发高性能监测设备

针对地下空间高湿度、高腐蚀性、易爆炸、电磁屏蔽、夏季暴雨洪涝水淹等问题，选用了辰安科技自主研发的激光型可燃气体监测仪，与国内外同类产品相比，在燃气探测灵敏度、抗恶劣环境、工作寿命等方面已超过国内外同类产品。

（4）事前防控实时监测，打造监测预警系统

基于事前防控的安全管控理念，系统汇聚地上空间各类社会信息和地下空间各类管网信息，对燃气管线相邻地下空间可燃气体浓度进行实时监测，实现燃气泄漏及时报警预警，为燃气管线巡检抢维提供辅助决策支撑。系统主要有泄漏溯源分析、可燃气体扩散分析、地下空间爆炸分析等核心功能。

2. 桥梁安全专项

佛山地处珠江三角洲，是重要水陆交通枢纽，截至目前，佛山公路桥梁数量有 600 多座。佛山市桥梁主要特点为：交通流量大、重载车辆多、船只撞击风险大、部分桥梁服役时间长。

因此，重点选取了佛山 7 座风险较大，具有代表性的桥梁进行安全监测，如紫洞大桥是一座建于 1996 年的双塔单索面特大斜拉桥，主桥技术状况等级为三类，有重载车辆通过，且跨主航道，有船只撞击风险。针对每座桥梁自身的既有病害，结合桥梁的结构形式，并综合考虑佛山市台风多发等自然环境因素影响，对桥梁进行安全监测，全方位感知桥梁安全状态。

通过实时监测桥梁主梁应变、挠度、振动响应、倾斜以及索力指标，实现桥梁结构异常报警及安全评估，如图 15-23 所示。

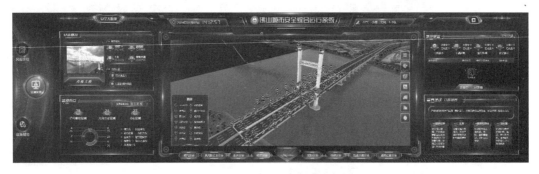

图 15-23　桥梁安全专项系统

基于桥梁动态阈值技术、多源异构数据融合分析技术及模态分析技术等，实现桥梁结构异常报警。当桥梁外界荷载效应发生变化时，桥梁相应位置应变的量化响应超过设定的阈值，系统就会自动发出报警，从而实现桥梁结构对外部荷载感知的量化观测和比对（应变）。一旦出现报警或者异常，系统会第一时间通过短信、电话等方式通知桥梁管养单位。

系统基于 BCI（城市桥梁状态指数），并结合桥梁实时监测数据及桥梁既有病害信息，对桥梁安全状态的综合评估，可实现桥梁在出现超载、撞击事件后，第一时间对桥梁安全状况进行评估，并辅助应急处置；此外，系统定期对桥梁结构监测数据进行分析，并出具监测月报，作为养护巡检等的长期处置管理依据。

3. 排水安全专项

佛山市属亚热带季风性湿润气候，年平均降雨量在 1600～2000mm 之间。每年佛山市受台风侵袭影响，短时间内的强降雨给现有排水系统带来沉重负担，导致城市内涝事件频发。同时佛山市内主干河涌多达 569 条，河涌两岸地势相对较低，雨水管道排入河涌的水头差小，遭遇大雨时受河涌水位顶托作用，容易引发河水倒灌现象。早期市政排水管网采用的设计参数标准偏低，排水能力小于 1 年一遇的雨水管网长约 1143km，约占现状排水管网总长的 1/3。旧城区内河涌两侧地块的排水系统绝大多数都是采用合流制，旱季污水夹带的杂质不断沉积，使河涌和排水管渠的淤积越来越严重，大大降低了其原有的排水能力。

排水安全专项通过流量计、液位计等前端感知设备以及物联网监测等技术手段，实现对排水管网运行状态的全面感知、实时监控；基于监测数据的综合分析与处理，通过排水专项的模型分析，提前预测或识别出风险事件，做好预案和部署，实现了排水运行的智能分析、科学决策，最大化提升现有排水系统的排水能力，并且通过信息化、智慧化建设实现各种需要的信息和数据共享，使各级工作人员更加高效、协同行动。

（1）精准识别城市排水管网风险隐患，确定监测范围

充分考虑城市易涝点、防汛工程、河道河涌、城市重要防护目标等分布情况，以及排水管网问题现状情况，对排水管道安全运行状况进行充分分析评估，同时参考佛山市水务局和禅城区水务局等排水设施管养单位的建议，结合排水防涝监测对排水分区封闭性技术要求，选择禅城区张槎街道、祖庙街道和石湾镇街道三个街道辖区约 78km² 的区域作为排水安全重点监测范围，并将广东水文局佛山分局内涝监测预警系统覆盖的城市易涝点和重要隧道，接入到城市安全监测系统中作综合监测预警。

（2）排水管网前端智能监测设备布设和数据复用

针对由于管道老化、管道淤堵、负荷过大、地面沉降等因素导致的排水管网运行故障，在监测范围针对性布设了 15 套流量计、66 套液位计、31 套河道水位计和 6 套雨量计，实现对可能出现或已经发生的管道渗漏、错接、入渗、溢流、淤堵等问题进行预测预警与研判分析。同时复用泵站运行状态数据、水文局易积水点数据、视频在线监测数据、河涌水位信息以及气象局暴雨预警信息，为城市暴雨内涝模型校验提供基础数据，为防汛指挥调度提供辅助决策支持。

（3）建设排水安全监测预警系统

实时采集前端设备的监测数据，全面掌握排水系统运行状态，基于在线监测数据与模型模拟建立排水安全监测预警系统，如图 15-24 所示，实现排水管网系统运行故障及运行风险的早期预警、趋势预测和综合研判。另外，系统支持排水运行高风险区域定期巡检和养护计划的制定，提供管网规划改造建议，生成健康诊断分析与安全评估报告，得出防汛最佳处置方案供决策者采纳。

图 15-24　排水安全专项系统

市三防指挥部从预警、会商、响应等环节利用指挥系统指挥各级各部门响应、精准定位灾害点、点对点调度防汛责任人、实时视像监测灾情，大大提升佛山市城市排水安全运行管理水平和服务水平，保障城市排水设施运行管理、防汛应急指挥等工作的有序实施，提升排水安全精细化管理水平，切实保障佛山市的排水安全。

4. 消防安全专项

随着佛山市城市化进程不断加快，城市消防安全既面临高层、地下、化工、老式民宅等"老毛病"，又面临新建筑、新材料、新能源、新技术、新项目及人口老龄化等衍生出来的"新问题"，火灾致灾因素日益增多、火灾后果愈发严重，城市消防安全管理压力大幅上升。佛山市 2020 年市级消防安全重点单位约有 28 家，对部分重点单位及其他单位共 12 家进行消防安全试点监测。

佛山市消防重点单位面临如下风险：①电气火灾风险，如经华大厦、综合批发市场大楼建设年份较久，电路设施老化，又存在私接乱拉电线，不规范使用电气设备，使用超大功率设备等行为；②未及时发现线缆温度过高、剩余电流过高、设备漏电等隐患；③部分单位缺乏消防管理专业化能力及消防管理人手不足，难以及时消除消防水压过低等隐患。

消防安全专项软件应用系统接入佛山市城市消防远程监控系统中的火灾自动报警系统数据，通过对重点单位安装独立式感烟传感器、独立式报警设备、水系统监测设备、电器火灾监测设备、消控主机设备以及物联网监测等技术手段，实现对建筑物内火灾状态、消防设施运转情况的全面感知、实时监控，获取建筑消防设施运行状态、消防隐患等数据；基于监测数据智能分析，结合专业分析模型，在保证有效探测疑似火灾的同时降低误报率，实现建筑物火灾的高效管理，为构建佛山市城市火灾防控体系提供信息化支撑手段，如图 15-25 所示。

消防安全专项采用社会化服务托管的方式进行维保，实现了真正的闭环管理流程。针对企业单位消防责任人日常加强对消防主机与消防传感器的巡检，对报警主机进行及时复位处理，降低误报率与设备故障率，强化单位消防安全责任意识。同时，对业主单位进行防火宣传，针对违规吸烟、消防设施整改等内容进行宣传教育，从源头上减低城市火灾风险。

图 15-25　消防安全专项系统

5. 高风险企业安全专项

佛山全市现有高风险工贸企业约 34825 家,共有在营危险化学品生产、经营(带存储)、使用企业 1760 家。高风险企业安全专项重点建设和接入了全市范围内七类重点监管行业 40 家单位,包括危险气体生产类、涂料油漆树脂制造类、高炉煤制气类、金属冶炼加工类、液氨使用类、液氯使用类、石油储运 / 冶炼类等。

通过前期调研,企业风险主要发生在储罐区、生产车间及仓库。金属冶炼和石油化工企业可能发生储罐液位和压力异常;危化品生产企业的生产车间和仓库易发生可燃气体泄漏,容易发生有毒有害物质泄漏和爆炸事故,导致人员伤亡;石油化工和危险气体生产企业存在的不安全行为发生次数较多,存在潜在风险。

高风险企业安全专项系统是基于安全监管局现有风险点危险源地理管理系统、综合安防管理平台的企业生产基础信息、安全生产风险信息、监控视频等数据,以及在此基础上首批部署建设安全运行监测物联网的 40 家高风险企业而进行设计;通过安装智能摄像机、温度监测仪、可燃气体监测仪、有害气体检测仪、压力监测仪、液位检测仪等设备,持续监测企业可燃气体泄漏、未戴安全帽、有毒有害气体泄漏、储罐液位和压力异常,生产车间温度异常、热成像检测异常等险情,实施报警,收集数据。高风险企业安全专项软件应用系统分为以下几个子系统:基础数据管理子系统、风险分级管控子系统、风险源实时监测与报警子系统、预测预警分析子系统、风险源应急处置子系统,通过各个子系统的协同配合,实现对高风险企业安全的风险管控、预警处置与数据管理,如图 15-26 所示。

6. 轨道交通安全专项

佛山市有在建的地铁 2 号线、地铁 3 号线,规划中的地铁 4 号线、地铁 6 号线、地铁 11 号线等多条地铁线路。轨道交通处于大规模建设阶段,同时施工项目多,涉及技术复杂,风险隐患点多,为了加强对建设施工项目及安全保护区的安全管控,虽然采取了一些安全管理手段,但仍有尚需完善之处,包括安全保护区安全监测无相应的技术手段支撑、建设施工项目风险隐患信息不能获取以及轨道交通应急机制缺乏政府统一协调机制等。

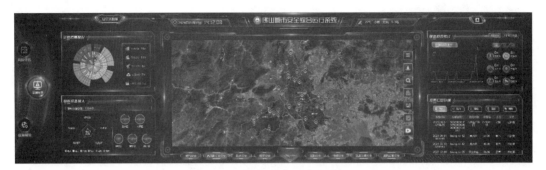

图 15-26　高风险企业安全专项系统

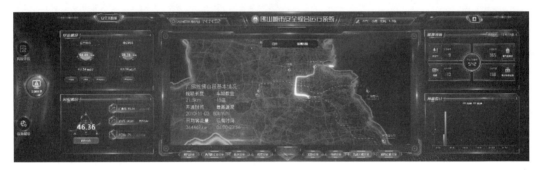

图 15-27　轨道交通安全专项系统

轨道交通安全专项重点选取了 21.5km 已经在运行的广佛线佛山段及 66.5km 建设施工中的佛山地铁 3 号线，重点监测地铁保护区周边的第三方施工。

轨道交通安全专项软件应用系统主要围绕轨道交通建设施工安全和保护区安全两方面内容进行建设，包括轨道交通建设安全基础数据管理、监测预警和辅助分析等模块，如图 15-27 所示。此外，通过从佛山市铁路投资建设集团的城市轨道交通工程安全风险管理系统中接入 3 号线风险数据（包括地质风险、施工用电风险、周围管线风险、施工设备风险、人员安全风险等）、隐患清单数据（一级、二级和三级隐患数据）、监测预警数据（水平及垂直位移数据、水平及垂直收敛数据、水位、空洞等）、综合预警（综合风险高的重大预警数据）及应急数据（应急预案、应急资源、应急指挥体系等），在广佛线佛山段保护区共计布设 215 套电子界桩，同时接入保护区施工点基坑监测报警和预警数据、周围基础设施监测数据及保护区地质沉降信息，在此基础上形成轨道交通施工项目及保护区的综合风险管控。通过监测地铁保护区内振动、电子标志（牌）的倾斜、电子标志（牌）的位移，实时发现保护区内可能对地铁既有结构造成破坏非法施工等活动，为佛山市轨道交通筑起一道安全屏障。

7. 电梯安全专项

电梯安全专项接入了佛山市约 4 万部电梯的基础数据，佛山市电梯有总量大、老旧电梯多、维保单位多等特点，本期项目选取禅城区、南海区的 100 部电梯（主要包括困人以及运行故障等）作为电梯安全运行监测试点。

电梯安全监测系统是通过物联网、云计算和大数据等信息技术手段，对电梯海量信息的融合分析和大数据挖掘，实现对电梯安全的全风险链有效监管、运行监测分析、故障精准排除和应急联动救援目标；通过对风险因素的全面透彻感知，对电梯运行数据和信息的全面互联互通，通过对电梯运行中的不安全行为、不安全状态和不安全环境实时在线监测，对电梯运行风险隐患和事故的智能化处置，并实现高效、科学的预测预警，创新电梯安全管理模式。

电梯安全专项软件应用系统分为两个子系统：电梯基础数据管理子系统和电梯实时监测报警子系统，如图 15-28 所示。其中，电梯基础数据管理子系统应用于电梯行业各方面的监督管理，对全市电梯安全状况作出测评，为监管部门履行监察职能提供数据依据；电梯实时监测报警子系统主要包括实时在线监测、视频综合管理和报警管理，对电梯运行状态实时监测，当发生报警时及时将报警信息推送至维保单位及相关单位，进行维修处置。

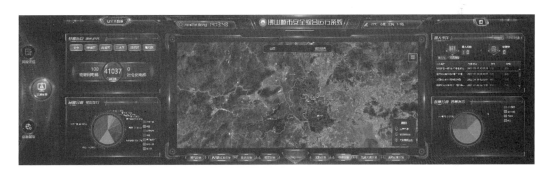

图 15-28　电梯安全专项系统

8. 道路运输车辆安全专项

道路运输车辆安全专项重点关注"两客一危一货"、客运班车、出租车等共计 8 类车辆，3 万多辆车。

道路运输车辆安全专项完成了对全市上述车辆实时在线数据的接入。实现了对人、对车、对路，三个维度的风险分析，构建驾驶员的画像、企业的画像、道路的画像。通过驾驶员画像，分析驾驶员的不安全行为，及时进行预防和疏导，防患于未然。

道路运输车辆安全专项系统是基于交通运输局现有智能公交信息整合平台对佛山市七类重点监管车辆的基础信息、卫星定位、动态监管等数据进行设计的，如图 15-29 所示。道路运输车辆安全专项软件应用系统分为以下几个子系统：基础数据管理子系统、风险分析预警子系统、实时监测报警子系统、辅助决策子系统。其中，基础数据管理子系统实现对监管车辆经营企业基础数据、车辆基础数据、车辆入网上线数据、车载终端卫星定位数据、禁止

图 15-29　道路运输车辆安全专项系统

危货车辆驶入区域数据、所涉各类危险货物对应的物理化学性质、危险特性、应急处置措施数据，以及对应的全市危化品应急装备、应急物资、救援队伍、专家库信息数据的管理，主要实现道路运输车辆基础数据的查询、更新与维护、统计分析，提高基础数据的准确性，建立高道路运输车辆安全信息精细化的档案管理模式；风险分析预警子系统实现佛山市重点监管的道路运输车辆运行风险研判、风险动态分级以及多级预警。基于城市安全运行监测中心对全市安全运行态势数据的综合分析，结合车辆卫星定位数据，对车辆运行前方道路交通风险进行动态评估分析；实时监测与报警子系统，基于车辆卫星定位数据、车载行驶记录仪车辆运行状态数据，对车辆运行过程中的车辆自检异常、超速行驶、疲劳驾驶、偏离路线、驶入禁区、违规停车等行为进行实时监测报警，并通过综合一体化监控系统进行针对性跟踪监管。根据后期智能化车载终端部署，支持监控中心用户对车载终端设备的广播功能，可选择多台设备或框选区域，启动广播，实现对该框选区域下设备的语音广播功能，如车辆突发异常情况，及时向沿途重点车辆进行警示通告，提高警惕，并注意减速避让；辅助决策子系统通过对运输车辆大数据汇总分析及概览、黑名单企业车辆重点监控、危货车辆事故处置资源一键协调，实现对道路运输管理的辅助决策。

由于道路运输车辆安全专项数据种类多、数量大、信息量丰富，因此需要结合业务深化大数据分析模块，为应急及其他业务深化大数据辅助分析服务，实现企业及行业监管部门对车辆的实时监管，有效监督驾驶员行为、实时分析研判并发布城市道路安全态势，提升车辆运营安全，实现道路运输科学高效的安全管理新模式。

9. 森林防火安全专项

佛山市有林地面积约 77983.26km²，约占全市总面积的 1/5，在提供良好的生活环境的同时也存在较大的森林火灾风险。佛山市的森林火灾风险主要表现在：①风险高：森林面积大，野外用火数量多，每年冬春干旱季节更是山火多发；②监测难：缺乏有效的监测手段，传统的人工巡检方式无法满足"打早、打小、打了"的要求，亟需采用智能化手段进行全域监测；③处置难：森林防灭火工作应急处置中，无法精准地掌握植被、地形地貌、气象信息、物资仓库、防护目标等基础数据，而火灾蔓延的趋势主要依赖指挥官的经验，难以精准预测；④复盘难：采用文字、音频、视频等方式对森林事件进行记录，易导致林火事件复盘时间线程不明，复盘信息不直观。

森林防火专项聚焦佛山市森林防火中面临的主要风险，全市采用进行动态风险评估、重点区域实时动态烟火识别监测等多种方式，打造了一套涵盖风险评估、监测预警、应急处置和时间复盘的全流程森林防火系统，如图 15-30 所示。

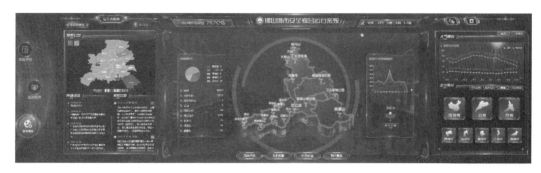

图 15-30　森林防火安全专项系统

首先，依靠多因子耦合森林火灾风险评估技术，基于公共安全三角形模型，从致灾因子的危险性、承灾载体的脆弱性、防灾减灾应对能力入手，综合考虑植被、地形、气象、救援队伍、物资等信息进行耦合分析，实现市、区县、镇街精细化小时级风险分析评估，科学指导森林防火工作；然后，基于风险评估结果，在全市重点风险区域选择高点监测摄像头位置，累计布设 21 套高点智能烟火识别系统，通过可见光、红外光、多光谱专业监控，实现对森林火情的 360° 动态巡航、超视距巡航，智能火焰、烟雾和燃烧物快速精准识别，高精度火点位置精确定位，火情信息多渠道精准推送，同时，结合卫星热点分析数据、无人机巡查数据、人工巡山数据形成天空地立体化综合监测网；其次，当有火灾发生时，根据火点位置信息、实时气象信息、地形信息、植被分布信息、火场动态变化更新信息等数据，采用清华大学多源异构森林火灾蔓延预测技术，快速运算火场边界随时间推演的蔓延范围，实现秒级的火灾蔓延模拟分析，为指挥官提供决策支撑；最后，在事后通过时间轴的方式对事件进行复盘分析，直观呈现指挥官下达的各项决策命令、各类资源调配情况、投入救援的部门、救援人员情况等。

10. 三防安全专项

佛山市属亚热带季风性湿润气候，地处华南多雨区，雨量充沛，年平均降雨量在 1600~2000mm 之间，每年均会受到台风侵袭的影响。佛山市的大小河涌共有 3000 多条，作为主要排涝设施的主干河涌有 569 条，总长度为 1840.59km。南海区与顺德区主干河涌较多，三水区与高明区山体多，易受极端天气引发地质灾害影响。

据排查统计，佛山市现有重要地质灾害危险点和隐患点 105 处，涉及地面塌陷、滑坡、不稳定边坡、泥石流等多类隐患，针对地质灾害管理目前仍采用人工巡检等传统手段，对于滑坡、崩塌、泥石流风险征兆无法快速识别。崩塌必须包括裂缝计、倾角加速计、雨量计；土质滑坡必测项包括位移、裂缝和雨量等；岩质滑坡必测项包括位移、裂缝和雨量等。当前佛山市缺少相关监测传感器覆盖，不具备专业的监测预警分析能力。

智慧安全佛山一期项目三防专题板块主要应对台风、强降雨、洪水灾害，板块根据三防事件处置全流程进行设计，包括监测预警、防御准备、应急处置和事件复盘四个模块，如图15-31所示。其中，监测预警模块实现台风、雨情、水情、风情、工情的监测和预测信息的汇聚、分析处理，再以多种形式进行可视化。同时接入降水预报、卫星云图、雷达回波、风速风向、风流场的信息，以图层的方式在应急指挥一张图上进行叠加展示。主要包括台风监测预警、雨情监测预警、河湖水情监测预警、水库水情监测预警、风情监测预警、气象信息图层、内涝监测预警等；防御准备模块实现对三防应急响应启动后的人员转移安置、船舶归港与人员上岸、风险隐患排查治理、防护目标风险防控工作情况的接收汇聚，进行救援力量和三防物资的预置，实现救援和物资的保障；应急处置模块通过对三防防御工作中的突发事件信息进行汇聚，实现周边力量、周边物资的快速查询，并基于融合通信系统实现应急突发事件的快速任务下发，实现突发事件的快速处置；事件复盘模块针对三防历史事件进行管理，对历史事件全过程监测和处置数据进行汇聚，结合事件等级、事件标题、现场图片视频等关键信息，通过时间轴和列表等多种方式展示历史事件，实现历史信息分类统计、动态信息统计和区域分布统计，以柱状图、雷达图、折线图、点位图等多种统计图表方式进行直观展现，实现对历史事件的汇总展示。

图 15-31 三防安全专项系统

15.3.3 典型案例

1. 燃气泄漏风险预警

实时监测：2020 年 12 月 27 日，佛山市监测中心通过监测值守发现佛山市禅城区 F 路燃气井 –V–4783 内出现可燃气体浓度超限报警。

警情分析：经研判分析为疑似燃气泄漏并向佛山市燃气集团股份有限公司发布三级燃气泄漏风险预警，经现场排查确认该泄漏系燃气管道受热胀冷缩后阀门变形导致燃气泄漏。该泄漏处 300m 范围内有四个公交车站、一所学校、一处公园和五处住宅区，周边道路车流量较大，属于人员较为密集场所，一旦发生爆炸，会造成较大的人员伤亡和财产损失。

警情处置：佛山市燃气集团股份有限公司立即响应险情，安排专业技术人员前往现场进行险情处置，如图 15-32 所示。

预警解除：2020 年 12 月 27 日 13 点 30 分，佛山市燃气集团股份有限公司完成修复工作，浓度降为 0，如图 15-33 所示，预警解除。

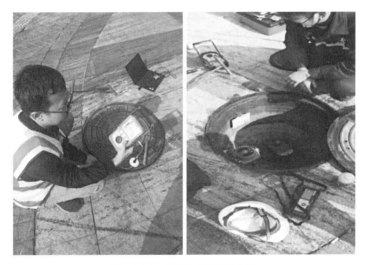

图 15-32　燃气井现场复核处置

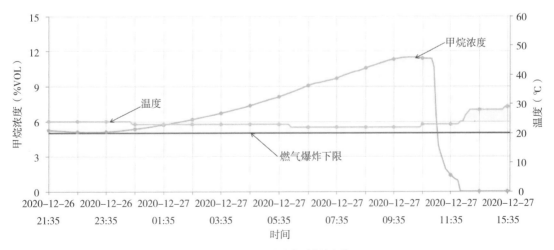

图 15-33　处置后监测曲线变化

2. 排水内涝风险预警

实时监测： 2021 年 6 月份，佛山市监测中心通过系统数据以及气象预报情况研判，未来 3h 在禅城区部分站点将有累计超过 100mm 的短时强降水，值班人员即刻调取现场视频监控进行巡查，对相关区域的水位、液位数据严密监控。随后，位于禅城区的某内涝黑点发生严重水浸，系统通过布设在该处内涝黑点的传感器，监测到水位快速上升且超过警戒值，触发自动报警。

警情分析： 值班人员收到系统报警后，立即调取周边的监控视频查看现场的情况，发现现场积水的情况已经比较严重。

警情处置： 禅城区引排水调度中心快速调度，增大周边泵站排水量。

预警解除： 在人为干预下，监测曲线显示水位已经回落到正常值，水淹的情况得到缓解，预警解除。

3. 消防安全风险预警

实时监测： 2020 年 4 月，佛山市监测中心通过系统监测到某园区地下车库的温感探测器发出报警。

警情处置： 值班人员接到报警后立即与业主单位沟通复核，并联动物业单位到现场进行处置，到达现场后发现变电箱正在冒烟，确认为变压器短路引起报警。

预警解除： 由于发现处置及时，没有出现明火，成功把消防事故掐灭在萌芽之时，避免了一起可能发生的城市火灾。

4. 高风险企业安全风险预警

实时监测： 2023 年 8 月 1 日 10 时 19 分，佛山市监测中心通过监测值守发现某化工企业的有毒有害气体传感器数据异常并发出报警。

警情分析： 佛山市监测中心收到报警后，值班人员立即对警情进行核实，随即以短信及电话的形式通知企业负责人进行现场处置，并调取现场视频监控跟进现场动态。

警情处置： 经企业现场核实，报警原因是氨水罐区在装卸时出现少量气体泄漏，现场作业人员立即对该罐区进行喷淋处理，并确认现场安全，化解燃爆风险。

预警解除： 10 时 24 分，仅 5min 后，该起报警已处理完毕，预警解除。

15.4　烟台城市生命线安全工程

15.4.1　基本情况

城市安全运行监测中心依托烟台综合应急指挥中心建设，共用统一的场所和基础支撑系统，建设涵盖燃气、供水、电梯等各安全专项的监测物联网、软件平台和数据工程建设等内容。其中，燃气安全专项覆盖 80km 燃气管网；供水安全专项覆盖 28km 市政消火栓；电梯安全专项覆盖 100 套电梯智能采集终端及互动屏。另外，排水安全专项接入现有内涝点监测系统。城市安全运行监测中心在搭好平台基础框架的基础上，优先开展燃气、供水、排水、电梯、交通五个安全专项的试点区域建设，后续逐渐在各区县铺开建设，并将热力、桥梁等专项逐步纳入建设体系。

智能化城市安全运行监测平台对提高烟台市城市管理效率和服务水平，打造烟台市安全管理新模式，进一步推动安全城市建设和发展起到重要作用。自 2020 年 9 月平台上线以来，共处置供水专项 416 起（其中由施工破坏、消火栓无水及部分管线压力不足或过高导致的消火栓压力异常 262 起；由偷盗用水、刷管检修及消防演练用水导致的供水流量异常 62 起；外接管网压力与水质监测异常 92 起）、燃气专项 258 起（其中由燃气管道泄漏导致的一级报警 7 起；由燃气管道泄漏导致的二级报警 8 起；由燃气管道泄漏导致的三级报警 19 起；由沼气聚集导致的一级报警 39 起；由沼气聚集导致的二级报警 40 起；由沼气聚集导致的三级报警 145 起）和电梯专项 842 起（其中因电梯困人导致报警 64 起；电梯超速 144 起；非平层开门故障 100 起；层间停梯故障 418 起；电梯停梯异常 9 起；电梯行梯异常 13 起；轿厢水平异常 9 起；坠梯 85 起）。

15.4.2　主要做法

烟台市以先进的城市安全管理理念为指导，按照"风险管理、关口前移"的发展思想，充分利用物联网、大数据、云计算、人工智能等信息技术，站在城市综合安全的角度，构建全方位、立体化的公共安全与应急管理体系，建立协同高效的城市安全管理及风险防控新模式，实现烟台市城市安全管理模式从被动应对向主动保障、从事后处理向事前预防、从静态孤立监管向动态连续防控的转变，最大限度提升烟台城市韧性。

烟台市从公共安全的角度出发，整体上围绕燃气等市政管线安全、电梯安全、交通安全、突发事件应急等开展智能化城市安全运行监测平台的建设。采用"1+2+3+5"的设计模式，"1"是指建设城市安全监测运行中心；"2"是指建设一网一图，即城市安全运行监测物联网和城市安全综合监测一张图；"3"是指建设三大基础支撑，即城市安全大数据系统、安全保障体系和标准规范体系；"5"是指建设 5 个城市安全运行监测系统，包括：燃气安全运行监测系统、供水管网安全运行监测系统、排水管网安全运行监测系统、电梯安全运行监测系统、交通安全运行监测系统。

1. 把握安全发展趋势，聚焦化解城市安全难题

（1）城市公共安全的领域范围更宽。城市公共安全是社会和公民个人从事正常的生活、工作、学习、娱乐和交往所需要的稳定外部环境和秩序，涉及的领域比安全生产更宽更广。

（2）城市公共安全的目标定位更高。城市公共安全的定位是站在城市全局的角度，利用先进的公共安全管理理念与技术，开展城市风险隐患的全方位物联网监测、评估与精细化管理，对各类安全风险和突发事件进行跨部门、跨领域的综合协调、防范、治理和应对，打造全方位、立体化的城市公共安全网。

（3）城市公共安全的工作标准更细。从安全生产到城市公共安全，实质上是从单一的安全生产监管过渡到城市公共安全治理，从微观的对企业"保姆式"安全监管逐渐过渡到区域协同安全发展，从单纯的政府管理安全过渡到全社会共同治理安全，有效防范、化解、管控各类风险，不断提高维护公共安全的能力水平。

为解决当前城市公共安全的突出问题，烟台市立足制度优化激发活力，技术赋能精准治理，在全国率先成立以市长任主任、各副市长任副主任的城市公共安全委员会，统筹制订城市安全发展重大政策，科学谋划重大项目，制定地方首部城市安全发展综合法规《烟台市城市公共安全管理办法》。加快构建"建立一套完整的保障机制、引进一个'智囊'支持、建设一个城市公共安全管理平台、构建一个综合应急救援管理体系、打造一批城市公共安全科技培训基地"为重点的"五个一"城市公共安全工作体系，以信息化推进城市公共安全治理体系和治理能力现代化建设。

2. 引入技术平台资源，立体构筑城市公共安全基石

2019 年 5 月 30 日，烟台市政府与清华大学公共安全研究院签订合作协议。通过引入外脑为城市公共安全"往哪走""走到哪""走得到""走得好"立灯塔，为城市公共安全信息化建设"有用""能用""好用""管用"指明方向。借助清华大学公共安全研究院技术成果、产业实力和创新服务模式，统筹城市生产、生活、生态空间和功能设施，通过建设业安全云、消防安全云、城市安全运行监测中心、综合应急指挥中心和安全警示教育基地，即采用"两云两中心一基地"的形式，将清华大学公共安全科技创新成果在烟台落地生根，开花结果。

针对与城市安全运行和老百姓日常生活息息相关的城市供水、排水、燃气管线、电梯、交通等生命线工程运行安全，建设监测感知网络，搭建城市安全运行监测平台，一期工程建设了覆盖 80km 燃气相邻空间、28km 市政消火栓、100 部电梯的监测物联网，并将 1250km 燃气管道、923km 消防供水干线管道、382km 排水管线、100 部电梯、4260 部"两客一危"

车辆、633 部校车纳入监测，为城市安全运行提供主动式保障。监测中心由政府投资建设，与清华大学公共安全研究院成立的合资企业承担运营服务，以购买服务方式承担运营费用，实行"中心监测预警、企业及时处置、部门动态监管、城安委跟踪督导"的工作机制，有效预防事故发生。

3. 靶向瞄准趋势动态，渐次赋予多维"进化"空间

从核心平台看，烟台市仍然处在"数据大爆发"的初期，随着"新城建"深入发展将带来更大的"数据洪流"，对物联网、人工智能、边缘计算等技术赋予新的要求，多技术集成创新需求更加旺盛，这就为城市安全大数据的采集、汇总、分析等带来更大的挑战与机遇，硬件与软件的融合、数据与智能的融合将牵引城市安全信息化技术再上新的台阶。

从应用场景看，城市安全应用正在从政府端向基层端延伸，从感知型应用向预测型、决策型应用发展。随着未来二期工程的启动，将全域推动烟台市公共安全领域信息全面感知、风险动态监测、预警早期精准、决策智能科学、处置快速有效，创新数字社会治理模式，打造数字烟台建设标杆。

从风险治理看，在综合性、面临全灾种、全领域、大应急的创新理念下，充分发挥先行先试的改革创新优势，着力打造全国范围内具有显著示范效应的城市公共安全风险治理体系和治理能力现代化标杆。

从未来发展看，新的时代，面临新的机遇。烟台市将以创建安全发展示范城市为抓手，在系统规划、建设、运营和服务过程中，积极引入社会化、市场化的多元力量参与，推动业务流程优化、建设模式创造、运营机制创新，打造出一套适合烟台实际的科学、规范、系统、智能的新型城市安全管理长效机制，加快推进城市安全发展体系和能力现代化，把烟台建设成为宜业、宜居、宜游的国际化滨海城市。

15.4.3　典型案例

1. 供水泄漏风险预警

实时监测： 2020 年 8 月 25 日，烟台市城市安全运行监测中心发现监测辖区内 H 路消火栓出现流量异常现象，数据触发监测系统一级异常报警，如图 15-34 所示。

警情分析： 监测中心判断为消火栓异常放水，并推送给烟台市自来水有限公司。

警情处置： 烟台市自来水公司接报后，迅速开展复核排查工作，安排人员赶往流量告警发生地点，到场后发现消火栓龙头被异常打开，综合报警情况及地面水迹状态，判断为偷盗消防用水事件。

预警解除： 烟台市自来水公司将排查结果告知监测中心，监测中心对该报警进行记录，并于流量恢复 0 值后，解除此次报警。

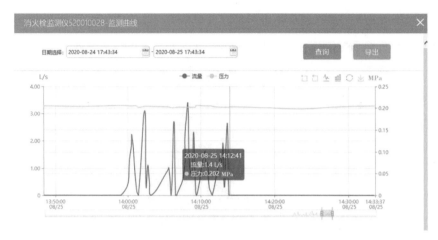

图 15-34　消火栓报警曲线

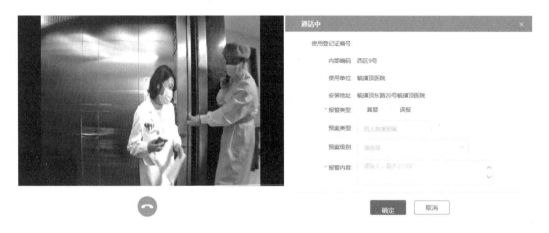

图 15-35　现场救援情况

2. 电梯困人故障报警

实时监测： 2021 年 2 月 24 日上午 10 点 45 分，烟台市城市安全运行监测中心通过城市安全运行监测系统——电梯专项接收到烟台市毓璜顶医院西区 9 号电梯现场被困人员的求助信息。

警情处置： 值守人员利用视频互动对讲功能让被困人员安心等待救援并同时通知到物业公司与维保公司。物业公司与电梯维保单位迅速赶往现场并完成了救援处置，如图 15-35 所示。通过维保人员现场查看后反馈，电梯发生困人事故是由于电梯控制柜中控制板损坏导致。

预警解除： 对损坏控制板进行更换，解除预警。

3. 燃气泄漏风险预警

实时监测： 2021 年 1 月 1 日 14 时 02 分，烟台市城市安全运行监测中心通过监测值守发现 Q 路燃气井 0132A00003621001046 中可燃气体浓度达到 4.09%VOL，触发二级报警。

警情分析： 经监测中心专业技术人员综合研判分析，初步确认为地下燃气泄漏，第一时间通知烟台新奥燃气发展有限公司进行处置，并汇报市应急管理局、市城管局。

警情处置： 经燃气公司现场复核，确认为燃气井内阀门泄漏。经市应急管理局统筹协调，燃气公司和监测中心高效联动配合，如图 15-36 所示。

预警解除： 1 月 4 日晚 23:00 左右完成最终抢修处置，预警解除。浓度降为 0，预警解除，有效排除了重大险情，避免了一起因燃气泄漏可能引发的潜在燃爆事故。

图 15-36　现场抢修开挖

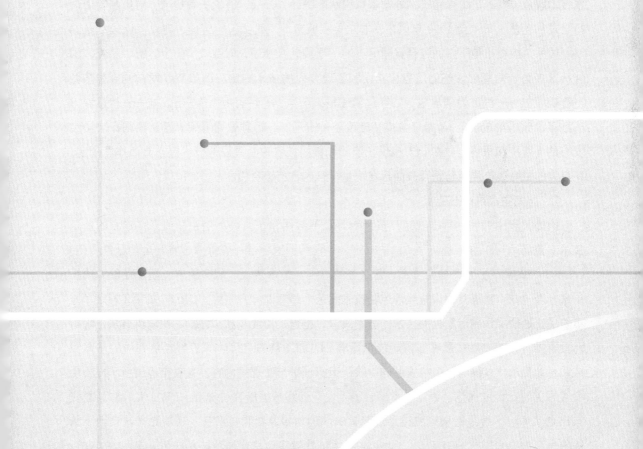

第 16 章　　城市生命线标准规范

16.1　标准规范现状

1. 国外生命线标准现状

国外对生命线的管理比较严格，一般通过法律进行保障。如美国早在20世纪60年代就开始逐步建立以确保油气管道为核心的多层次管道法律法规体系，2002年，美国修订的《管道安全改进法》，对风险分析、管线完整性管理等方面进行了严格规范。新西兰政府将16个地区的生命线系统作为总体进行灾害管理，颁布了《土木工程灾害应急管理法》。德国污水技术联合会发布了《除构筑物外排水系统状态统计、分级、评价》等标准，对排水管道进行管理和监督。日本自1970年以来，非常重视城市地下管线运行管理，建立了比较完备的法制体系，以城市地下空间综合管理促进地下管线运行管理，保障城市安全运行。另外，国外标准多为针对基础设施的信息化建设和管理方面的技术规定，例如ISO发布的《智慧城市基础设施——城市治理与服务数字化管理框架与数据》《智慧城市基础设施——智慧城市规划多源数据集成规范》《智慧城市基础设施——开发与运营通用框架》等，英国标准学会发布的《监控和报警接收中心》也仅在监测和警报接收中心建设的技术要求方面作了规定，在具体的生命线监测运营管理方面标准很少，且内容不够全面。

2. 国内生命线标准现状

国内关于生命线的标准规范，多为针对地下管网和桥梁等单个生命线工程建立的监测技术、监测运营或监测系统等方面的规定，如现行国家标准《城市综合管廊运营服务规范》GB/T 38550规定了城市综合管廊运营服务的总则、基本流程、服务要求、质量评价，现行国家标准《城市轨道交通设施运营监测技术规范　第2部分：桥梁》GB/T 39559.2规定了城市轨道交通桥梁设施运营监测技术的基本要求、检查、监测和状态评价的要求及方法，现行行业标准《城镇供水水质在线监测技术标准》CJJ/T 271规定了水质在线监测系统的基本组成和性能要求、仪器与设备的安装与验收、运行维护与管理等内容。各省市也出台了城市生命线相关现行标准规范，如北京市出台了《地下管线数据库建设标准》DB11/T 1452，重庆市出台了《地下管线信息系统技术规范》DB50/T 849，湖北省出台了《湖北省城镇地下管线信息系统技术规范》DB42/T 1159和《桥梁结构健康信息化监测技术规范》DB42/T 1951，上海市出台了《城市供水管网运行安全风险监测技术规范》DB31/T 1333等。

目前在城市生命线领域，国内外相关标准主要是针对各类生命线设施监测技术、信息化系统建设运维方面，缺少全面、系统、完整的城市生命线工程监测标准规范，导致不同单位的服务内容、服务流程、服务质量、服务水平不一，在监测预警服务过程中专业壁垒明显，数据分析、处理和应用灵活性不强，难以发挥系统价值。亟需制定城市生命线工程运行监测标准体系，有序推进城市生命线工程运行监测向标准化、制度化、规范化方向发展，保障城市安全、健康、高效运行。

16.2　标准规范体系

结合我国城市生命线工程运行监测实际情况，构建城市生命线工程运行监测标准架构，如图 16-1 所示。

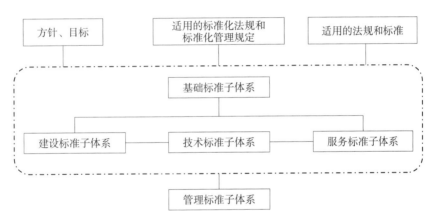

图 16-1　城市生命线工程运行监测标准框架

按照标准体系构建相关要求，结合城市生命线工程安全运行监测特点，建立城市生命线工程运行监测标准体系，包括基础标准子体系、建设标准子体系、技术标准子体系、服务标准子体系、管理标准子体系 5 个子体系，以建设标准子体系、技术标准子体系、服务标准子体系为核心，基础标准子体系为基础，管理标准子体系为支撑，按其内在的联系，构成有机整体。城市生命线工程运行监测标准体系如图 16-2 所示。

1.　基础标准子体系
基础标准子体系是城市生命线工程运行监测标准体系建设、技术、服务、管理的总体性、基础性、通用性的标准和规范，是制定其他共性及应用标准的基础，具体包括标准化导则、术语、符号与标志标准、标准体系编制指南、数据标准、分类与编码标准等。

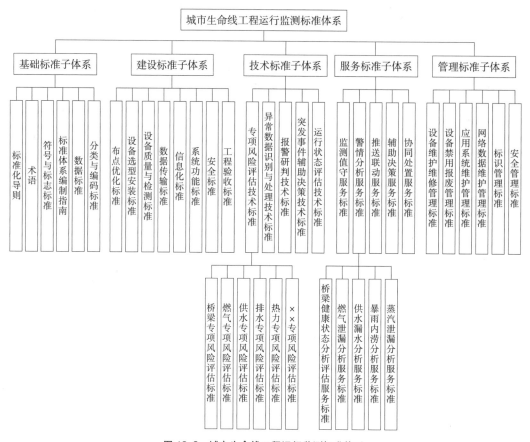

图 16-2　城市生命线工程运行监测标准体系

2. 建设标准子体系

建设标准子体系是针对城市生命线工程运行监测系统建设过程中调研、勘察、规划、设计、施工和验收等制定的技术依据和准则。由布点优化标准、设备选型安装标准、设备质量与检测标准、数据传输标准、信息化标准、系统功能标准、安全标准、工程验收标准等构成。

3. 技术标准子体系

技术标准子体系是对城市生命线工程运行监测领域中需要协调统一的技术事项所制定的技术标准。主要规范各专项风险评估技术、异常数据识别与处理技术、报警研判技术、突发事件辅助决策技术、运行状态评估技术等监测分析技术。

4. 服务标准子体系

服务标准子体系是对城市生命线工程运行监测服务质量、服务流程、服务内容等所作的要求和规定，围绕生命工程运行监测全生命周期动态管理，细分为监测值守服务标准、警情分析服务标准、推送联动服务标准、辅助决策服务标准、协同处置服务标准等。

5. 管理标准子体系

管理标准子体系是针对城市生命线工程运行监测需要协调统一的管理事项所制定的标准，如职责程序、检查方法、考核办法等，由设备维护维修管理标准、设备禁用报废管理标准、应用系统维护管理标准、网络数据维护管理标准、标识管理标准、安全管理标准等构成。

16.3　重要标准解读

16.3.1　城市生命线工程安全运行监测技术标准

1. 背景概述

近年来，城市生命线工程因腐蚀老化、疲劳蜕化和操作使用不当、管理维护不及时等带来的安全隐患日益突出。河南郑州 7·20 特大暴雨、湖北十堰 6·13 燃气爆炸事故等，都造成了严重的人员伤亡和财产损失，也给城市安全治理敲响了警钟。事故发生的主要原因是自身结构性隐患、外力破坏、环境因素和管理缺陷等。随着城市规模的扩大和基础设施建设进度的加快，城市生命线基础设施系统不再是各类基础设施的简单组合，而是各类基础设施相互依存、相互联系形成的复杂的关联基础设施网络，安全风险呈现灾害耦合、事故连锁、风险叠加、损失放大等新的特点。

很多城市利用物联网和大数据等技术，建立了城市生命线工程安全运行监测系统，对城市生命线运行风险进行监测。但存在着功能模块不完整、系统之间互不兼容、数据标准不统一、分析指标不全面、应用灵活性不强以及各信息平台的数据无法实现交换共享等问题，需要制定城市生命线工程安全运行监测技术标准来进行规范指导。

2. 标准的重点内容及要求

为规范城市生命线工程安全运行监测的风险评估、系统设计、施工、验收、运行和维护，提高城市生命线工程安全运行监测及管理水平，制定地方标准《城市生命线工程安全运行监测技术标准》DB34/T 4021—2021，简称《监测技术标准》。标准共分 9 章，主要内容有：1 总则；2 术语；3 基本规定；4 风险评估；5 监测对象；6 系统架构；7 安全预警；8 应急响应；9 验收与运行维护，如图 16–3 所示。

《监测技术标准》适用于城市生命线工程安全运行监测的工程建设、机制建立和系统运行及维护管理。规定了城市生命线工程安全运行监测应将风险评估、安全预警和应急响应等要素进行有机结合，采用先进适宜的技术措施，构建满足城市生命线工程安全运行要求的综

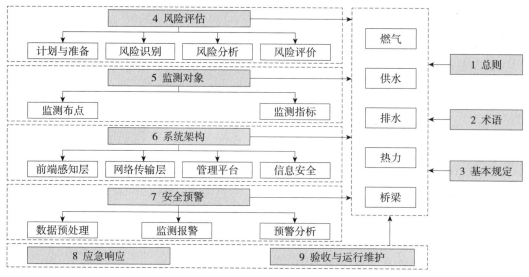

图 16-3 《城市生命线工程安全运行监测技术标准》DB34/T 4021—2021 内容框架

合防控体系。城市生命线工程安全运行监测的建设与系统运行维护应统筹规划，遵循工程建设程序与要求，确定各阶段目标，有计划、有步骤地开展工程建设和系统运行维护。

3. 标准的创新点

（1）明确了城市生命线工程安全运行监测方法和技术要求

《监测技术标准》明确了城市生命线工程风险评估的流程，燃气管网、供水管网、排水管网、热力管网、桥梁等运行监测应该优先选取的布点区域，以及专项系统和设施的运行参数及监测设备的技术要求，为系统智能化监测预警提供技术支撑。

（2）提出了城市生命线安全监测系统的构建与应用要求

《监测技术标准》提出了监测系统中前端感知层、网络传输层和管理平台的相关要求，并规范了监测数据预处理、监测报警、预警分析、预警发布以及应急响应等流程，有利于提升城市生命线安全运行监管水平，保障城市安全健康发展。

16.3.2 城市生命线工程安全运行监测运营标准

1. 背景概述

当前各地正在大力开展城市生命线工程安全监测系统建设，安全监测系统涉及领域多、范围广，各领域间分条块管理，给日常的监管运营带来了极大的挑战。城市生命线工程安全运行监测运营尚未形成全流程、系统性的运营管理标准，相关的日常监测运营、预警联动、运维保障之间较为独立、分散。因此需建立城市生命线工程安全运行监测运营标准，实现各领域、各部门之间对城市生命线工程的综合管理。

2. 标准的重点内容及要求

为规范城市生命线工程安全运行监测运营，提高城市生命线工程安全运行水平，制定地方标准《城市生命线工程安全运行监测运营标准》DB34/T 4713—2024，简称《监测运营标准》。标准共分9章，主要内容有：1 总则；2 术语；3 基本规定；4 组织体系；5 日常监测；6 分析研判；7 预警响应；8 系统维护；9 运营管理，如图16-4所示。

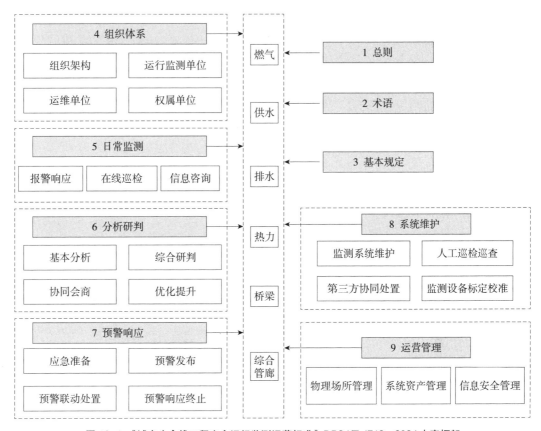

图16-4 《城市生命线工程安全运行监测运营标准》DB34/T 4713—2024 内容框架

《监测运营标准》规定城市生命线工程安全运行监测运营应将日常监测的及时性、分析研判的准确性、预警响应的协同性、系统维护的高效性、运营管理的科学性等有机结合，采用先进适宜的技术及管理措施，构建满足城市生命线工程安全运行要求的综合防控体系。在监测运营过程中应采用机器智能与人工判断相结合的方式对监测系统报警信息和异常监测数据进行分析研判，并根据城市生命线工程实时运行状况，结合附近危险源、防护目标、人流交通等现场实际情况，确定或调整风险预警级别。预警响应流程和响应时效性指标应根据城市生命线工程各领域预警分级情况分别制定，发布的预警信息和响应过程应在监测系统内实现闭环管理。

3．标准的创新点

（1）明确了城市生命线工程安全运行监测运营的组织体系和管理流程

《监测运营标准》结合安徽省城市生命线工程实际运行情况，明确了城市生命线工程安全运行监测运营组织体系，规定了日常监测、分析研判、预警响应、系统维护、运营管理等工作流程，有效提高了城市生命线工程安全运行水平。

（2）创新了城市生命线工程安全运行监测运营模式

《监测运营标准》重点规范城市生命线工程安全运行监测运营各主体工作职责，建立联动响应机制，保持各类数据信息的汇聚与共享，按照"全面监测、专业运维、联动处置、属地管理、行业指导"的原则开展城市生命线工程安全运行监测运营工作。

16.3.3　城市运行管理服务平台运行监测指标及评价标准

1．背景概述

城市运行管理服务平台，是以城市运行管理"一网统管"为目标，以城市运行、管理、服务为主要内容，以物联网、大数据、人工智能、5G移动通信等前沿技术为支撑，具有统筹协调、指挥调度、监测预警、监督考核和综合评价等功能的信息化平台，是运用数字技术推动城市管理手段、管理模式、管理理念创新的重要载体。

全面加快建设城市运行管理服务平台，是系统提升城市风险防控能力和精细化管理水平的重要途径，也是推进城市治理体系和治理能力现代化的重大举措。平台要充分运用先进的通信技术，从群众需求和城市治理突出问题出发，通过建立运行监测指标体系，去评价进而提升城市安全运行水平，解决各地管理标准不清、考核不明、业务不专业等粗放管理的问题。

2．标准的重点内容及要求

为指导构建"横向到边、纵向到底"的城市运行管理服务工作体系，全面提升城市运行风险防控能力，促进城市高质量发展，制定行业标准《城市运行管理服务平台　运行监测指标及评价标准》CJ/T 552—2023，简称《监测指标及评价标准》。标准共分7章，主要内容有：1 范围；2 规范性引用文件；3 术语和定义；4 总体要求；5 运行监测指标体系；6 监测指标、分值及数据采集方法；7 评价方法，如图16-5所示。

《监测指标及评价标准》是统筹发展和安全而规定的城市运行监测指标体系，是评价城市运行监测水平的主要依据，用于指导开展城市运行管理服务综合评价工作。现阶段主要对市政设施、房屋建筑、交通设施、人员密集区域等方面的设施设备运行状态及群众获得感进行评价。《监测指标及评价标准》建立三级指标体系，包括市政设施、房屋建筑、交通设施、人员密集区域和群众获得感5项一级指标，30项二级指标，79项三级指标，并规定了城市运行监测指标运行监测内容、计算方法、评分方法以及数据采集方法，适用于地级以上城市

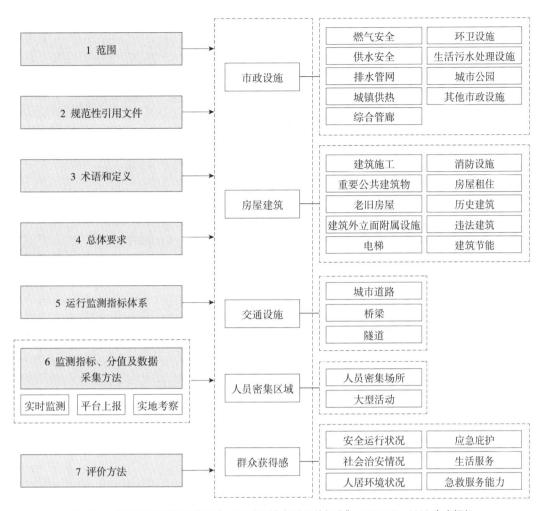

图 16-5 《城市运行管理服务平台 运行监测指标及评价标准》CJ/T 552—2023 内容框架

运行监测及评价工作。县（县级市、区）级城市运行监测评价可参照执行。

3. 标准的创新点

（1）建立了全面、系统、客观的城市运行监测指标体系

《监测指标及评价标准》构建了涵盖市政设施、房屋建筑、交通设施、人员密集区域和群众获得感五个方面的城市运行管理服务平台运行监测指标体系，能够体现城市运行风险的监测、预警和处置情况；体现城市基础设施每年正常保养维护情况；体现城市安全运行、社会治安和人居环境状况，以及应急庇护、生活服务、急救服务能力等。

（2）创新了城市运行监测评价方法

《监测指标及评价标准》结合城市运行管理服务实际运行情况，深入解析城市运管服体征指标内涵，确定了市政设施、房屋建筑、交通设施、人员密集区域和群众获得感等指标的运行监测内容、计算方法、评分方法及数据采集方法，实现对城市运行水平的综合评价。

参考文献

[1] 袁宏永，苏国锋，付明，等. 城市生命线工程安全运行共享云服务平台研究与应用 [J]. 灾害学，2018，33（3）：60-63.

[2] 李宏男，柳春光. 生命线工程系统减灾研究趋势与展望 [J]. 大连理工大学学报，2005，45（6）：931-936.

[3] 袁宏永，苏国锋，付明. 城市安全空间构建理论与技术研究 [J]. 中国安全科学学报，2018，28（1）：185-190.

[4] 中华人民共和国应急管理部. 可燃气体探测器 第1部分：工业及商业用途点型可燃气体探测器：GB 15322.1—2019 [S]. 北京：中国标准出版社，2019：10-14.

[5] 中华人民共和国住房和城乡建设部. 石油化工可燃气体和有毒气体检测报警设计标准：GB/T 50493—2019 [S]. 北京：中国计划出版社，2019：9-25.

[6] 中华人民共和国应急管理部. 可燃气体探测器 第2部分：家用可燃气体探测器：GB 15322.2—2019 [S]. 北京：中国标准出版社，2019：10-14.

[7] 季娟，田贵云，王平，等. 燃气管道检测技术研究进展 [J]. 无损检测，2012，34（12）：20-24.

[8] 冉林. 城镇燃气管道第三方侵害监测和预警技术研究 [J]. 城市建设理论研究（电子版），2020，（20）：51-52.

[9] 程钰峰. 基于土壤振动的施工破坏燃气管网风险防控研究 [D]. 合肥：安徽建筑大学，2022.

[10] 刘泽龙，李素贞，张祎. 埋地管道光纤周界振动监测与预警技术 [J]. 振动、测试与诊断，2022，42（3）：593-599，623-624.

[11] 王杨. 人员及车辆目标地震动信号识别方法研究 [D]. 哈尔滨：哈尔滨工程大学，2016.

[12] 中华人民共和国住房和城乡建设部. 燃气工程项目规范：GB 55009—2021 [S]. 北京：中国建筑工业出版社，2021：4-9.

[13] 石油工业安全专业标准化技术委员会. SY/T 5985—2020 液化石油气充装厂（站）安全规程 [S]. 北京：石油工业出版社，2020：10-23.

[14] 谭琼，冯国梁，袁宏永，等. 燃气管线相邻地下空间安全监测方法及其应用研究 [J]. 安全与环境学报，2019，19（3）：902-908.

[15] 郑伟. 燃气管线相邻地下空间可燃气体监测系统的应用 [J]. 城市燃气，2019，（7）：18-23.

[16] 李海洋，殷振振. 激光传感器测瓦斯浓度研究 [J]. 今日科苑，2010，（24）：117-118+120.

[17] Okamoto H, Gomi Y. Empirical research on diffusion behavior of leaked gas in the ground[J]. Journal of Loss Prevention in the Process Industries, 2011, 24(5)：531-540.

[18] Sun L G, Zhou Y W. Study on leakage rule of buried gas pipeline and prevention of secondary disasters[J]. Gas & Heat, 2010, 1：38-42.

[19] 王岩，黄弘，黄丽达，等. 土壤大气耦合的燃气泄漏扩散数值模拟 [J]. 清华大学学报（自然科学版），2017，（3）：274-280.

[20] Li Y Z, Zhang S Y, Sheng J J, et al. Assessment of gas explosion risk in underground spaces adjacent to a gas pipeline[J]. Tunnelling and Underground Space Technology incorporating

Trenchless Technology Research, 2023, 131.

[21] 张静远. 燃气管网相邻地下空间爆炸危险性评估方法及其应用［D］. 北京：北京理工大学，2016.

[22] 晏玉婷，张赫然，李俊明，等. 中压天然气管道泄漏扩散模拟研究［J］. 中国安全生产科学技术，2014，（5）：5-10.

[23] Cheng S J. Studies of the small leakage in buried gas pipeline under the condition of soil properties[J]. Applied Mechanics & Materials, 2014, 501：2266-2270.

[24] Xie Y S, Wu Z Z, L L H, et al. Experimental research on diffusion behavior of leaked gas from underground gas pipeline[J]. Journal of Safety Science & Technology, 2012：13-17.

[25] 张鹏，程淑娟. 埋地天然气管道小微孔泄漏规律研究［J］. 中国安全科学学报，2014，24（2）：52-58.

[26] 钱喜玲. 地下综合管廊天然气管道火灾模拟及消防对策研究［D］. 西安：西安建筑科技大学，2018.

[27] 胡志新，张桂莲，何巨，等. 利用分布式光纤传感技术检测天然气管道泄漏［J］. 传感器技术，2003，（10）：48-49.

[28] 吴海颖，朱鸿鹄，朱宝，等. 基于分布式光纤传感的地下管线监测研究综述［J］. 浙江大学学报（工学版），2019，53（6）：1057-1070.

[29] 孟令雅，付俊涛，李玉星，等. 输气管道泄漏音波信号传播特性及预测模型［J］. 中国石油大学学报：自然科学版，2013，（2）：124-129.

[30] 金浩，张来斌，梁伟，等. 天然气管道泄漏声源特性及传播机理数值模拟［J］. 石油学报，2014，35（1）：172-177.

[31] 刘翠伟. 输气管道泄漏声波产生及传播特性研究［D］. 青岛：中国石油大学（华东），2016.

[32] Meng L Y, Li Y X, Wang W C, et al. Experimental study on leak detection and location for gas pipeline based on acoustic method[J]. Journal of Loss Prevention in the Process Industries, 2012, 25(1)：90-102.

[33] 谭羽非，王雪梅，肖榕. 基于两点寻优溯源定位燃气直埋管线泄漏点的方法：201910411691.7[P]. 2019-07-23.

[34] 梁向前，谢明利，冯启，等. 地下管线的爆破振动安全试验与监测［J］. 工程爆破，2009，15（4）：66-68.

[35] 范维澄. 公共安全科学导论［M］. 北京：科学出版社，2013.

[36] 张宇峰，李贤琪. 桥梁结构健康监测与状态评估［M］. 上海：上海科学技术出版社，2018.

[37] 孙雅琼，赵作周. 桥梁结构动应变监测的温度效应实时分离与动荷载识别［J］. 工程力学，2019，36（2）：186-194.

[38] 黄继源，付明，范飞，等. 一种桥梁应变动态阈值的设置方法及安全预警方法：CN115859723A［P］. 2023-03-28.

[39] 中华人民共和国住房和城乡建设部. 建筑与桥梁结构监测技术规范：GB 50982—2014［S］. 北京：中国建筑工业出版社，2014：1.

[40] 中国土木工程学会. 桥梁健康监测传感器选型与布设技术规程：T/CCES 15—2020［S］. 北京：中国建筑工业出版社，2020：1.

[41] 安徽省住房和城乡建设厅. 城市生命线工程安全运行监测技术标准 DB34/T 4021—2021［S］. 合肥：安徽省工程与建设杂志社，2021.

[42] 中国工程建设标准化协会. 建筑给水薄壁不锈钢管管道工程技术规程 T/CECS 153—

2018［S］. 北京：中国建筑工业出版社，2019.

[43] 信昆仑，刘遂庆. 城市给水管网水力模型准确度的影响因素［J］. 中国给水排水，2003，(4)：52–55.

[44] 刘佳峰. 城市地下供水管网水力模型建立及漏失检测定位研究［D］. 呼和浩特：内蒙古大学，2022.

[45] 高铁军，赵明，毛亚纯. 供水管网全网关阀预案与关键阀门分析［J］. 哈尔滨工业大学学报，2018，50(2)：94–99.

[46] 中华人民共和国水利部. 水文基本术语和符号标准：GB/T 50095—2014［S］. 北京：中国计划出版社，2014.

[47] 陈晨，陈久丽，吴松. 水环境监测技术及污染治理措施［J］. 资源节约与环保，2023，(5)：29–32.

[48] 翟晓亮. 加强水污染治理和水环境监测的有效措施和途径［J］. 经济技术协作信息，2021，(17)：111.

[49] Bae M J, Park Y S. Biological early warning system based on the responses of aquatic organisms to disturbances: A review[J]. Science of the Total Environment, 2014, 466–467+635–49.

[50] 王梁，王伟明，孙晨红，等. 基于高分遥感技术的河湖长制管理信息系统设计与应用［J］. 中国水利，2022，(21)：76–80.

[51] Hellweger F L, Schlosser P, Lall U, et al. Use of satellite imagery for water quality studies in New York Harbor[J]. Estuarine Coastal & Shelf Science, 2004, 61(3)：43–48.

[52] 孙芹芹，洪华生. 九龙江下游水质遥感反演及时空变化分析［J］. 地理空间信息，2012，10(4)：4.

[53] 岩腊，龙笛，白亮亮，等. 基于多源信息的水资源立体监测研究综述［J］. 遥感学报，2020，24(7)：17.

[54] Ren Z M, Li S G, Zhang T T, et al. Behavior persistence in defining threshold switch in stepwise response of aquatic organisms exposed to toxic chemicals[J]. Chemosphere: Environmental Toxicology and Risk Assessment, 2016.

[55] Zhang W Q, Sun H, Chen W, et al. Mechanistic and kinetic study on the reaction of ozone and trans–2–chlorovinyldichloroarsine[J]. Chemosphere Environmental Toxicology & Risk Assessment, 2016.

[56] Kristi B, Michael W, Susan T. Successional development of biofilms in moving bed biofilm reactor(MBBR) systems treating municipal wastewater[J]. Applied Microbiology&Biotechnology, 2014, 98(3)：1429–1440.

[57] 张述伟，孔祥峰，姜源庆，等. 生物监测技术在水环境中的应用及研究［J］. 环境保护科学，2015，(5)：5.

[58] 计红，韩龙喜，刘军英，等. 水质预警研究发展探讨［J］. 水资源保护，2011，(5)：27.

[59] 刘仁涛. 水污染应急技术预案智能生成模型建立及案例应用［D］. 哈尔滨：哈尔滨工业大学，2018.

[60] 王锦国，李群，王碧莹，等. 奎河两岸污灌区浅层地下水氮污染特征及同位素示踪分析［J］. 长江科学院院报，2017，(4)：19–23，36.

[61] Thibodeau B, Geeraert N, Xu M N, et al. Nitrogen sources and cycling revealed by dual isotopes of nitrate in a complex urbanized environment[J]. Water Research, 2018.

[62] 夏豪刚. GC/MS 在水污染事故监测中的应用［J］. 环境监测管理与技术，1999，11(6)：2.

[63] 李扬，康桂玲，胡尊芳，等. 聊城市城郊浅层地下水硝酸盐污染源解析 [J]. 水文，2020，40（5）：6.

[64] 林斯杰，齐永强，杨梦曦，等. 基于PCA-SOM的北京市平谷区地下水污染溯源 [J]. 环境科学研究，2020，33（6）：1337-1344.

[65] 杜霞，武佃伟. 对官厅水库水环境治理问题的思考 [J]. 北京水利科技，2004，（1）：3.

[66] 申献辰，邹晓雯，杜霞. 中国地表水资源质量评价方法的研究 [J]. 水利学报，2002，（12）：5.

[67] 杨永宇. 黑河流域水环境因子分析及水环境质量综合评价 [D]. 银川：宁夏大学，2017.

[68] 徐祖信. 我国河流单因子水质标识指数评价方法研究 [J]. 同济大学学报（自然科学版），2005，33（3）：5.

[69] 薛巧英. 水环境质量评价方法的比较分析 [J]. 环境保护科学，2004，30（4）：4.

[70] 门宝辉，梁川. 水质量评价的物元分析法 [J]. 哈尔滨工业大学学报，2003，35（3）：4.

[71] Guo S, Shi X, Luo X, et al. River water intrusion as a source of inflow into the sanitary sewer system[J]. Water Science & Technology, 2020, 82(1).

[72] 孙平，王立，刘克会，等. 城市供热地下管线系统危险因素辨识与事故预防对策 [J]. 中国安全生产科学技术，2008，4（3）：4.

[73] 王彦逍. 供热地埋管泄漏导致地表温度异常的机理研究 [D]. 天津：河北工业大学，2017.

[74] 赵锴. 热力网故障诊断方法研究 [D]. 北京：华北电力大学，2012.

[75] 曹学文，王庆. 气液两相流管道泄漏规律模拟 [J]. 油气储运，2017，36（8）：969-975.

[76] 刘国彬. 地埋管道散热与泄漏对周围土壤温度的影响 [D]. 天津：河北工业大学，2016.

[77] 陈述，李素贞，黄冬冬. 埋地热力管道泄漏土体温度场光纤监测 [J]. 仪器仪表学报，2019，40（3）：138-145.

[78] Benjamin A, Alexander P, Karsten S. Feasibility of locating leakages in sewage pressure pipes using the distributed temperature sensing technology[J]. Water, Air, & Soil Pollution, 2017, 228(2).

[79] 刘国彬. 地埋管道散热与泄漏对周围土壤温度的影响 [D]. 天津：河北工业大学，2016.

[80] Manekiya M H, Arulmozhivarman P. Leakage detection and estimation using IR thermography[J]. International Conference on Communication and Signal Processing, 2016: 1516-1519.

[81] 田琦，吕淑然. 基于IAHP的城市供热管网泄漏风险分析 [J]. 安全，2020，41（11）：9-15.

[82] 桑润瑞. 硬化路面下管道燃气在土壤中的泄漏扩散研究 [D]. 济南：山东建筑大学，2019.

[83] 孙路，付明，汪正兴，等. 蒸汽管网疏水系统安全监测预警技术研究 [J]. 安全与环境学报，2023，23（7）：2340-2345.

[84] 王成善，周成虎，彭建兵，等. 论新时代我国城市地下空间高质量开发和可持续利用 [J]. 地学前缘，2019，26（3）：1-8.

[85] 赵锴，姜杰，王秀荣. 城市地下空间探测关键技术及发展趋势 [J]. 中国煤炭地质，2017，29（9）：61-66+73.

[86]   何继善，李帝铨，胡艳芳，等. 城市强干扰环境地下空间探测技术与应用［J］. 工程地球物理学报，2022，19（5）：559–567.

[87]   钱七虎. 现代城市地下空间开发利用技术及其发展趋势［J］. 铁道建筑技术，2000，（5）：1-6.

[88]   王栩，王志辉，陈昌昕，等. 城市地下空间地球物理探测技术与应用［J］. 地球物理学进展，2021，36（5）：2204–2214.

[89]   程光华，苏晶文，李采，等. 城市地下空间探测与安全利用战略构想［J］. 华东地质，2019，40（03）：226–233.

[90]   路瀚，孙岩，周明霞，等. 微重力探测城市地下空间试验及正演模拟分析［J］. CT理论与应用研究，2022，31（05）：543–556.

[91]   龙慧，谢兴隆，李凤哲，等. 二维地震和高密度电阻率测深揭示雄安新区浅部三维地质结构特征［J］. 物探与化探，2022，46（04）：808–815.

[92]   刘钰，石战结，王帮兵，等. 探地雷达子波确定性稀疏脉冲反褶积技术［J］. 浙江大学学报（工学版），2018，52（9）：1828-36.

[93]   曾昭发，刘四新，王者江，等. 探地雷达方法原理及应用［M］. 北京：科学出版社，2006.

[94]   Nazarian S, Stokoe K H, Hudson W R. Use of spectral analysis of surface waves method for determination of moduli and thicknesses of pavement systems[J]. Transportation Research Record Journal of the Transpotation Research Board, 1983：38–45.

[95]   Stokoe K H I, Wright I I, Bay J A. Characterization of geotechnical sites by SASW method, in technical report-geophysical characterization of sites[J]. Geophysical Characterization of Sites, 1994：15–25.

[96]   Park C B, Miller R D, Xia J. Multichannel analysis of surface waves[J]. Geophysics, 1999, 64(3)：800–808.

[97]   Xia J, Miller R D, Park C B. Estimation of near-surface shear-wave velocity by inversion of Rayleigh waves[J]. Geophysics, 1999, 64(3)：691–700.

[98]   Xia J, Xu Y, Luo Y, et al. Advantages of using multichannel analysis of love waves(MALW) to estimate near-surface shear-wave velocity[J]. Surveys in Geophysics, 2012, 33(5)：841–860.

[99]   Cheng F, Xia J, Luo Y, et al. Multichannel analysis of passive surface waves based on crosscorrelations[J]. Geophysics, 2016, 81(5)：EN57–EN66.

[100]   Olafsdottir E A, Erlingsson S, Bessason B. Tool for analysis of multichannel analysis of surface waves(MASW) field data and evaluation of shear wave velocity profiles of soils[J]. Canadian Geotechnical Journal, 2018, 55(2)：217–233.

[101]   Mcmechan G A, Yedlin M J. Analysis of dispersive waves by wave field transformation[J]. Geophysics, 1981, 46(6)：869–874.

[102]   Yilmaz Ö. Seismic data processing[M]. Society of Exploration Geophysicists, 1987.

[103]   Park C B, Miller R D, Xia J. Imaging dispersion curves of surface waves on multi-channel record[M]. SEG Technical Program Expanded Abstracts, 1998：1377–1380.

[104]   Thomson W T. Transmission of elastic waves through a stratified solid medium[J]. Journal of Applied Physics, 1950, 21(2)：89–93.

[105]   Haskell N A. The dispersion of surface waves on multilayered media[J]. Bulletin of the Seismological Society of America, 1953, 43(1)：17–34.

[106]   Knopoff L. A matrix method for elastic wave problems[J]. Bulletin of the Seismological Society of America, 1964, 54(1)：431–438.

[107] Schwab F. Surface-wave dispersion computations: Knopoff's method[J]. Bulletin of the Seismological Society of America, 1970, 60(5)：1491–1520.

[108] Schwab F, Knopoff L. Surface-wave dispersion computations[J]. Bulletin of the Seismological Society of America, 1970, 60(2)：321–344.

[109] Kennett B L N. Reflections, rays, and reverberations[J]. Bulletin of the Seismological Society of America, 1974, 64(6)：1685–1696.

[110] Kennett B L N, Kerry N J. Seismic-waves in a stratified half space[J]. Geophys J Roy Astr S, 1979, 57(3)：557–583.

[111] Kausel E, Roesset J M. Stiffness matrices for layered soils[J]. Bulletin of the Seismological Society of America, 1981, 71(6)：1743–1761.

[112] Chen X F. A systematic and efficient method of computing normal-modes for multilayered half-space[J]. Geophysical Journal International, 1993, 115(2)：391–409.

[113] Levenberg K. A method for the solution of certain non-linear problems in least squares[J]. Quarterly of Applied Mathematics, 1944, 2(2)：164–168.

[114] Marquardt D W. An algorithm for least-squares estimation of nonlinear parameters[J]. Journal of Computational and Applied Mathematics, 1963, 11(2)：431–441.

[115] Constable S C, Parker R L, Constable C G. Occam's inversion: a practical algorithm for generating smooth models from electromagnetic sounding data[J]. Geophysics, 1987, 52(3)：289–300.

[116] 陈淼, 王志辉, 刘振东, 等. 城市地下空间资源探测：面波与初至波层析成像联合探测济南泉域近地表速度结构［J］. 地球物理学进展, 2022, 37（2）：786–796.

[117] 周兆城, 汤井田. 主动源与被动源面波联合勘探在过江通道的应用［J］. 地球科学前沿, 2022, 12（03）：245–253.

[118] Léonard C–H, Piwakowski B, Shahrour I, et al. Application of the "impact echo method" to the detection of underground cavities part I: theory and finite element modelling[C]//4th EEGS Meeting, 1998.

[119] Arsenault J L, Chouteau M. Application of the TISAR technique to the investigations of transportation facilities and detection of utilities[C]//2nd annual conference on the application of geophysical and NDT methodologies to transportation facilities and infrastructure, 2002.

[120] 秦彤威, 王少曈, 冯宣政, 等. 微动 H/V 谱比方法［J］. 世界地震译丛, 2021, 052（006）：587–622.

[121] Carcione J M, Picotti S, Francese R, et al. Effect of soil and bedrock anelasticity on the S-wave amplification function[J]. Geophysical Journal International, 2017, 208(1)：424–431.

[122] Nakamura Y. Clear identification of fundamental idea of Nakamura's technique and its applications[J]. Proceedings of the XII World Conference Earthquake Engineering, 2000：2656.

[123] Smith J A, Borisov D, Cudney H, et al. Tunnel detection at Yuma Proving Ground, Arizona, USA— Part 2: 3D full–waveform inversion experiments[J]. Geophysics, 2019, 84(1): B95–B108.

[124] 刘耀徽, 恩和得力海, 张耘获, 等. 面波全波形反演在地下浅埋障碍物探查中的应用研究［J］. 地球物理学进展, 2021, 36（04）：1702–1710.

[125] 付明, 谭琼, 袁宏永, 等. 城市生命线工程运行监测标准体系构建［J］. 中国安全科学学报, 2021, 31（1）：153–158.

[126] 米琪. 柏林翰姆镇燃气管道泄漏的处理与美国新修订的 H. R. 3609《2002 年管道安全改进法》[J]. 城市燃气, 2004, (2): 19–23.

[127] 谭琼, 冯国梁, 袁宏永, 等. 燃气管线相邻地下空间安全监测方法及其应用研究 [J]. 安全与环境学报, 2019, 19 (3): 902–908.

[128] 尚秋谨, 张宇. 城市地下管线运行管理的德日经验 [J]. 城市管理与科技, 2013, 15 (6): 78–80.

[129] 唐皓. 会计信息化标准体系构建探究 [J]. 佳木斯职业学院学报, 2020, 36 (1): 60–62.

[130] 申媛菲, 李欣午. 我国公共绿色建筑运维评价标准体系研究 [J]. 项目管理技术, 2019, 17 (4): 62–68.

[131] 王江丽. 铁路安全生产标准体系构建必要性与框架研究 [J]. 中国安全科学学报, 2018, 28 (增 1): 131–134.

[132] 孙晓云, 张涛, 杨洪权, 等. 铁路货运装备运用安全技术标准体系研究 [J]. 中国安全科学学报, 2019, 29 (增 1): 120–125.

[133] 李艳华, 李冉. 我国航空应急救援标准体系构建研究 [J]. 中国安全科学学报, 2019, 29 (8): 178–184.